パリティ物理学コース　牧 二郎・長岡洋介・大槻義彦 編

相対論的宇宙論

小玉英雄 著

丸善出版

本書は，1991年に発行したものに，補遺を追加して一部修正を加え，新装復刊したものです．

パリティ物理学コース
発刊にあたって

　物理学という学問は，近代科学の柱として古い歴史をもちながら，とりわけガリレオやニュートンによる力学の建設をはじめ，光学・熱学・電磁気学など多くの分野で長足の発展を遂げ，自然科学の中で欠くことできない大きな構成部分を占めています．特に20世紀に入ってからは，相対性理論や量子力学といった斬新な理論が打ち立てられてその魅力が倍増したのみならず，極微の世界から大宇宙に及ぶ人類の認識能力を大きく拡げ，工学的応用によって多くの先端技術を切り拓くとともに，広く自然科学の他の分野にも深い影響を及ぼしています．専門的知識の最前線としての物理学を習得しようとする人々は近年ますます多くなってきていますが，それとともに，物理学は，その基本的な知識や方法が，かつてなかったほど広範囲な領域に普及されていく時代を迎えていると思われます．

　このような状況の中で，本コースは，物理学を必要とする研究分野の多岐にわたる読者の要望に応える新しい構成と規模によって，物理学の広範な領域を多面的に学習することを可能にするコースです．本コースの柱となるテーマは，大学初年度から大学院教育にわたって必要なものを網羅し，力学や電磁気学といった基礎・教養の物理学から，高エネルギー物理学，核物理学，物性物理学，宇宙物理学その他に至るさまざまな分野の

ものが取り上げられています．また，それぞれのテーマについては，同一のテーマであっても性格の違う複数のものをそろえ，読者自身が選択できるようにした新しいタイプの構成をめざしています．

さらに，コースの柱を補うものとして，"クローズアップ"というサブテキスト・シリーズが用意されています．これは，現在脚光をあびている先端的な問題や，科学史的あるいは教育的見地からその必要性が認められる題材を随時補完するものであり，読物的色彩に富むシリーズです．

したがって，読者は，各テーマ毎に自分に適したものを選択し，かつ必要に応じて"クローズアップ"からサブテーマを選ぶことにより，イージーオーダー方式で，自分専用に，自分に最適のコースを用意することができます．

このような特徴を備えたこの新コースは，各分野で物理を学ぶ大勢の人達に受け入れられ，それぞれの分野の発展に寄与するものと確信いたします．

1990年2月

牧　二　郎

まえがき

　われわれの住む地球や太陽系をはじめとして，銀河系をつくる多くの星々やガス，さらに星の巨大な集団である銀河が群れ集まった銀河団など，宇宙にはさまざまな天体が存在し，それらは豊かな階層構造をつくって分布している．また，これらの天体をつくる物質の組成は地上の物質とはかなり異なっている．このような，現在われわれが観測する宇宙の物質組成や天体とその階層的な分布はどのようにして生み出されたのであろうか．現代物理学の知識を武器として，宇宙の全体としての時間発展——進化のシナリオを構築することにより，この疑問に答えようとするのが現代の宇宙論である．

　現在，宇宙論の教科書としては，ピーブルスによる"Physical Cosmology"およびワインバーグによる"Gravitation and Cosmology"という2大名著が存在する．これら1970年代初頭に書かれた教科書は，宇宙論の基本的な考え方と方法を組織的にかつ要領よく解説したものとして，現在でも価値を失っていない．しかし，その後20年間の宇宙論のあらたな展開はこれらの著書を古典的なものとしてしまったのも事実である．

　宇宙の全体像をつくろうとする試みは，太古の昔から存在したが，宇宙論が物理学の対象として研究できるようになったのは今世紀に入ってからである．特に，進化する宇宙という現代

の宇宙像の出発点となったのは，1920年代から30年代にかけてハッブルにより行われた銀河の分布や運動の観測と，それによってもたらされた宇宙膨張の発見である．この発見は当時まだ生れたての一般相対論とただちに結びつき，宇宙の相対論的力学的モデルを生み出した．

この単純な宇宙論が豊かな物理的内容をもつ理論に生れ変るきっかけとなったのは，1940年代にガモフらにより行われた熱い宇宙モデルの研究である．彼らは，当時，星の理論で成功をおさめた原子核物理の知識を宇宙論に応用し，宇宙の元素の起源を高温高密度の宇宙初期における核融合反応により説明しようと試みた．その結果として，彼らは，現在の宇宙が数度の温度をもつ熱輻射で満たされていることを予言した．しかし，当時はホイルらの定常宇宙論がさかんに研究され，宇宙の進化を予言するガモフらの理論はあまり顧みられなかった．ところが，その約20年後の1965年に，約3Kの温度をもつマイクロ波が宇宙を満たしていることがペンジャスとウィルソンにより発見され，状況は一変した．この宇宙背景輻射の発見により，ガモフらの理論は一躍注目を浴び，1960年代後半から70年代にかけて，一様等方な膨張宇宙のもとでの物質進化の詳しい研究が行われ，現在，熱いビッグバンモデルとよばれる宇宙進化の標準モデルがつくられた．また，一様等方性からのずれとしての銀河やその分布を，宇宙進化の結果として説明する試みも始まった．上記のピーブルスとワインバーグの教科書は，宇宙論がようやく物理の理論として現代的な姿を整えたこの時期の知識をまとめたものである．

1980年代に入ると，宇宙論は，大型計算機の助けを借りて標準モデルをどんどん精密化する一方で，まったく新しい展開を見せた．その原動力となったのは，素粒子の統一理論の登場である．この理論により，宇宙の進化をどんどんさかのぼることが可能となり，標準モデルでは説明不可能であった，物質の起源や宇宙の一様等方性の起源が宇宙論の対象として研究される

ようになった．特に，インフレーションモデルとよばれるあらたな宇宙モデルの登場は，宇宙のすべての現象を基礎法則から再構成できるのではないかという希望をもたらした．この流れは，宇宙の誕生そのものを研究する量子宇宙論の登場によりクライマックスに達した．

この初期進化の理論の華々しい発展とは裏腹に，1980年代は，宇宙論が真の実証科学に生れ変るためのきびしい試練に立たされ始めた時期でもある．その背景となったのは，宇宙の観測の精密化と観測領域の急速な拡大である．特に，宇宙背景輻射の精密な観測は熱い宇宙モデルを確固なものとして確立する一方で，初期の宇宙が，従来の構造形成理論で予想されるよりはるかに一様で均質であることを明らかにした．さらに，銀河分布の詳しい観測は，それまで予想されたよりずっと大きなスケールの構造や運動が宇宙に存在することを明らかにし，構造形成の理論にさらに大きな衝撃を与えた．構造とならんで宇宙を満たす物質についても，認識の変化をもたらす多くの発見があった．特に，実体のわからないダークマターが，輝く物質の10倍近くも存在することが確かになったことは，われわれが宇宙についていかに知らないかを再認識させると同時に，物質進化や構造進化の理論に大きな影響を与えた．

本書は，以上の歴史的な展開を踏まえて，標準モデルを中心とする相対論的宇宙論の基本的な枠組み，考え方，方法を，1980年代の発展を取り入れたあらたな形で組織的に解説することにより，現在の宇宙論の到達点と現状を浮き彫りにしようとしたものである．特に，現代宇宙論の実証科学としての性格を明確にするとともに，上で述べた現在の宇宙論の置かれている困難な状況の背景を明らかにするために，最近の観測の急速な進展によりもたらされたあらたな宇宙の観測情報をかなり詳しく紹介した．

本書は，現代宇宙論の四つの基本テーマに対応する四つの章からなっている．1章は，宇宙全体の力学的ふるまいを記述す

る宇宙モデル，2章は宇宙膨張に伴う宇宙の熱力学的状態や物質の形態変化を扱う物質の進化，3章は構造の形成過程を扱う構造の進化，4章は物質と構造の起源や宇宙の創生過程を明らかにすることを目的とする宇宙の初期進化を扱う．これらのうち，最初の2章の内容は，観測に関する部分を別にすれば，ピープルスやワインバーグの教科書に書かれているものと本質的な違いはない．しかし，3章の大部分と4章の内容は，1980年代の研究によりもたらされた新しいものである．ただし，本書の性格と長さの制限から，重要な多くの事項を割愛せざるを得なかった．特に，標準モデルの大きな変更に関する理論についてはいっさい触れなかった．

本書を読むうえでの予備知識としては，大学の学部3年生程度の統計力学，量子力学，一般相対論に関する基礎知識があれば十分である．ただし，3章の不変摂動論に関する議論に登場する諸式を実際に導出するには，一般相対論の計算にある程度慣れていることが必要である．また，4章を読むうえでは，古典的な場の理論の基本事項を知っていることが望ましい．

本書を書くにあたっては，京都大学基礎物理学研究所の佐々木節氏および福来正孝氏から原稿の段階で有益な助言や批判をいただいた．これらの方々および原稿の完成を辛抱強く待って下さった丸善出版事業部の皆様に感謝を申し上げたい．最後に，師として，著者を豊かで広大な宇宙論の分野に導いて下さった東京大学理学部の佐藤勝彦氏に，この場を借りて深い感謝の意を表したい．

1990年12月10日

小 玉 英 雄

目　　次

1　宇宙モデル　　　　　　　　　　　　　　　　　　　　　　　　　　　　　*1*
　1.1　一様等方宇宙モデル　　　　　　　　　　　　　　　　　　　　　　　*1*
　　1.1.1　宇宙の膨張　　　　　　　　　　　　　　　　　　　　　　　　　*1*
　　1.1.2　宇宙の一様性　　　　　　　　　　　　　　　　　　　　　　　　*3*
　　1.1.3　ニュートン力学的モデル　　　　　　　　　　　　　　　　　　　*4*
　　1.1.4　一般相対論的モデル　　　　　　　　　　　　　　　　　　　　　*6*
　1.2　一様等方宇宙の膨張則　　　　　　　　　　　　　　　　　　　　　　*15*
　　1.2.1　宇宙パラメーター　　　　　　　　　　　　　　　　　　　　　　*15*
　　1.2.2　エネルギー密度のふるまい　　　　　　　　　　　　　　　　　　*17*
　　1.2.3　フリードマンモデル　　　　　　　　　　　　　　　　　　　　　*18*
　　1.2.4　ドジッターモデルと反ドジッターモデル　　　　　　　　　　　　*24*
　　1.2.5　ルメートルモデル　　　　　　　　　　　　　　　　　　　　　　*28*
　1.3　宇宙パラメーターへの観測からの制限　　　　　　　　　　　　　　　*32*
　　1.3.1　膨張宇宙の幾何学　　　　　　　　　　　　　　　　　　　　　　*32*
　　1.3.2　ハッブル定数　　　　　　　　　　　　　　　　　　　　　　　　*43*
　　1.3.3　宇宙モデルの古典的テスト　　　　　　　　　　　　　　　　　　*48*
　　1.3.4　宇宙年齢　　　　　　　　　　　　　　　　　　　　　　　　　　*54*

2 物質の進化　　　　　　　　　　　　　　　　　　　　　　　61

2.1 現在の宇宙の物質構成　　　　　　　　　　　　　　　　61
2.1.1 物質の構成と素粒子　　　　　　　　　　　　　　61
2.1.2 バリオン的物質　　　　　　　　　　　　　　　　65
2.1.3 輻射　　　　　　　　　　　　　　　　　　　　　73
2.1.4 ダークマター　　　　　　　　　　　　　　　　　80

2.2 物質進化のシナリオ　　　　　　　　　　　　　　　　86
2.2.1 温度と粒子数の変化　　　　　　　　　　　　　　86
2.2.2 水素の再結合と宇宙の晴れ上がり　　　　　　　　96
2.2.3 原子核の形成　　　　　　　　　　　　　　　　　99
2.2.4 粒子反粒子の対生成と対消滅　　　　　　　　　 100
2.2.5 ニュートリノ反応　　　　　　　　　　　　　　 103
2.2.6 レプトン数の保存と素粒子の存在量　　　　　　 109
2.2.7 クォークハドロン転移　　　　　　　　　　　　 112
2.2.8 まとめ　　　　　　　　　　　　　　　　　　　 115

2.3 宇宙初期における元素合成　　　　　　　　　　　　 119
2.3.1 合成反応　　　　　　　　　　　　　　　　　　 119
2.3.2 p/n比　　　　　　　　　　　　　　　　　　　 120
2.3.3 生成物の残存量　　　　　　　　　　　　　　　 123
2.3.4 観測との対比　　　　　　　　　　　　　　　　 125

3 構造の進化　　　　　　　　　　　　　　　　　　　　　 129

3.1 現在の宇宙の構造　　　　　　　　　　　　　　　　 129
3.1.1 宇宙の階層構造　　　　　　　　　　　　　　　 129
3.1.2 2体相関関数　　　　　　　　　　　　　　　　 133
3.1.3 宇宙マイクロ波背景輻射の非等方性　　　　　　 138

3.2 ゆらぎの進化　　　　　　　　　　　　　　　　　　 144
3.2.1 構造形成のさまざまなシナリオ　　　　　　　　 144
3.2.2 特徴的なスケール　　　　　　　　　　　　　　 146
3.2.3 ゲージ不変摂動論　　　　　　　　　　　　　　 150

　　　　3.2.4　膨張宇宙におけるゆらぎの成長　　　　　　　　　　　　*161*
　3.3　重力不安定説での構造形成　　　　　　　　　　　　　　　　*170*
　　　　3.3.1　BDM　　　　　　　　　　　　　　　　　　　　　　*171*
　　　　3.3.2　HDM　　　　　　　　　　　　　　　　　　　　　　*183*
　　　　3.3.3　CDM　　　　　　　　　　　　　　　　　　　　　　*186*
　　　　3.3.4　バイアスモデル　　　　　　　　　　　　　　　　　*188*
　　　　3.3.5　$\Lambda \neq 0$モデル　　　　　　　　　　　　　　　　　　　　*189*

4　物質と構造の起源　　　　　　　　　　　　　　　　　　　　　　*193*

　4.1　統一ゲージ理論に基づく宇宙の初期進化　　　　　　　　　　*193*
　　　　4.1.1　ゲージ理論と対称性の自発的破れ　　　　　　　　　*194*
　　　　4.1.2　有限温度での対称性の回復　　　　　　　　　　　　*200*
　　　　4.1.3　バリオン数の起源　　　　　　　　　　　　　　　　*202*
　4.2　インフレーション宇宙モデル　　　　　　　　　　　　　　　*211*
　　　　4.2.1　宇宙の一様等方性とインフレーション　　　　　　　*211*
　　　　4.2.2　大域的なゆらぎの生成　　　　　　　　　　　　　　*220*
　　　　4.2.3　インフレーションモデルの現状　　　　　　　　　　*227*

付録　ロバートソン-ウォーカー時空とその摂動に対する諸公式　　　*231*

　A.1　基本的な幾何学的量の定義　　　　　　　　　　　　　　　　*231*
　A.2　ロバートソン-ウォーカー時空の幾何学的諸量　　　　　　　　*231*
　A.3　摂動に関する公式　　　　　　　　　　　　　　　　　　　　*232*

補遺　1990年以降での宇宙論の進展　　　　　　　　　　　　　　　*235*

参考書　　　　　　　　　　　　　　　　　　　　　　　　　　　　*247*

索引　　　　　　　　　　　　　　　　　　　　　　　　　　　　　*249*

1 宇宙モデル

　宇宙を研究するうえでまず問題となるのは，物質のおおまかな分布や運動，宇宙の空間的な広がりなどの，宇宙全体としての構造やふるまいである．本章では，この宇宙全体の構造とふるまいを記述するさまざまなモデルのうち，現在の宇宙論の基礎となっている相対論的一様等方宇宙モデルについて，その特徴と分類および観測との対比について述べる．

1.1　一様等方宇宙モデル

1.1.1　宇宙の膨張

　1910年から1920年代の中頃にかけて，スライファー(Slipher)は多くの星雲からの光のスペクトルを組織的に観測し，それらの多くが赤方偏移を示していることを発見した．通常，光の赤方偏移は，光源が観測者から遠ざかる運動をしているために生じるドップラー効果によると解釈されるので，スライファーは多くの星雲がわれわれの銀河系から遠ざかる運動をしていることを発見したことになる．ハッブル(Hubble)はこの発見に刺激されて，銀河系外星雲の光のスペクトルを組織的に調べ，1929年に，十分遠方の星雲はすべてわれわれの銀河系から遠ざかる運動をしており，その速度は星雲までの距離にほぼ比例してい

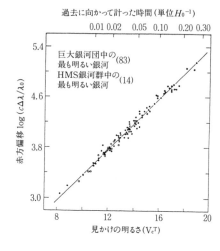

図 1.1 遠方の銀河の後退運動. 97 個の銀河団中の最も明るいだ円銀河に対するハッブルダイアグラム. 距離の代りに補正された見かけの光度を用いている.(出典：文献[2])

ることを発見した[1]（図 1.1）.

現在ハッブルの法則とよばれるこの発見は，一見われわれの銀河が宇宙の中で特殊な位置にあることを意味するように見えるが，これは正しくない．ハッブルの法則は，われわれの銀河を基準とした星雲の位置ベクトルを r，後退速度を v とするとき，

$$v = H_0\, r \tag{1.1}$$

と表される．これより，任意の二つの星雲の間の相対位置ベクトル δr と相対速度 δv はまったく同じ比例関係を示す．

$$\delta v = H_0\, \delta r \tag{1.2}$$

したがって，どの星雲から見ても他の星雲は距離に比例した速度で遠ざかって見えることになる．これからわかるように，ハッブルの法則はすべての星雲間の距離が時間とともに一様に増大していること，いい換えれば宇宙が一様等方に膨張していることを表している．現在の宇宙膨張率を表す比例係数 H_0 はハッブル定数とよばれる．

1.1.2 宇宙の一様性

現在の宇宙における物質分布は，3章で詳しく見るように，銀河を越えたスケールでも決して一様でなく，一種の階層的な構造を作っている．まず，銀河の多くは，数個から数千個の銀河で構成される互いに重力で引き合った集団で分布している．これらの集団のうち，小さなものは銀河群，大きなものは銀河団とよばれる．銀河団の大きなものは数 Mpc 程度の広がりをもっている．さらに大きなスケールで見ると，これらの集団は20〜50 Mpc 程度のサイズをもつ網目状の複雑なパターンを作って分布している．しかし，この階層的構造は，より大きなスケールへと限りなく続くわけではない．実際，これらの構造に伴う密度の不均一さはスケールの大きなものほど小さくなっている．例えば，銀河内での物質の平均密度と宇宙全体の平均密度との比，すなわち密度のコントラストは 10^5 程度もあるが，大きな銀河団の密度のコントラストは 40 程度，網目構造の密度のコントラストは 2〜3 程度しかない（3章表3.1参照）．また，図 1.2 に示したように，銀河団の天球上での分布を見ると，決して均一ではないが，特に際だった分布の偏りは見られない．

以上の観測事実から，現在の宇宙は十分大きなスケールで平均すると，物質の分布は一様であり，その運動はいたるところ

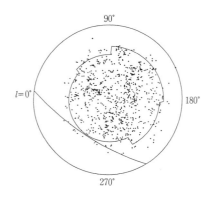

図 1.2 北天における距離階級 $D \leq 5 (z \lesssim 0.15)$ のアーベル銀河団の天球上での分布．内側の円内の領域のみが統計的に完全．(出典：文献 [3])

等方的であるとしてよさそうである．そこで現代の宇宙論では，宇宙は最低次の近似で空間的に一様等方であるという仮定から出発する．この仮定のもとに作られる宇宙のモデルは一様等方宇宙モデルとよばれる．

1.1.3 ニュートン力学的モデル

空間的に一様等方な宇宙のモデルとして最も簡単なものは，ニュートン力学に基づくモデルである．このモデルでは，宇宙を一様な密度 μ をもつガスの雲としてとらえる．もちろん現在の宇宙では，ガスの分子にあたるものは個々の銀河である．ニュートン力学では，ガス雲の広がりが無限であるとすると扱いが困難になるので，一つの銀河Oに注目し，ガス雲はそれを中心として半径Rの球対称な雲であるとし，最後に $R \to \infty$ の極限を考える．

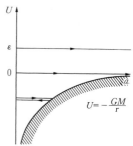

図1.3 ニュートンモデルのふるまい

いま別の銀河PとOとの距離を r，半径 r の球の内側に含まれる雲の質量をMとすると，銀河Pの単位質量あたりのエネルギー ε は保存される．

$$\frac{1}{2}\dot{r}^2 - G\frac{M}{r} = \varepsilon \tag{1.3}$$

図1.3からわかるように，この方程式を満たす $r(t)$ のふるまいは ε の符号により大きく異なる．

(i) $\varepsilon = 0$ このときの解は，
$$r = (9GM/2)^{1/3} t^{2/3} \tag{1.4}$$

となる．これより，現在の時刻を t_0, $r_0 = r(t_0)$ とすると，
$$r/r_0 = (t/t_0)^{2/3} \tag{1.5}$$
となる．すなわち，銀河Oと他の銀河の距離の変化率は時間だけに依存し，距離によらない．これは，ガス雲の一様性が時間とともに保たれることを意味している．

(ii) $\varepsilon > 0$　このときの解は少し複雑で θ をパラメーターとして，
$$\begin{aligned} r &= \frac{GM}{2\varepsilon}(\cosh\theta - 1) \\ t &= \frac{GM}{(2\varepsilon)^{3/2}}(\sinh\theta - \theta) \end{aligned} \tag{1.6}$$
となる．この場合も一様性が時間とともに保たれることが次のようにしてわかる．現在の時刻でハッブル定数 H_0 は $\dot{r}(t_0)/r_0$ と表される．したがって式 (1.3) は，$2\varepsilon = [H_0{}^2 - (8\pi/3)G\mu_0]r_0{}^2$ となる．これにより，ε は r によらない定数 K を用いて $2\varepsilon = -Kr_0{}^2$ と表され，H_0 は μ_0 と K (<0) を用いて，
$$H_0{}^2 = \frac{8\pi G}{3}\mu_0 - K \tag{1.7}$$
と表される．これらの関係式を用いると，
$$\begin{aligned} \frac{r}{r_0} &= \frac{4\pi G\mu_0}{3|K|}(\cosh\theta - 1) \\ t &= \frac{4\pi G\mu_0}{3|K|^{3/2}}(\sinh\theta - \theta) \end{aligned} \tag{1.8}$$
となり，r/r_0 と t の関係は銀河によらなくなる．

(iii) $\varepsilon < 0$　このときの解は(ii)の場合と同様に θ をパラメーターとして，
$$\begin{aligned} r &= \frac{GM}{2|\varepsilon|}(1-\cos\theta) \\ t &= \frac{GM}{(2|\varepsilon|)^{3/2}}(\theta - \sin\theta) \end{aligned} \tag{1.9}$$
となる．この場合も K (<0) を用いて，
$$\begin{aligned} \frac{r}{r_0} &= \frac{4\pi G\mu_0}{3K}(1-\cos\theta) \\ t &= \frac{4\pi G\mu_0}{3K^{3/2}}(\theta - \sin\theta) \end{aligned} \tag{1.10}$$
となり，r/r_0 と t の間の関係は銀河によらないので，時間ととも

に一様性は保たれる．

1.1.4 一般相対論的モデル

前項で示したように，ニュートン力学の範囲内でも，一様等方な宇宙の力学的モデルを構成できる．しかし，このモデルは宇宙全体を記述するモデルとしては採用できない．その一つの理由は，ハッブルの法則に従うと，r が c/H_0 に近づくにつれ銀河の相対速度が光速に近づくことである．速度が光速に近い現象は相対性理論の枠内で扱わなければならない．さらに，相対速度は $r>cH_0$ では光速を越えること，また，宇宙の力学を考えるうえでは重力が中心的な役割を果すことを考慮すると，特殊相対論を越えて，一般相対論の枠内で問題を取り扱わなければいけないことになる．

一般相対論の枠内で宇宙のモデルを構成するためには，物質の分布や運動状態に加えて，時空の構造も指定しなければならない．さらに，空間的に一様等方なモデルを作るためには"空間的"の意味を明確にしなければならない．

ニュートン力学と異なり，一般相対論では，時間と空間の絶対的な区別は存在しない．しかし，膨張宇宙では自然な分解が存在する．例えば，物質のエネルギー密度 ρ が時間空間の連続関数であるとすると，ρ が一定である超曲面により空間に対する自然な定義を与えることができる．ただし，ρ としてはスカラー量である固有密度を用いなければならない．もちろん，ρ が時空の一般的な関数の場合には，このように定義された"空間"は，その接平面が必ずしも空間的な面とならないので，物理的に不自然なものとなる可能性がある．しかし，宇宙の物質分布が空間的に一様であるという要請を課す場合には，明らかに，このようにして定義された空間が時空計量に対して空間的な超曲面となっているとしてよいと考えられる．もちろん，ρ の各値ごとに異なった空間的面が定義されるので，時空は空間的な超曲面の1次元的な系列に分解される（図1.4）．この系列を区別

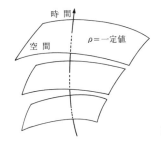

図 1.4 宇宙における時間と空間

するパラメーターとして時間を定義すれば，自然な時間の定義も得られる．

宇宙が空間的に一様等方であるためにはさらに各空間的超曲面の幾何学的構造が一様で等方でなければならない．ところが，$\rho =$ 一定という要請だけでは，対応する空間的超曲面の幾何学的一様等方は保証されない．例えば，ミンコフスキー時空上の関数 $\rho(t, \boldsymbol{x})$ が t のみの関数 $\rho_0(t)$ からわずかにずれている場合，$\rho =$ 一定面は空間的な超曲面となるが，明らかに一般的にはこの超曲面は空間的に一様とはいえない．そこで，まず，幾何学的構造が一様等方な空間としてどのようなものがあるかを調べておこう．

(1) **一様等方な空間**

空間 Σ が一様であるということは，空間の勝手な点 P, Q に対して，それぞれを原点とする適当な座標系 $\{x_{\mathrm{P}}{}^j\}, \{x_{\mathrm{Q}}{}^j\}$ をとると，二つの座標系での計量の座標成分が完全に一致することを意味する．このとき，Σ の変換 F を，二つの座標系での座標値の等しい 2 点を対応させる変換，

$$x_{\mathrm{Q}}{}^j(F(R)) = x_{\mathrm{P}}{}^j(R), \qquad \forall R \in \Sigma$$

とすると，この変換は Σ の 2 点間の距離を不変に保つ．このような変換は等長変換とよばれる．逆に，2 点 P, Q に対して P を Q に移す等長変換 F が存在すれば，P を原点とする勝手な座標系 $\{x_{\mathrm{P}}{}^j\}$ に対して，Q を原点とする座標系を $x_{\mathrm{Q}}{}^j(F(R)) = {}_{\mathrm{P}}{}^j(R)$

と定義することにより，二つの座標系での計量テンソルの成分は完全に一致する．したがって，空間が一様であるためには，任意の2点を結びつける等長変換が存在することが必要十分である．

同様に，空間が等方的であることは，空間の各点に対してその点を動かさず，かつその点を始点とする勝手な二つの方向を対応させる等長変換が存在することと同等である．

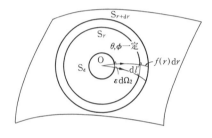

図 1.5 一様等方空間の自然な極座標

等長変換は計量を保存するので測地線を測地線に移し，交わる曲線のなす角を保存する．このことを用いると，一様等方な空間の計量を比較的簡単に決定することができる．まず，空間の勝手な点Oを一つとり，それを基準とした"動径座標"rを，Oからの測地的距離が一定の球面S_r上で一定値をとりかつS_rの表面積が$4\pi r^2$となるようにとる．次に，Oを中心とする半径εの小さな球面S_εを考える．空間は常に局所的にはユークリッド空間と同じ幾何学的構造をもつので，S_εを含む点Oの近傍では（厳密には$r \to 0$の極限で）適当な極座標θ, ϕを導入すると，計量$d\sigma^2$は，

$$d\sigma^2 = dr^2 + r^2 d\Omega_2^2, \qquad d\Omega_2^2 = d\theta^2 + \sin^2\theta d\phi^2 \qquad (1.11)$$

と表される．このS_ε上の球面座標θ, ϕを，点Oを始点として，すべての球面S_rに垂直な測地線に沿って，$\theta, \phi = $ 一定という条件で全空間に広げる．このとき，等方性の要請より，球面S_r上の無限に近い2点(θ, ϕ)と$(\theta+d\theta, \phi+d\phi)$の距離$dl$と球面$S_\varepsilon$上の対応する2点の距離$\varepsilon d\Omega_2$の比は方向によらない（図

1.5).したがって，$\mathrm{d}l^2$ は $\mathrm{d}l^2 = r^2 \mathrm{d}\Omega_2^2$ と表される．同じく等方性より，球面 S_r と $S_{r+\mathrm{d}r}$ の間の球面に垂直な測地線に沿う距離は方向 θ, ϕ によらず r のみの関数となる．これを $f(r)\mathrm{d}r$ とおくと，結局，点Oに関して等方的な空間の計量は，

$$\mathrm{d}\sigma^2 = f(r)^2 \mathrm{d}r^2 + r^2 \mathrm{d}\Omega_2^2 \tag{1.12}$$

と表される．

付録A.1に挙げた定義に従ってこの空間のスカラー曲率を計算すると，

$$R = 4\frac{f'}{rf^3} + 2\frac{f^2-1}{r^2 f^2} \tag{1.13}$$

となる．空間の幾何学的構造が一様であるためにはスカラー曲率は場所によらない定数とならなければならない．この定数を，

$$R = 6K \tag{1.14}$$

とおくと，$f(0) = 1$ という条件のもとで $f(r)$ は一意的に決り，$f(r) = 1/\sqrt{1-Kr^2}$ で与えられる．したがって，空間の計量は次のように1個の任意定数 K を除いて完全に決ってしまう．

$$\mathrm{d}\sigma^2 = \frac{\mathrm{d}r^2}{1-Kr^2} + r^2 \mathrm{d}\Omega_2^2 \tag{1.15}$$

計量（1.15）をもつ空間の幾何学的構造が一様等方であることは次のようにして確かめられる．

(i) $K = 0$ この場合には通常の極座標から直交座標 $\boldsymbol{x}$ への変換により計量（1.15）は，

$$\mathrm{d}\sigma^2 = \mathrm{d}\boldsymbol{x}^2 \tag{1.16}$$

となるので，空間は3次元ユークリッド空間 E^3 となり，一様等方性は明らかである．この場合，空間は平坦であるといわれる．

(ii) $K > 0$ まず，r の代りに $\sin\chi = \sqrt{K}\,r$ により定義される χ を用いて，計量を，

$$\mathrm{d}\sigma^2 = K^{-1}\mathrm{d}\Omega_3^2, \qquad \mathrm{d}\Omega_3^2 = \mathrm{d}\chi^2 + \sin^2\chi\,\mathrm{d}\Omega_2^2 \tag{1.17}$$

と書き換える．これが3次元球面の計量を表すことは容易に確かめられる．実際，4次元ユークリッド空間 E^4;(X, Y, Z, W) において半径 A の球面，

$$X^2+Y^2+Z^2+W^2=A^2 \tag{1.18}$$

は次のように極座標表示される．

$$\begin{aligned} W &= A\cos\chi \\ Z &= A\sin\chi\cos\theta \\ Y &= A\sin\chi\sin\theta\sin\phi \\ X &= A\sin\chi\sin\theta\cos\phi \end{aligned} \tag{1.19}$$

この極座標表示のもとで，球面 (1.18) 上の計量は，

$$\mathrm{d}X^2+\mathrm{d}Y^2+\mathrm{d}Z^2+\mathrm{d}W^2 = A^2\mathrm{d}\Omega_3^2 \tag{1.20}$$

と表される．したがって，計量(1.17)をもつ空間は半径 $1/\sqrt{K}$ の 3 次元ユークリッド球面 S^3 を表している．

式 (1.18) は 6 個の自由度をもつ 4 次元ユークリッド空間の回転群 SO(4) で不変であり，球面上の勝手な 2 点はこの回転群に属する変換で互いに移り合う．また，SO(4) 群のうち，S^3 上の勝手な点を不動にする変換全体の作る部分群 SO(3) は，その点における S^3 の接平面の回転群となっている．したがって，この空間は一様等方である．この空間は有限な体積をもつので，閉じているといわれる．

(iii) $K < 0$　今度は r が 0 から ∞ まで変化できるので，$\sinh\chi = \sqrt{|K|}\,r$ とおくと，計量は，

$$\mathrm{d}\sigma^2 = \frac{1}{|K|}\mathrm{d}H_3^2, \qquad \mathrm{d}H_3^2 = \mathrm{d}\chi^2+\sinh^2\chi\,\mathrm{d}\Omega_2^2 \tag{1.21}$$

となる．この空間は E^4 の中に等長的に埋め込むことはできないが，4 次元ミンコフスキー時空 M^4; (T, X, Y, Z) の中に埋め込むことができる．実際，M^4 の中の超曲面，

$$T^2-X^2-Y^2-Z^2 = B^2 \tag{1.22}$$

を，

$$\begin{aligned} T &= B\cosh\chi \\ Z &= B\sinh\chi\cos\theta \\ Y &= B\sinh\chi\sin\theta\sin\phi \\ X &= B\sinh\chi\sin\theta\cos\phi \end{aligned} \tag{1.23}$$

のようにパラメーター表示すると，超曲面 (1.22) 上のミンコ

フスキー計量は,
$$dT^2 - dX^2 - dY^2 - dZ^2 = B^2 dH_3^2 \tag{1.24}$$
と表される.したがって,計量 (1.21) をもつ空間は 4 次元ミンコフスキー時空の中の 3 次元双曲型曲面 H^3 と同型になる.

式 (1.22) は 6 個のパラメーターをもつ 4 次元ローレンツ群 SO(3,1) に対して不変である.この SO(3,1) が H^3 上の任意の 2 点を結びつける変換を含んでいることは容易に確かめられる.また,H^3 上の勝手な点を不動にする変換の全体はやはり,その点の接平面での回転群となる.したがって,この空間も一様等方である.この空間は,ユークリッド空間と同様に無限の体積をもつので開いた空間とよばれる.

(2) ロバートソン-ウォーカー時空

4 次元時空の計量を具体的に表すためには,時間座標とともに空間座標のとり方を指定しなければならない.一様等方な宇宙では,すでに述べたように,時間座標 t としては,固有エネルギー密度 ρ が t のみの関数となるように選ぶのが自然である.すると $t =$ 一定という面は一様等方な幾何学的構造をもつ空間的な超曲面となる.一方,空間座標としては物質に対して静止して見えるようなものを選ぶのが自然である.このような空間座標は共動座標とよばれる.例えば,図 1.6 に示したように,銀河の空間座標が一定となるようにとるわけである.もちろん,

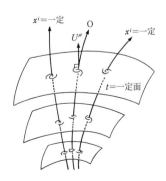

図 1.6 ロバートソン-ウォーカー時空の座標

現実の宇宙は局所的には一様でないので，共動座標が一定となるのはたくさんの銀河の重心で，各銀河はこの座標に対して固有運動とよばれる小さな速度の運動をしていることになる．しかし，当面はこのような一様等方性からのずれを無視し，銀河は共動座標に対して静止しているとして扱うことにする．

共動座標の具体的なとり方は無限にある．そこでまず，t_0 を現在の時刻として，$t = t_0$ に相当する空間的な面を考え，そのうえでわれわれの銀河を原点Oとする極座標 (r, θ, ϕ) を，1.1.4 項と同様の方法で導入する．共動座標になるという条件により，この座標は全時空に広げることができる．物質の分布と運動の一様等方性が時間とともに保たれるとすると，すべての $t =$ 一定面上で，$r =$ 一定の球面 S_r はOから等距離にあり，かつ θ, ϕ が一定の曲線はOを始点としてこれらの球面に直交しているはずである．ただし，宇宙の膨張のために，S_r の表面積は時間とともに変化する．そこでその表面積を $4\pi r^2 a(t)^2$ とおくと，(ar, θ, ϕ) が 1.1.4 項で用いた (r, θ, ϕ) に対応することになる．したがって，$t =$ 一定面の計量 $d\sigma(t)^2$ は次式で与えられる．

$$d\sigma(t)^2 = a(t)^2 \left[\frac{dr^2}{1 - K(t)r^2} + r^2 d\Omega_2^2 \right] \tag{1.25}$$

$a(t)$ は空間のサイズの時間依存性を表すので宇宙のスケール因子とよばれる．一方，時間座標にも，t を t のみに依存する別の関数におき換える自由度がまだ残されている．t が dt だけ異なる二つの超曲面の間の距離は，空間的一様性より場所によらず一定となるので，この自由度を用いて，この距離が cdt となるように t を選ぶことができる．このとき，時空における r, θ, ϕ が一定の曲線（銀河の軌跡）は等方性より $t =$ 一定面に垂直となるので，結局，時空の計量 ds^2 に対して次の表式を得る．

$$ds^2 = -c^2 dt^2 + d\sigma(t)^2 \tag{1.26}$$

以上ではスケール因子 $a(t)$ の現在の値 $a(t_0)$ を 1 としたが，一般には $a(t_0)$ として任意の値をとるように変更できる．実際，勝手な数 b に対して，$a(t) \to b\, a(t)$, $r \to r/b$, $K(t) \to b^2 K(t)$

とおき換えても計量 (1.25) は形を変えない．これは距離 $a(t)r$ および空間の曲率 $K(t)/a(t)^2$ という組合せのみが幾何学的に意味があるためである．ただし，本書では特に断わらない限り現在の a の値を 1 ととることにする．

上で述べたように，一様等方な宇宙では，物質の 4 元速度ベクトル U^μ は $t = $ 一定面に直交していなければならない．したがって，上記のように時空座標を選ぶと，t は物質の固有時となっており，U^μ は，

$$(U^\mu) = (1, 0, 0, 0) \tag{1.27}$$

という成分をもつ．また，やはり一様等方性より，物質のエネルギー運動量テンソル $T^\mu{}_\nu$ は，

$$\begin{aligned} T^0{}_0 &= -\rho(t) \\ T^0{}_i &= T^i{}_0 = 0 \\ T^i{}_j &= P(t)\delta^i{}_j \end{aligned} \tag{1.28}$$

という構造をもたなくてはならない．これは U^μ を用いて，

$$T_{\mu\nu} = (\rho + P)U_\mu U_\nu + P g_{\mu\nu} \tag{1.29}$$

と表される．したがって，一様等方な宇宙では物質は理想流体と同じ形のエネルギー運動量テンソルをもたねばならないことがわかる．当然，ρ は物質の固有エネルギー密度，P は圧力を表す．

一様等方宇宙で時空の構造を特徴づける量 $a(t)$, $K(t)$, および物質の状態を特徴づける量 $\rho(t)$, $P(t)$ の時間 t への依存性は，アインシュタイン方程式，

$$G^\mu{}_\nu := R^\mu{}_\nu - \frac{1}{2} R \delta^\mu{}_\nu + \Lambda \delta^\mu{}_\nu = \frac{8\pi G}{c^4} T^\mu{}_\nu \tag{1.30}$$

と，局所的なエネルギーの保存則，

$$\nabla_\nu T^\nu{}_\mu = 0 \tag{1.31}$$

により決定される．

まず，$T^0{}_i = 0$ より，

$$R^0{}_i = \dot{K} \frac{rf}{a} = 0 \tag{1.32}$$

が得られる．これは，Kが定数であること，すなわち，空間の曲率 K/a^2 が宇宙膨張とともに a^{-2} に比例して変化することを示している．特に，空間が閉じているか開いているかという性質は時間によらない宇宙全体の性質であることがわかる．

K が定数とすると，$G^\mu{}_\nu$ のうちゼロでない成分は，式(A.15)～(A.17) より，

$$G^0{}_0 = -\frac{3}{c^2}\left[\left(\frac{\dot{a}}{a}\right)^2 + \frac{Kc^2}{a^2}\right] + \Lambda \tag{1.33}$$

$$G^i{}_j = -\frac{1}{c^2}\left[2\frac{\ddot{a}}{a} + \left(\frac{\dot{a}}{a}\right)^2 + \frac{Kc^2}{a^2} - c^2\Lambda\right]\delta^i{}_j \tag{1.34}$$

のみとなるので，アインシュタイン方程式 (1.30) は次の二つの方程式と同等となる．

$$H^2 := \left(\frac{\dot{a}}{a}\right)^2 = \frac{8\pi G}{3c^2}\rho - \frac{Kc^2}{a^2} + \frac{\Lambda c^2}{3} \tag{1.35}$$

$$\frac{\ddot{a}}{a} = -\frac{4\pi G}{3c^2}(\rho + 3P) + \frac{1}{3}\Lambda c^2 \tag{1.36}$$

一方，エネルギー運動量テンソルの保存則のうち，$\mu = i$ 成分は等方性から予想されるように恒等的にゼロとなり，$\mu = 0$ 成分のみが自明でない方程式，

$$\dot{\rho} = -3(\dot{a}/a)(\rho + P) \tag{1.37}$$

を与える．もちろん，保存則 (1.31) がビアンキ (Bianchi) 恒等式によりアインシュタイン方程式 (1.30) から導かれることに対応して，この式は，式 (1.35) と式 (1.36) から導かれる．以下では，式 (1.35) をハッブル方程式，式 (1.37) をエネルギー方程式とよび，これらを基本方程式として用いる．

以上の議論をまとめると，一般相対論では空間的に一様等方な宇宙の時空構造は次の計量で与えられる．

$$ds^2 = -c^2 dt^2 + a(t)^2 \left(\frac{dr^2}{1 - Kr^2} + r^2 d\Omega_2{}^2\right) \tag{1.38}$$

この計量はロバートソン-ウォーカー (Robertson-Walker) 計量，対応する時空はロバートソン-ウォーカー時空とよばれる．また，物質の状態は固有エネルギー密度 $\rho(t)$ と圧力 $P(t)$ で表

される.したがって,宇宙の構造は3個の時間の関数 $a(t), \rho(t)$, $P(t)$ と2個の定数 K, Λ で記述される.これらの時間の関数は2個の方程式 (1.35), (1.37) に従うので,あともう1個の情報として物質の状態方程式,すなわち ρ と P の関係が与えられれば,宇宙の時間発展は完全に決る.

最後に,スケール因子とハッブルの法則の関係について触れておく.勝手な銀河 O (例えばわれわれの銀河系) を共動座標の原点に選ぶと,$t = $ 一定面での O と他の銀河の距離 $l(t)$ は,

$$l(t) = a(t) \int_0^r \frac{\mathrm{d}r}{\sqrt{1-Kr^2}} \tag{1.39}$$

で与えられる.r の値は各銀河に対して時間とともに変らないので銀河の O に対する後退速度 $v = \dot{l}$ は,

$$v = \frac{\dot{a}}{a} l \tag{1.40}$$

となり,ハッブルの法則が成立することが確かめられる.特にこれより,ハッブル定数はスケール因子の現在の時刻での変化率に等しいことがわかる.

$$H_0 = (\dot{a}/a)_0 \tag{1.41}$$

ただし,遠方の銀河に対しては,l は実際の観測で用いられる距離とは一致しない.この問題は 1.3 節で詳しく議論する.

1.2 一様等方宇宙の膨張則

1.2.1 宇宙パラメーター

宇宙の物質構成,したがって状態方程式が与えられたとき,空間的に一様等方な宇宙の,時間発展を含めた構造はスケール因子 $a(t)$,エネルギー密度 $\rho(t)$ および2個の定数,すなわち空間の曲率 K,宇宙定数 Λ で記述される.これらのうち,スケール因子とエネルギー密度はそれぞれ時間について1階の微分方程式 (1.35), (1.37) に従うので,例えば現在の時刻での値が与えられれば任意の時刻での値が決ってしまう.したがって,ス

ケール因子の現在の値を1ととれば，一様等方な宇宙の構造，すなわち宇宙モデルは，時間の原点の自由度を別にすれば3個の定数で決定されることになる．宇宙モデルを決定するパラメーターは宇宙パラメーターとよばれる．

宇宙パラメーターとしては通常，次のような現在の宇宙に関する物理量がよく用いられる．

ハッブル定数： $H_0 = (\dot{a}/a)_0$

臨界密度： $\rho_{c0} = \dfrac{3c^2}{8\pi G} H_0^2$

密度パラメーター： $\Omega_0 = (\rho/\rho_c)_0$

曲率パラメーター： $k_0 = Kc^2/H_0^2$

減速パラメーター： $q_0 = -(\ddot{a}a/\dot{a}^2)_0$

λ パラメーター： $\lambda_0 = \Lambda c^2/3H_0^2$

ここで添字0は現在の値を意味する．これらのうち臨界密度 ρ_c は，ハッブル定数が与えられたとき，最も単純な $K = \Lambda = 0$ の宇宙に対応する物質のエネルギー密度を表す．臨界という言葉は，$\Lambda = 0$ の宇宙において，ρ_c が，空間の曲率が正の場合と負の場合のちょうど境目の密度に相当していることに由来する．臨界密度以外の量の意味は明らかであろう．これらの具体的な観測値については，1.3節で詳しく述べる．

もちろん，これらの量は互いに独立ではない．特に，上で述べたことから，次元をもたない独立なパラメーターは2個しかない．実際，ハッブル方程式（1.35）および式（1.36）より，$\Omega_0, k_0, q_0, \lambda_0$ は次の二つの関係式を満たす．

$$\Omega_0 - k_0 + \lambda_0 = 1 \tag{1.42}$$

$$q_0 = \frac{1}{2}\left(1 + 3\frac{P_0}{\rho_0}\right)\Omega_0 - \lambda_0 \tag{1.43}$$

以下では主に，H_0, Ω_0, λ_0 を基本パラメーターとして用いる．

H_0 は（時間）$^{-1}$ の次元をもつので，無次元の時間変数 τ を，

$$\tau := H_0 t \tag{1.44}$$

により定義すると，ハッブル方程式（1.35）を次のように無次

元の量のみを用いて書くことができる．

$$\left(\frac{1}{a}\frac{\mathrm{d}a}{\mathrm{d}\tau}\right)^2 = \Omega_0 \frac{\rho}{\rho_0} - \frac{k_0}{a^2} + \lambda_0 \tag{1.45}$$

1.2.2 エネルギー密度のふるまい

各宇宙パラメーターの組に対して宇宙の力学的な時間発展を決定するには，ハッブル方程式とともに，エネルギー方程式を解かねばならない．この方程式は，時間 t の代りにスケール因子を独立変数と見なすと，

$$\frac{\mathrm{d}\rho}{\mathrm{d}a} = -\frac{3}{a}(\rho+P) \tag{1.46}$$

と書かれる．したがって，状態方程式が与えられれば，ρ/ρ_0 が a の関数として決ることになる．もちろん，現実の宇宙の物質はさまざまな成分から構成されており，その厳密な状態方程式は複雑である．この現実的な物質の状態の時間発展の問題は次章で詳しく述べることにして，ここでは単純な場合に話を限定する．

物質はおおまかに分けると非相対論的物質と相対論的物質に分けられる．ここで，非相対論的物質とは，エネルギー密度に比べて圧力の無視できるような物質をさす．例えば，通常の星を構成するガスや星間空間，銀河間空間に広がるガスは非相対論的である．また，銀河を基本単位と見なせば銀河の集団も非相対論的ガスとして扱うことができる．非相対論的物質に対しては，式 (1.46) において P を無視することにより，エネルギー密度は $\rho \propto 1/a^3$ とふるまうことがわかる．非相対論的な物質では，ρ が構成分子の平均静止質量 m，数密度 n を用いて $\rho \simeq mn$ と表されることを考慮すると，これは粒子数保存 $a^3 n = $ 一定にほかならない．

一方，相対論的物質とは，熱輻射や質量の無視できるニュートリノなどのように，構成粒子が光速で運動している物質をさす．このような物質では圧力とエネルギー密度の間に $P = \rho/3$

という関係式が成立するので，式 (1.46) よりエネルギー密度は $\rho \propto 1/a^4$ のようにふるまう．特に，熱平衡にある相対論的物質に対してはエネルギー密度は温度 T の4乗に比例するので，温度は $T \propto 1/a$ のように宇宙膨張とともに減少してゆくことになる．

以上より，最低次の近似のもとでは，物質の非相対論的成分，相対論的成分のエネルギー密度をそれぞれ ρ_N, ρ_R とおき，各成分に対する密度パラメーターを $\Omega_{N0} = (\rho_N/\rho_c)_0$, $\Omega_{R0} = (\rho_R/\rho_c)_0$ により定義すると，全エネルギー密度はスケール因子の関数として，

$$\Omega_0 \frac{\rho}{\rho_0} = \frac{\Omega_{N0}}{a^3} + \frac{\Omega_{R0}}{a^4}, \qquad \Omega_0 = \Omega_{N0} + \Omega_{R0} \tag{1.47}$$

と表される．ただし，現在非相対論的な物質も，過去にさかのぼって宇宙の温度が上昇すると最終的には相対論的にふるまうことになる．このため，宇宙のエネルギー密度のふるまいを式 (1.47) で近似する際には注意を要するが，多くの状況では非相対論的成分が相対論的になる前に $\rho_R \gg \rho_N$ となるので，この近似はさほど悪くない．

1.2.3 フリードマンモデル

まず，最も簡単な $\Lambda = 0$ の場合に対して，宇宙モデルの時間的ふるまいを調べてみよう．以下ではこのモデルをフリードマンモデルとよぶことにする．ただし，歴史的にはフリードマンによって得られた解は $P = 0$ で一般の Λ に対するものであったことを注意しておく．

(1) 宇宙の初期特異点と宇宙年齢

現在の宇宙が膨張しているということは，過去にさかのぼるほど宇宙のサイズはどんどん小さくなることを意味している．それでは，宇宙はどの程度まで小さくなるのであろうか．ニュートン理論の範囲内で考えると，これは，最初収縮している一様なガスがどこまで収縮を続けるかという問題となる．一見，ガ

スが十分収縮すれば圧力が高くなり，収縮が止るように思われるかも知れないが，実際は，一様性を保って収縮する場合には圧力こう配が生じないため，圧力は収縮を妨げる作用をまったくもたない．一方，重力は常にガス雲を収縮させる方向に働き，しかも2粒子間の重力は収縮すればするほど大きくなる．このため，圧力と無関係にガス雲の密度は有限な時間で無限大となってしまう．

一般相対論的なモデルでも状況は同じである．ただし，一般相対論では圧力も重力の源となるため少し修正が必要となる．例えば，フリードマンモデルに対しては，式(1.36)より，

$$\rho + 3P \geqq 0 \tag{1.48}$$

である限り，スケール因子 a の時間 t に関する2階微分は負またはゼロとなる．これは a が t の上に凸な関数であることを意味している．したがって，図1.7に示したように，a は必ず有限な時間の過去にゼロとなる．

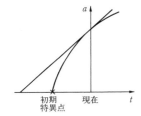

図1.7 フリードマン宇宙の初期特異点

前節の議論から明らかなように，a がゼロに近づくと物質の密度や温度は無限に大きくなる．したがって，条件(1.48)が満たされる限りニュートン理論と定性的には同じ結果を与える．しかし，ニュートン理論と一般相対論では大きな違いがある．スケール因子がゼロになるということは，ニュートン理論では単に（有限な領域内に含まれる）物質の体積がゼロになることを意味するにすぎないが，一般相対論では，空間の体積そのものがゼロとなり，時空の構造が破綻することを意味してい

る．このため，$a=0$ となる"点"は宇宙の初期特異点とよばれる．以上の議論は，一様等方性の仮定のもとに導かれたものであるが，$\Lambda=0$ の場合には，物質のエネルギー運動量テンソルが式 (1.48) に相当する自然な条件を満たせば，一様等方性の仮定をはずした一般的な状況でも宇宙の初期特異点が存在することが特異点定理を用いて示されている[4,5]．

以上のことよりフリードマンモデルでは，宇宙は無限の高温高密度の状態から出発し，宇宙膨張とともに物質の温度密度が次第に下がって現在の宇宙ができ上がったことになる．このように宇宙が超高温高密度の状態から急速に膨張するようすをビッグバン，対応する宇宙モデルをビッグバンモデルとよぶことがある．

ビッグバンモデルの重要な性質は現在の宇宙が有限な年齢をもつことである．時刻の原点を $a=0$ となる時点に選ぶと，式 (1.45) より，τ は a の関数として，

$$\tau = \int_0^a \frac{a\,\mathrm{d}a}{[\Omega_{\mathrm{R}0}+\Omega_{\mathrm{N}0}a+(1-\Omega_0)a^2]^{1/2}} \tag{1.49}$$

と表されるので，現在の宇宙の年齢 t_0 はこの式で $a=1$ とおくことにより次の積分で与えられる．

$$t_0 = H_0^{-1}\int_0^1 \frac{a\,\mathrm{d}a}{[\Omega_{\mathrm{R}0}+\Omega_{\mathrm{N}0}a+(1-\Omega_0)a^2]^{1/2}} \tag{1.50}$$

(2) 定性的ふるまい

フリードマン宇宙の定性的なふるまいは式 (1.45) を，

$$\varepsilon := \left(\frac{\mathrm{d}a}{\mathrm{d}\tau}\right)^2 + U(a) = -k_0, \qquad U = -\frac{\Omega_{\mathrm{R}0}}{a^2} - \frac{\Omega_{\mathrm{N}0}}{a} \tag{1.51}$$

という形に書くことにより容易に知ることができる．この式は，1 次元運動をする粒子のエネルギー保存則の形をしているので，図 1.8 に示したように，横軸を a，縦軸を ε としてポテンシャル $\varepsilon=U$ のグラフを書くと，各 k_0 に対して，$\varepsilon=-k_0$ の直線のうちポテンシャル曲線の上側にある部分のみが a の値のとりうる領域となる．これより，$k_0\leqq 0$ に対しては a は時間とともに単調に増大するのに対して，$k_0>0$ の場合には a は必ずあ

る程度増大した後減少に転じ,その後単調に $a=0$ まで減少することがわかる.したがって,宇宙のスケール因子の時間的ふるまいは図 1.9 に示したようになる.

もう少し詳しく見ると,スケール因子の時間的ふるまいはハッブル方程式の右辺に現れる三つの項,Ω_{R0}/a^4, Ω_{N0}/a^3, k_0/a^2 の大小関係によって三つの時期に分けられる.

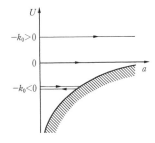

図 1.8 フリードマンモデルのポテンシャル

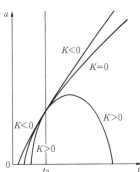

図 1.9 フリードマンモデルにおけるスケール因子のふるまい

(i) **曲率の無視できる時期** a が十分小さいときには曲率項はエネルギー密度項に比べて無視できるようになる.この時期は a と,
$$a_{\rm eq} := \Omega_{R0}/\Omega_{N0} \quad (\rho_R = \rho_N となるときの a の値) \qquad (1.52)$$
との大小関係によりさらに二つの時期に分けられる.

(a) $a \ll a_{\rm eq}$:**輻射優勢時期** この宇宙の十分初期では $\rho_N \ll \rho_R$

となり，相対論的物質のエネルギー密度が宇宙の膨張則を決定する．具体的には，ハッブル方程式の右辺で ρ_R 以外の項を無視することにより，a は次のようにふるまう．

$$a \simeq (4\Omega_{R0})^{1/4} \tau^{1/2} \propto t^{1/2} \tag{1.53}$$

(b) $a \gg a_{\rm eq}$：**物質優勢時期**　この時期では今度は非相対論的物質が宇宙の膨張を支配する．したがって，a は，

$$a \simeq \left(\frac{9}{4}\Omega_{N0}\right)^{1/3} \tau^{2/3} \propto t^{2/3} \tag{1.54}$$

のようにふるまう．

(ii) **曲率項が重要となる時期**　この時期は $K \neq 0$ の場合にのみ現れる．この場合には，a が十分大きくなると曲率項は次第に物質のエネルギー密度に追いついてくる．$K>0$ の場合は，曲率項の符号が負であるので曲率項は宇宙膨張を減速させ，ある時期で二つの項は等しくなり宇宙膨張は止る．その後は，すでに述べたように，宇宙は膨張から収縮に転ずる．一方，$K<0$ の場合には，曲率項はエネルギー密度と同じく正の符号をもっているので宇宙は膨張を続け，$a \gg \Omega_{N0}/(1-\Omega_0), [\Omega_{R0}/(1-\Omega_0)]^{1/2}$ となると，宇宙の膨張は曲率項のみで決るようになる．この時期のスケール因子は，

$$a \simeq \tau/\sqrt{1-\Omega_0} \propto t \tag{1.55}$$

となり，時間に比例して増大するようになる．以下ではこの時期を曲率優勢時期とよぶことにする．

(3) **厳　密　解**

積分 (1.49) は初等関数で表すことができ，a と τ に対する次のようなパラメーター表示を与える．

$\Omega_0 < 1:$
$$\begin{aligned} a &= \frac{\Omega_{N0}}{2(1-\Omega_0)}(\cosh\theta - 1) + \sqrt{\frac{\Omega_{R0}}{(1-\Omega_0)}}\sinh\theta \\ \tau &= \frac{\Omega_{N0}}{2(1-\Omega_0)^{3/2}}(\sinh\theta - \theta) + \frac{\sqrt{\Omega_{R0}}}{(1-\Omega_0)}(\cosh\theta - 1) \end{aligned} \tag{1.56}$$

$\Omega_0 = 1:$
$$\begin{aligned} a &= \Omega_{N0}\xi^2 + 2\sqrt{\Omega_{R0}}\,\xi \\ \tau &= \frac{2}{3}\Omega_{N0}\xi^3 + 2\sqrt{\Omega_{R0}}\,\xi^2 \end{aligned} \tag{1.57}$$

$\Omega_0 > 1$:
$$a = \frac{\Omega_{N0}}{2(\Omega_0-1)}(1-\cos\theta) + \sqrt{\frac{\Omega_{R0}}{(\Omega_0-1)}}\sin\theta$$
$$\tau = \frac{\Omega_{N0}}{2(\Omega_0-1)^{3/2}}(\theta-\sin\theta) + \frac{\sqrt{\Omega_{R0}}}{(\Omega_0-1)}(1-\cos\theta)$$
(1.58)

これらの方程式で $a=1$ となるときの τ の値を求めることにより,宇宙年齢 t_0 に対する表式を求めることができる.結果は次のようになる.

$$H_0 t_0 = \begin{cases} \dfrac{\Omega_{N0}}{1-\Omega_0}\Bigl(\dfrac{1+\sqrt{\Omega_{R0}}}{\Omega_0+2\sqrt{\Omega_{R0}}+\Omega_{R0}} \\ \qquad - \dfrac{1}{\sqrt{1-\Omega_0}}\ln\dfrac{1+\sqrt{1-\Omega_0}+\sqrt{\Omega_{R0}}}{\sqrt{\Omega_0+2\sqrt{\Omega_{R0}}+\Omega_{R0}}}\Bigr) \\ \qquad + \dfrac{2\sqrt{\Omega_{R0}}}{\Omega_0+2\sqrt{\Omega_{R0}}+\Omega_{R0}} & (\Omega_0 < 1) \\[1em] \dfrac{2}{3}\dfrac{1+2\sqrt{\Omega_{R0}}}{1+2\sqrt{\Omega_{R0}}+\Omega_{R0}} & (\Omega_0 = 1) \\[1em] \dfrac{\Omega_{N0}}{\Omega_0-1}\Bigl(\dfrac{1}{\sqrt{\Omega_0-1}}\sin^{-1}\dfrac{\sqrt{\Omega_0-1}}{\sqrt{\Omega_0+2\sqrt{\Omega_{R0}}+\Omega_{R0}}} \\ \qquad - \dfrac{1+\sqrt{\Omega_{R0}}}{\Omega_0+2\sqrt{\Omega_{R0}}+\Omega_{R0}}\Bigr) + \dfrac{2\sqrt{\Omega_{R0}}}{\Omega_0+2\sqrt{\Omega_{R0}}+\Omega_{R0}} & (\Omega_0 > 1) \end{cases}$$
(1.59)

この表式は,現在の宇宙が輻射優勢の場合 ($\Omega_0 \simeq \Omega_{R0} \gg \Omega_{N0}$) には,

$$H_0 t_0 = 1/(1+\sqrt{\Omega_0}) \tag{1.60}$$

のように簡単になる.しかし一般の場合には,初等関数で書かれてはいるもののかなり複雑であるため,$H_0 t_0$ が密度パラメーターの変化に対してどのようにふるまうかを見るには不適である.この目的には,宇宙年齢に対する積分表示 (1.50) を直接用いる方がよい.実際,式 (1.50) を,

$$\tau_0 = \int_0^1 \frac{a\,da}{[a^2 + \Omega_{R0}(1-a^2) + \Omega_{N0}a(1-a)]^{1/2}} \tag{1.61}$$

と少し書き換えてみると,ただちに,宇宙年齢が密度パラメーターの単調減少関数であることがわかる.特に,$\Omega_0 = 0$,すな

わち宇宙が真空のとき年齢は最大値 H_0^{-1} をとる. 一方, Ω_0 が 1 に比べて十分大きいときには宇宙年齢は $H_0 t_0 \sim 1/\sqrt{\Omega_0}$ に従って Ω_0 とともに減少する. また, 同じ Ω_0 の値に対しては, 現在の宇宙が物質優勢である場合の方が輻射優勢である場合に比べて宇宙年齢が長くなることもわかる.

$\Omega_0>1$ の場合には, 宇宙年齢と並んで宇宙が膨張から収縮に転ずる時刻も興味のある量である. この時刻 t_B は, $da/d\tau=0$ という条件より,

$$H_0 t_B = \frac{\sqrt{\Omega_{R0}}}{\Omega_0-1} + \frac{\Omega_{N0}}{2(\Omega_0-1)^{3/2}}\left[\pi - \tan^{-1}\frac{2\sqrt{\Omega_{R0}(\Omega_0-1)}}{\Omega_{N0}}\right] \quad (1.62)$$

で与えられる. また, a が再びゼロとなる時刻は t_B の 2 倍であることも容易に示される.

1.2.4 ドジッターモデルと反ドジッターモデル

宇宙項がゼロでない一般のモデルのふるまいを調べる前に, $\Lambda \neq 0$ の場合の真空解について触れておく. この場合のハッブル方程式は,

$$\left(\frac{da}{d\tau}\right)^2 = \lambda_0 a^2 - k_0 \quad (1.63)$$

と非常に簡単になる. この方程式の解のふるまいは λ_0 の符号により大きく異なるので, 符号が正の場合と負の場合を分けて考える.

(1) $\Lambda>0$: ドジッター解

この場合には, K の符号に応じて三つの解が存在する.
$$a = \sqrt{k_0/\lambda_0}\cosh(\sqrt{\lambda_0}\,\tau) = \sqrt{3K/\Lambda}\cosh(\sqrt{\Lambda/3}\,t) \quad (K>0) \quad (1.64)$$
$$a = Ce^{\sqrt{\lambda_0}\tau} = Ce^{\sqrt{\Lambda/3}\,t} \quad (C \text{ は定数}) \quad (K=0) \quad (1.65)$$
$$a = \sqrt{-k_0/\lambda_0}\sinh(\sqrt{\lambda_0}\,\tau) = \sqrt{-3K/\Lambda}\sinh(\sqrt{\Lambda/3}\,t) \quad (K<0) \quad (1.66)$$

これらの解のふるまいは図 1.10 のようになる. 興味深いことは, $K \geqq 0$ の場合にはフリードマンモデルのような宇宙の初期特異点は存在せず, 宇宙年齢が無限大となることである. 特に,

$K>0$ の場合には,閉じたフリードマンモデルとは正反対に,宇宙は収縮から膨張へ転じるという奇妙なふるまいをする.このようなふるまいをする宇宙モデルはカテナリー (catenary) 宇宙とよばれる.

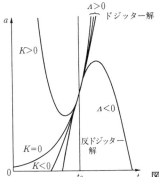

図 1.10 ドジッター宇宙と反ドジッター宇宙のふるまい

これら三つの解はまったく異なった時空を表しているように見えるが実はそうではない.これを見るために,$a(t)$ が式 (1.64) で与えられる宇宙を,5 次元のミンコフスキー時空に埋め込んでみる.まず,変換,

$$\tilde{\tau}_1 = \sqrt{\Lambda/3}\, t$$
$$\sin \xi = \sqrt{K}\, r$$
$$A = \sqrt{3/\Lambda}$$

により,ロバートソン-ウォーカー計量を,

$$ds^2 = A^2[-d\tilde{\tau}_1{}^2 + \cosh^2 \tilde{\tau}_1 (d\xi^2 + \sin^2 \xi\, d\Omega_2{}^2)] \tag{1.67}$$

と書き換える.次に,5 次元ミンコフスキー時空 (T, W, X, Y, Z) の中の超曲面,

$$-T^2 + W^2 + X^2 + Y^2 + Z^2 = A^2 \tag{1.68}$$

の内部座標 $(\tilde{\tau}_1, \xi, \theta, \phi)$ を,

$$T = A \sinh \tilde{\tau}_1$$
$$W = A \cosh \tilde{\tau}_1 \cos \xi \tag{1.69}$$

$$(X, Y, Z) = A \cosh \tilde{\tau}_1 \sin \xi \, (\sin \theta \cos \phi, \sin \theta \sin \phi, \cos \theta)$$

によって定義する.このとき,この超曲面上の計量 $-dT^2 + dW^2 + dX^2 + dY^2 + dZ^2$ は,式 (1.67) で与えられるものと一致することが容易に示される.

擬球面 (1.68) は明らかに 5 次元ローレンツ群(ドジッター群)SO(4,1) で不変である.この群は 4 次元時空における並進と回転の自由度 $4 + 6 = 10$ と同じ自由度をもっているので,式 (1.67) で与えられる時空は"4 次元的に一様等方な"宇宙を表しており,ドジッター (de Sitter) 時空とよばれる.

さて,上で求めた $K = 0$ と $K < 0$ の場合の二つの解は,実はこのドジッター時空の一部分となっている.実際,

$$\begin{aligned} T + W &= A e^{\tilde{\tau}_2} \\ (X, Y, Z) &= A e^{\tilde{\tau}_2} r (\sin \theta \cos \phi, \sin \theta \sin \phi, \cos \theta) \end{aligned} \quad (1.70)$$

とおくと,擬球面 (1.68) 上のミンコフスキー計量は,

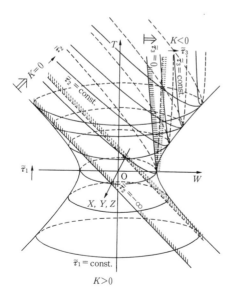

図 1.11 ドジッター時空のさまざまな座標

$$ds^2 = A^2[-d\tilde{\tau}_2{}^2 + e^{2\tilde{\tau}_2}(dr^2 + r^2 d\Omega_2{}^2)] \tag{1.71}$$

となり，$K=0$ の解と一致する．また，

$$T = A \sinh \tilde{\tau}_3 \cosh \xi$$
$$W = A \cosh \tilde{\tau}_3 \tag{1.72}$$
$$(X, Y, Z) = A \sinh \tilde{\tau}_3 \sinh \xi (\sin\theta \cos\phi, \sin\theta \sin\phi, \cos\theta)$$

とおくと，同じ計量は，

$$ds^2 = A^2[-d\tilde{\tau}_3{}^2 + \sinh^2 \tilde{\tau}_3 (d\xi^2 + \sinh^2 \xi \, d\Omega_2{}^2)] \tag{1.73}$$

となり，$K<0$ の解と一致する．

ただし，これらの座標は式 (1.69) で与えれるものと異なり擬球面 (1.68) 全体を覆っていない．図 1.11 に示したように，$K=0$ の場合は全ドジッター時空の半分，$K<0$ の場合にはほんの一部を覆っているにすぎない．このように，同一の時空が座標のとり方により，閉じた空間をもつ宇宙に見えたり，開いた空間をもつ宇宙に見えたりすることはドジッター時空の特殊性で一般にはこのようなことは生じないが，注意を要することである．

(2) $\Lambda < 0$ の場合：反ドジッター解

$\Lambda > 0$ の場合と違い，この場合には $K<0$ のときのみ解が存在して，

$$a = \sqrt{3K/\Lambda} \sin(\sqrt{|\Lambda|/3}\, t) \tag{1.74}$$

で与えられる．この解は，図 1.10 に示したように，閉じたフリードマンモデルと似たふるまいを示す．

この解に対応する時空の計量は変換，

$$\tilde{\tau} = \sqrt{|\Lambda|/3}\, t$$
$$\sinh \xi = \sqrt{|K|}\, r$$
$$A = \sqrt{3/|\Lambda|}$$

により，

$$ds^2 = A^2[-d\tilde{\tau}^2 + \sin^2 \tilde{\tau}(d\xi^2 + \sinh^2 \xi \, d\Omega_2{}^2)] \tag{1.75}$$

と表される．この時空はドジッター時空と同様に高い対称性をもっている．実際，計量が $ds^2 = -dT^2 - dW^2 + dX^2 + dY^2$

$+dZ^2$ で与えられる 5 次元不定計量空間内の擬球面,
$$-T^2-W^2+X^2+Y^2+Z^2 = -A^2 \tag{1.76}$$
に,
$$\begin{aligned} T &= A \sin \tilde{\tau} \cosh \xi \\ W &= A \cos \tilde{\tau} \\ (X, Y, Z) &= A \sin \tilde{\tau} \sinh \xi \end{aligned} \tag{1.77}$$
$$(\sin \theta \cos \phi, \sin \theta \sin \phi, \cos \theta)$$

により内部座標を導入すると, 5 次元空間から誘導される擬球上の計量は式 (1.75) と一致することが確かめられる. 擬球面 (1.76) はドジッター群と同様に 10 個の自由度をもつ群 SO(3, 2)(反ドジッター群)に対して不変であるので, やはり, 4 次元的に一様等方な時空となっている. この時空は反ドジッター (Anti-de Sitter) 時空とよばれる. ただし, 座標 (1.77) は擬球面 (1.76) 全体を覆っていない. ドジッター時空の場合と異なり, 反ドジッター時空全体を覆い, 計量がロバートソン-ウォーカー型となる座標は存在しない.

1.2.5 ルメートルモデル

宇宙定数がゼロでない一般の一様等方宇宙モデル (ルメートル (Le Maître) モデル) のふるまいは, フリードマンモデルの場合と同様に次の 1 次元力学系の問題に帰着される.

$$\left(\frac{da}{d\tau}\right)^2 + U(a) = -k_0, \qquad U = -\frac{\Omega_{R0}}{a^2} - \frac{\Omega_{N0}}{a} - \lambda_0 a^2 \tag{1.78}$$

1.2.4 項の議論から予想されるように, 宇宙のふるまいは λ_0 の符号によって大きく異なる.

(1) $\Lambda < 0$ の場合

まず, 簡単な $\lambda_0 < 0$ の場合から見てみよう. この場合の $U(a)$ は a の単調増加関数となるので, 図 1.12 に示したように, k_0 の値によらず反ドジッターモデルと同様, 膨張は有限な時間で止り宇宙は再び特異点へと収縮する.

$\lambda_0 \neq 0$ の場合の解を具体的に書き下すには一般にはだ円関

数が必要となるが，$\Omega_{N0} = 0$ ($\Omega_0 = \Omega_{R0}$) の場合には例外的に初等関数で表され次のようになる．

$$a^2 = |\lambda_0|^{-1}\sqrt{k_0^2 + 4|\lambda_0|\Omega_0} \, \sin\sqrt{|\lambda_0|}\,\tau \, \sin\sqrt{|\lambda_0|}(\tau_* - \tau) \tag{1.79}$$

$$\tau_* = |\lambda_0|^{-1/2} \tan^{-1}(2\sqrt{|\lambda_0|\Omega_0}/k_0) \tag{1.80}$$

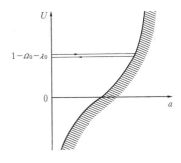

図 1.12 $\Lambda < 0$ の場合のポテンシャル

(2) $\Lambda > 0$ の場合

$\lambda_0 < 0$ の場合と違い，$\lambda_0 > 0$ の場合のスケール因子のふるまいはかなり複雑である．ポテンシャルは上に凸な関数で1個の最大点 (a_s, U_s) をもち，そのグラフは図 1.13 に示したようになる．この図から明らかなように，スケール因子のふるまいは $-k_0$ と U_s の間の大小関係により大きく異なる．

まず，$U_s < -k_0 = 1 - \Omega_0 - \lambda_0$ の場合には a は時間とともに限りなく単調に増大を続ける．一方，$U_s > -k_0$ の場合には，閉じ

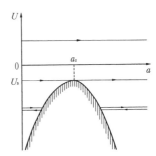

図 1.13 $\Lambda > 0$ の場合のポテンシャル

たフリードマンモデルのように a が最大値をもつ場合とドジッターモデルのようにカテナリー的になる場合の二つの場合が存在する．このいずれが起るかは，Ω_0, λ_0 が与えられたとき，a_s が 1 より大きいか小さいかで決る．最後に，境目の $U_s = -k_0$ の場合には三つの解が可能となる．その一つは $a = a_s =$ 一定と，a がポテンシャルの最大点にとどまる解である．この解はアインシュタイン定常解とよばれるもので，アインシュタイン (Einstein) が宇宙定数を導入するきっかけとなった解である．われわれの採用した $a(t_0) = 1$ という規格化のもとでは，$a_s = 1$ とならなければならないので，この解は宇宙パラメーターが，

$$\lambda_0 = \Omega_{R0} + \Omega_{N0}/2 \tag{1.81}$$

という関係を満たすときに実現する．もちろん，われわれの宇宙は膨張しているのでこの解がわれわれの宇宙を表すことは有り得ない．残りの二つの解はいずれも a が時間とともに単調に増加する解であるが，一方は $a = 0$ から出発して $t \to \infty$ で $a = a_s$ に近づき，もう一方は $t \to -\infty$ で $a = a_s$ から出発して限りなく増大を続ける．前者は $a_s > 1$ の場合に，後者は $a_s < 1$ の場合に対応する．

$\lambda_0 < 0$ の場合と同様に，$\Omega_{N0} = 0$ ($\Omega_0 = \Omega_{R0}$) の場合には解は初等関数で表され，$a_s = (\Omega_0/\lambda_0)^{1/4}$，$U_s = -2(\lambda_0 \Omega_0)^{1/2}$ となること

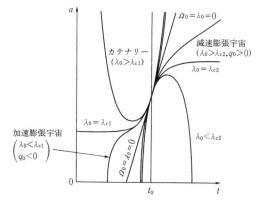

図1.14 ルメートル宇宙のふるまい

を考慮すると，次のようになる．

$$a^2 = \sqrt{\frac{\Omega_0}{\lambda_0}} \sinh 2\sqrt{\lambda_0}\,\tau + \frac{k_0}{2\lambda_0}(1-\cosh 2\sqrt{\lambda_0}\,\tau), \quad k_0 < 2(\lambda_0\Omega_0)^{1/2}$$
(1.82)

$$a^2 = \frac{k_0}{2\lambda_0} + Ce^{\pm 2\sqrt{\lambda_0}\,\tau}\ (C\text{は任意定数}), \quad k_0 = 2(\lambda_0\Omega_0)^{1/2} \quad (1.83)$$

$$a^2 = \frac{k_0}{2\lambda_0} + \frac{\sqrt{k_0{}^2-4\lambda_0\Omega_0}}{2\lambda_0}\cosh 2\sqrt{\lambda_0}\,\tau, \quad k_0 > 2(\lambda_0\Omega_0)^{1/2} \quad (1.84)$$

$\Omega_{N0} \neq 0$ の一般の場合の解のふるまいもこれらの解と本質的に同じである．特に，収縮に転ずる解と $t \to \infty$ で a が一定値に近づく解を除くと，他のすべての解は $t \to \infty$ で $a \sim e^{\sqrt{\lambda_0}\tau}$ のように指数関数的に膨張するようになる．Ω_{N0}, Ω_{R0} を固定して λ_0 を変化させたときに $a(t)$ のふるまいが変化するようすを図1.14に示しておく．

(3) 一様等方宇宙モデルの分類

これまでの議論をまとめると，アインシュタイン定常解を別にすれば，一様等方宇宙モデルは，閉じたフリードマンモデルのように宇宙が膨張から収縮へと転じるもの(再収縮型)，開いたフリードマンモデルのようにビッグバンから始まり永遠に膨張を続けるもの(膨張持続型)，ドジッターモデルのように収縮から膨張へと転じ初期特異点をもたないもの（カテナリー型）の三つに分類される．宇宙パラメーター（Ω_0, λ_0）の各値とこれらのタイプとの対応関係を図1.15にまとめておく．

この図に示されているように，宇宙モデルがどのタイプに属するかは，2本の曲線 $\lambda_0 = \lambda_{c1}(\Omega_{N0}, \Omega_{R0})$, $\lambda_0 = \lambda_{c2}(\Omega_{N0}, \Omega_{R0})$ によって決定され，$\lambda_0 > \lambda_{c1}$ の場合はカテナリー型，$\lambda_0 < \lambda_{c2}$ の場合は再収縮型，中間の場合は膨張持続型となる．特に，フリードマン宇宙と異なり，空間の曲率の符号とこれらのタイプが1対1に対応していない点は注意を要する．さらに，膨張持続型宇宙は現在の減速パラメーター $q_0 = \Omega_{R0}+\Omega_{N0}/2-\lambda_0$ の符号により二つに分けることができる．これらのうち，$q_0 > 0$ のモデルは，

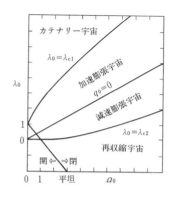

図1.15 宇宙モデルの分類

現在まだ宇宙項が物質のエネルギー密度に比べて小さくフリードマン宇宙に近いふるまいをするモデルで、宇宙膨張は減速している。これに対して $q_0<0$ のモデルでは、現在すでに宇宙項が宇宙膨張を支配しているために宇宙膨張は加速しており、スケール因子は指数関数的に増大している。

1.3 宇宙パラメーターへの観測からの制限

前節で見たように、一様等方宇宙のふるまいは、物質の状態方程式を別にすれば、現在の宇宙の膨張速度を表すハッブル定数 H_0 と2個の無次元量 Ω_0, λ_0 で完全に決定される。したがって、これらのパラメーターの値はわれわれの宇宙の進化のシナリオを大きく左右する。そこで、この節ではこれらのパラメーターが宇宙の直接観測からどの程度決まっているかを見てみよう。

1.3.1 膨張宇宙の幾何学

宇宙が一様で等方であるという近似は、銀河よりはるかに大きいスケールで平均して初めて成り立つ。したがって、当然、宇宙パラメーターを決定するにはこのような大きなスケールの宇

宙の構造を観測しなければならない。大きなスケールでは，1.2 節での議論から予想されるように，空間は一般に平坦でなく，その幾何学はユークリッド幾何学からずれてくる。また，遠方の天体からの光がわれわれに到達するには宇宙年齢に匹敵する時間がかかるので，宇宙の膨張の効果も考慮することが必要となる。そこで，まず，ロバートソン-ウォーカー時空の幾何学的構造を調べておくことにする。

(1) 光の伝播と宇宙論的赤方偏移

遠方の天体からの情報は主に光を中心とする電磁波の形でやってくるので，膨張宇宙における電磁波のふるまいは重要である。

(t, r, θ, ϕ) を計量が式 (1.38) の形に表される座標系とすると，空間の等方性より，θ と ϕ は原点Oに到達する光線に沿って一定となる。したがって，$ds^2 = 0$ より光線は方程式，

$$c dt = a \frac{dr}{\sqrt{1-Kr^2}} \tag{1.85}$$

に従って伝播する。r の代りに，

$$\chi := \int_0^r \frac{dr}{\sqrt{1-Kr^2}} \tag{1.86}$$

t の代りに，

$$\eta := \int^t \frac{dt}{a(t)} \tag{1.87}$$

を用いると，式 (1.87) は光線がOに到達するときの η の値を η_0 として，

$$c(\eta_0 - \eta) = \chi \tag{1.88}$$

と表される。

いま，時刻 $\eta = \eta_1$ と $\eta = \eta_1 + \delta\eta_1$ に（共動座標系に対して）$r = r_1$ の位置で静止している天体から出た光が，それぞれ $\eta = \eta_0$, $\eta = \eta_0 + \delta\eta_0$ に原点Oに到達したとする。このとき，式(1.88) の右辺は r のみに依存し，η によらないので，

$$\delta\eta_0 = \delta\eta_1 \iff \frac{\delta t_0}{a(t_0)} = \frac{\delta t_1}{a(t_1)} \tag{1.89}$$

が成り立つ。特に，$1/\delta t_1$ を天体から出たときの光の振動数 ν_1 に

とると，光線に沿って光の位相は一定なので，$1/\delta t_0$ は共動座標の原点Oにいる観測者が観測する振動数 ν_0 となる．したがって，上の関係式より，光の振動数 ν と波長 λ に対して次のような関係式が成立することがわかる．

$$a(t_0)\nu_0 = a(t_1)\nu_1, \qquad \frac{\lambda_0}{a(t_0)} = \frac{\lambda_1}{a(t_1)} \tag{1.90}$$

膨張宇宙では，$t_1 < t_0$ より $a(t_1) < a(t_0)$ が成り立つので，この関係式は，天体から出た光が伝播とともに赤方偏移を起すことを表している．この宇宙膨張によって引き起される赤方偏移は宇宙論的赤方偏移とよばれる．

ある観測者が同時刻にさまざまな天体からの光の赤方偏移を観測すると，当然遠い天体ほどより昔に出た光を見ることになるので赤方偏移の度合は大きくなる．そこで，

$$z := (\lambda_0 - \lambda)/\lambda \tag{1.91}$$

で定義される宇宙論的赤方偏移の度合を表す量を天体までの距離の指標として用いることがしばしばある．光が天体から出た時点での a の値と z の間には，

$$z = 1/a - 1 \iff a = 1/(1+z) \tag{1.92}$$

の関係があるので，z は宇宙膨張則を通して時間の指標にもなる．当然，現在は $z = 0$ に相当する．

ただし，χ や r と z の関係はかなり複雑な式で表される．χ, r の代りに無次元の量，

$$\chi = (c/H_0)\tilde{\chi}, \qquad r = (c/H_0)\tilde{r} \tag{1.93}$$

を導入すると，式 (1.92) とハッブル方程式 (1.45) より，$\tilde{\chi}$ は z を用いて，

$$\tilde{\chi} = \int_a^1 \frac{\mathrm{d}a}{a} \frac{H_0}{aH} = \int_0^z \frac{\mathrm{d}z}{\tilde{H}} \tag{1.94}$$

$$\tilde{H} := H/H_0$$
$$= \{(1+z)^2[1+(2\Omega_{R0}+\Omega_{N0})z+\Omega_{R0}z^2]-\lambda_0 z(2+z)\}^{1/2} \tag{1.95}$$

と表される．r と z の関係式は，χ の定義 (1.86) より導かれる関係式，

$$\tilde{r} = \begin{cases} \dfrac{1}{\sqrt{k_0}} \sin \sqrt{k_0}\,\tilde{\chi} & (k_0 > 0) \\ \tilde{\chi} & (k_0 = 0) \\ \dfrac{1}{\sqrt{|k_0|}} \sinh \sqrt{|k_0|}\,\tilde{\chi} & (k_0 < 0) \end{cases} \qquad (1.96)$$

と結合することにより得られる.例えば,宇宙定数がゼロで物質優勢 ($\Omega_{R0} \ll \Omega_{N0} \simeq \Omega_0 = 2q_0$) の場合には $k_0 = \Omega_0 - 1$ より,

$$\tilde{r} = \frac{z}{1+z} \frac{2}{1+\sqrt{1+\Omega_0 z}} \left(1 + \frac{z}{1+\sqrt{1+\Omega_0 z}} \right) \qquad (1.97)$$

となる.

これらの関係式は,宇宙パラメーターに依存しているので,χ ないし r と z の関係が観測から求まれば,宇宙パラメーターを決定できることになる.ただし,z が 1 に比べて十分小さいときには,

$$\begin{aligned} \tilde{\chi} &= z\left[1 - \frac{1+q_0}{2}z + \mathrm{O}(z^2) \right] \\ \tilde{r} &= \tilde{\chi}[1 + \mathrm{O}(\tilde{\chi}^2)] \end{aligned} \qquad (1.98)$$

と減速パラメーター q_0 のみに依存するので,かなり遠方の銀河を観測しない限り Ω_0 や λ_0 を個別に決定することはできない.r を観測から決定する方法については後ほど述べる.

最後に,χ-z 関係式とハッブルの法則との関係について触れておく.この関係式は $z \to 0$ の極限では,

$$cz \simeq H_0 \chi \simeq H_0 r \qquad (1.99)$$

となる.これは,ハッブルが観測から得たもともとの形でのハッブルの法則にほかならない.光源の運動による通常の赤方偏移では光源の遠ざかる速度が v のとき $z = v/c$ が成り立つ.したがってこの関係式は,十分近傍の銀河に対しては,宇宙論的赤方偏移が,われわれから遠ざかる運動による運動学的な赤方偏移と変りがないことを表している.もちろん,z が大きくなるともはやこのような解釈はできなくなり,相対論的効果としてとらえることが必要になる.実際,χ-z 関係は z が大きくなると比例関係からずれてくる.

(2) ホライズン

1.2節で示したように,フリードマン宇宙をはじめとして多くの宇宙モデルでは宇宙に始まりがある.このような宇宙では,宇宙が生れてからある時刻までに観測者が観測できる範囲は必ずしも全宇宙を覆わない.実際,式 (1.94) より,aH が $a \to 0$ で限りなく大きくなるならば,時刻 t_0 に原点Oに達する光波面の"半径" χ は,図 1.16 に示したように $a \to 0$ となる宇宙の誕生時までさかのぼっても有限にとどまる.したがって,光より速く伝播するものは存在しないことを考慮すると,平坦な場合を含めて,χ が 0 から ∞ までの値をとりうる開いた宇宙では空間的な意味で宇宙の一部しか見えないことになる.閉じた宇宙の場合でも,$a \to 0$ での χ の極限値が χ に対する幾何学的な上限 $\pi/\sqrt{K}$ より小さければ状況は同じである.

このように,観測者がある時刻までに観測できる空間的領域が共動座標の全領域を覆わない場合,その領域の境界を宇宙の地平線(particle horizon)あるいはホライズンとよぶ.より正確には,時空を時間的な曲線で埋め尽くしたとき,これらの曲線のうち,ある時空点 p に収束する光波面,すなわち点 p を頂点とし過去に向かう光円錐と交わる曲線で覆われる領域の境界

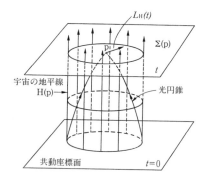

図 1.16 宇宙の地平線

を,時空点 p に関するホライズン H(p) とよぶ.言葉で表すとかなりもってまわった表現となるが,その意味は図 1.16 を見ると明らかであろう.空間的に一様な宇宙では,この時間的曲線群として共動座標一定の曲線をとるのが普通である.また,ホライズンは厳密な意味では時間的な超曲面 H(p) であるが,この超曲面と点 p を通る時間一定面 Σ(p) との交わりである 2 次元曲面 H(p)∩Σ(p) をホライズンとよぶこともある.

ある特定の観測者を考えると,その観測者に対するホライズン,いい換えれば観測できる宇宙の領域は時間とともに増大する.このことを表現するために,$t=$一定面 $\Sigma(t)$ とホライズンとの交わりである 2 次元球面の"半径"$l_\mathrm{H}(t)$ を用いることが多い.ホライズン半径とよばれるこの長さは一様等方宇宙では時刻のみで決り,

$$l_\mathrm{H}(t) = a(t)L_\mathrm{H}(t)$$
$$L_\mathrm{H}(t) := c\int_0^a \frac{\mathrm{d}a}{a}\frac{1}{aH} \tag{1.100}$$

で与えられる.ここで,$L_\mathrm{H}(t)$ は共動座標で測ったホライズンの半径で,本書で用いている a の規格化条件($a_0 = 1$)のもとでは時刻 t でのホライズンと $\Sigma(t_0)$ の交わりの半径を表す.この量は過去の時刻でのホライズンの存在が現在に与える影響を議論する際に便利である.

すでに述べたように,ホライズンが存在する条件は $aH \to \infty$ ($a \to 0$) であるが,H はアインシュタイン方程式より,

$$a^2H^2 = \left(\frac{8\pi G}{3c^2}\rho + \frac{c^2\Lambda}{3}\right)a^2 - c^2K \tag{1.101}$$

と表されるので,ホライズンが存在する条件は,$a \to 0$ で $a^2\rho \to \infty$ と表される.特に,非相対論的物質や相対論的物質からなる宇宙では,宇宙の初期特異点が存在する限り Λ によらずホライズンが存在する(閉じた宇宙では,さらに前記の条件が必要である).例えば,フリードマン宇宙($\Lambda = 0$)では $L_\mathrm{H}(t)$ は,

$$\frac{H_0}{c} L_{\rm H}(t) =$$

$$\begin{cases} \dfrac{1}{\sqrt{1-\Omega_0}} \\ \quad \times \ln \dfrac{2(1-\Omega_0)a + \Omega_{\rm N0} + 2\sqrt{(1-\Omega_0)[\Omega_{\rm R0}+\Omega_{\rm N0}a+(1-\Omega_0)a^2]}}{\Omega_{\rm N0}+2\sqrt{\Omega_{\rm R0}(1-\Omega_0)}} \\ \hfill (\Omega_0 < 1) \\[4pt] \dfrac{2a}{\sqrt{\Omega_{\rm R0}+\Omega_{\rm N0}a}+\sqrt{\Omega_{\rm R0}}} \hfill (\Omega_0 = 1) \\[4pt] \dfrac{1}{\sqrt{\Omega_0-1}} \\ \quad \times \sin^{-1}\left\{\dfrac{2\sqrt{\Omega_0-1}\,[\Omega_{\rm N0}-(\Omega_0-1)a]a}{\Omega_{\rm N0}\sqrt{\Omega_{\rm R0}+\Omega_{\rm N0}a+(1-\Omega_0)a^2}+\sqrt{\Omega_{\rm R0}}\,[\Omega_{\rm N0}-2(\Omega_0-1)a]}\right\} \\ \hfill (\Omega_0 > 1) \end{cases}$$

(1.102)

で与えられる．これはかなり複雑な表式であるが，宇宙の膨張を輻射優勢，物質優勢，曲率優勢（ただし $\Omega_0<1$）の三つの時期に分けると，$l_{\rm H}(t)$ は近似的に，

$$l_{\rm H}(t) \simeq \begin{cases} 2ct & \text{（輻射優勢）} \\ 3ct & \text{（物質優勢）} \\ ct\ln(t/t_K) & \text{（曲率優勢）} \end{cases} \quad (1.103)$$

と表される．ここで t_K は曲率優勢となる時刻である．特に現在の宇宙のホライズン半径は $l_{\rm H}(t_0) = L_{\rm H}(t_0) \sim ct_0 \sim c/H_0$ となる．

(3) さまざまな距離の定義

天体までの距離は天文観測で最も基本的な役割を果す量であるが，ニュートン的な時空の場合と異なり，相対論ではこの距離の定義には注意を要する．空間的に一様な宇宙では，$t=$ 一定面 $\Sigma(t)$ 内の 2 点の距離として最も自然なものは，計量 ds^2 から定義される幾何学的な距離（測地的距離）である．共動座標系 (r,θ,ϕ) の原点 O と動径座標が r の点 P の測地的距離 l は $\chi(r)$ を用いて，

$$l = a(t)\chi(r) = a(t)\frac{c}{H_0}\tilde{\chi}(\tilde{r}) \tag{1.104}$$

と表される．この距離は固有長ともよばれる．同じ時刻の2点間の距離としてはこれは自然であるが，異なった時刻の2事象の場合に拡張する際にはあいまいさが生じる．実際，共動座標のもとではこのような2事象に対して $\chi(r)$ はあいまいさなしに決るが，$a(t)$ としていつの時刻のものをとるかによって結果は大きく異なる．もちろん時空的な意味での測地的距離はあいまいさなしに決るが，われわれに見える天体までの4次元的測地的距離は常にゼロとなるので意味のある量ではない．通常，現在を基準にして天体までの距離を問題にする際には a として現在の値をとり，それをその天体までの固有長とよぶことが多いが，これは直接観測可能でないという意味で実用的な量ではない．

これらの固有長の難点を回避し，観測と直接結びついた相対論的に不変な距離の定義としてこれまでさまざまなものが提案されている．ここではその代表的なものとして，視差距離，角径距離，固有運動距離，光度距離の四つをとり上げることにする．

(a) **視差距離（paralax distance）** 天文学では，星の距離を測定する手段として視差がよく用いられる．これは三角測量の原理に基づくもので，地球の公転に伴って星の見かけの方向が変化することを利用したものである．天体の方向が変化する最大角の半分（視差）を Θ，地球の公転軌道を簡単のために円とし，その半径を R とすると，Θ が十分小さいときこれらの量は星までの距離 l と $R = l\Theta$ という関係にある．この関係式をもとにして，一般に天体までの視差距離 l_p を，

$$l_\mathrm{p} := R/\Theta \tag{1.105}$$

で定義する．この距離と r との関係は次のようにして求められる．まず，共動座標 (r,θ,ϕ) で張られる不変空間において，原点Oを通る2本の測地線を考える．これらの測地線に沿って θ,

ϕ は一定となる．一般性を失うことなく両者の ϕ 座標が一致するとしてよい．これらの測地線上の，Oからの長さが $\chi(r)$ となる2点を結ぶ線分の長さ R は，測地線が原点でなす角 $\delta\theta$ と

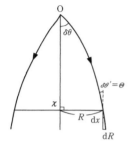

図 1.17 視差距離

$R = r\,\delta\theta$ という関係で結ばれている．一方，これらの測地線が線分 R の両端でなす角の差 $\delta\theta'$ は，図1.17 に示したように，

$$\delta\theta' = \frac{\mathrm{d}R}{\mathrm{d}\chi} = \delta\theta\frac{\mathrm{d}r}{\mathrm{d}\chi} \tag{1.106}$$

で与えられる．$\delta\theta'$ はこの線分の両端から見た原点Oの視差 Θ と一致するので，結局，次の式を得る．

$$l_\mathrm{p} = r\frac{\mathrm{d}\chi}{\mathrm{d}r} = \frac{r}{\sqrt{1-Kr^2}} = \frac{c}{H_0}\frac{\tilde{r}}{\sqrt{1-k_0\tilde{r}^2}} \tag{1.107}$$

(b) **角径距離（angular diameter distance）** ユークリッド空間では，視線方向に垂直な方向の天体の広がり D とその天体の広がりを見込む角 θ は天体までの距離 l に比例し，$D = l\theta$ という関係が成り立つ．そこで D がなんらかの方法でわかっている場合には，θ の観測値と D から定義される，

$$l_\mathrm{ad} := D/\theta \tag{1.108}$$

を距離の指標として用いることができる．l_ad は角径距離とよばれる．原点Oを端点とする2本の測地線がOで微小な角 θ をなして交わるとき，それらの上のOから $\chi(r)$ の距離にある2点を結ぶ線分の長さ D は，これらの点の4次元時空での時間座標を t として $D = a(t)r\theta$ となるので，l_ad は，次のように表される．

$$l_{\text{ad}} = a(t)r = \frac{c}{H_0}\frac{\tilde{r}}{1+z} \tag{1.109}$$

(c) **固有運動距離（proper motion distance）** 天体が運動している場合，その視線方向に垂直な速度成分の大きさを v，その天球上での角速度の大きさを ω とすると，ユークリッド空間ではこれらは距離 l と $v = l\omega$ という関係で結ばれている．そこで膨張宇宙の場合でも，天体の速度 v がなんらかの理由でわかっている場合には ω の観測値から，

$$l_{\text{pm}} := v/\omega \tag{1.110}$$

と定義すれば，距離の指標が得られる．これは固有運動距離とよばれる．現在のわれわれを共動座標の原点にとると，われわれが見ている光が天体から出た時刻を t，天体の動径座標を r とすると $v = a(t)r\mathrm{d}\theta/\mathrm{d}t$ となる．ここで式 (1.89) より $\mathrm{d}t/a(t) = \mathrm{d}t_0$ となることに注意すれば，l_{pm} は r と一致することがわかる．

$$l_{\text{pm}} = r = (c/H_0)\tilde{r} \tag{1.111}$$

特に，平坦な宇宙 ($K = 0$) では $l_{\text{pm}} = l_{\text{p}}$ となる．

(d) **光度距離（luminosity distance）** ユークリッド空間では，距離 l の位置にある絶対光度 L の天体からくる輻射の強度 f は，エネルギー保存則より $f = L/(4\pi l^2)$ と表される．したがって，一般の時空でも，絶対光度 L がわかっている場合には地上での輻射強度 f の観測値を使って，

$$l_{\text{L}}^2 := L/4\pi f \tag{1.112}$$

で定義される l_{L} は距離の指標を与える．l_{L} は光度距離とよばれる．l_{L} を座標距離で表すには慎重な議論が必要となる．まず，時刻 t と $t+\delta t$ の間に天体から放出された光子のうち，振動数が ν と $\nu+\delta\nu$ の間にあるものの個数を δN とすると，この波長帯での光度 δL は，h をプランク定数として，

$$\delta L = h\nu \, \delta N/\delta t \tag{1.113}$$

となる．光子の個数は保存されるので，これらの光子がわれわれのところにやってきたとき視線方向に垂直な単位面積を単位

時間あたりに通過する光のエネルギー δf は,

$$\delta f = \frac{h\nu_0 \delta N}{4\pi r^2 \delta t_0} \tag{1.114}$$

となる. δt と δt_0 の関係および $a\nu$ が保存されることに注意すると, これより,

$$\delta f = \frac{\delta L}{4\pi r^2 (1+z)^2} \tag{1.115}$$

を得る. これは振動数によらないのですべての波長帯について和をとっても同じ関係が成立する. したがって, l_L は,

$$l_L = (1+z)r = \frac{c}{H_0}(1+z)\tilde{r} \tag{1.116}$$

と表されることがわかる.

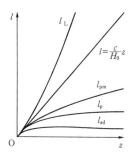

図 1.18 4 種類の距離の z 依存性

以上四つの距離の定義はどれも対等であり, $r \to 0$ の極限ではすべて r に一致する. しかし, $z(r)$ が大きい領域でのふるまいは図 1.18 に示したようにかなり違っている. どれを用いるかは目的によって決る. 一般的には, 視差の観測精度を考えると視差距離は宇宙論的な問題には不向きである (通常, 光学的には視差の観測は 100 pc が限界である[4]). また, 角径距離や固有運動距離では天体固有の広がりや運動速度が前もってわかることはまれであるので, 通常それらをよい精度で決めることは困難である. これに対して, 天体固有の光度は別の情報からよい精度で決められることがよくある. 例えば, 星の場合だと, 主系列星に対しては, 星のスペクトル型ないし色と絶対光度はよ

い相関（光度-色関係）をもつので，星の色の観測から絶対光度を決定し，これを見かけの光度と比較することにより，光度距離を決定することができる[4]．この方法は天文学では分光視差法としてよく用いられ，われわれの銀河内の明るい星までの距離をかなり正確に決定する．また，ケフェウス座δ型変光星では変光周期と絶対光度（および色）の間に規則的な関係がある（周期-光度(-色)関係[4]）．そこで，変光星を見つけてその周期と見かけの明るさを測定すれば，変光星までの距離が決ることになる．セファイド（Cepheid）法とよばれるこの方法は，ハッブルがわれわれの銀河の大きさ（より正確には銀河をとり巻く球状星団までの距離）やアンドロメダ星雲までの距離を決定する際に用いたものである．ただし，遠方の銀河に対しては個々の星を識別することは不可能なので，これら星を用いる方法を直接宇宙論的なスケールに適用することは困難である．しかし，星の代りにそれよりずっと明るい銀河を使うことにすると宇宙論的なスケールの距離測定を行うことができる．特に，タリー-フィッシャー（Tully-Fisher）法とよばれる方法は 100 Mpc 程度までの距離をかなり正確に測れる方法として最近注目を集めている[7]．これは，渦巻銀河に対して，銀河の絶対光度と，水素ガスの出す 21 cm の電波輝線を用いて決定された銀河内のガスの回転速度との間によい相関があることを用いて，絶対光度を推定する方法である．この方法は，次に述べるようにハッブル定数を決定するうえで重要な役割を果している．

1.3.2 ハッブル定数

ハッブル定数は宇宙の年齢やサイズなど，宇宙の全体としてのスケールを決定する最も重要な宇宙パラメーターである．この項では，このパラメーターの観測の現状を簡単に紹介する．

(1) 宇宙の距離はしご

ハッブル定数を決定するには多くの銀河に対して，その赤方偏移 z と距離 l を測定しなければならない．これらのうち，多く

の天文観測の場合と同様に距離の決定が最もやっかいである。距離の測定にはさまざまな方法があるが,各方法はそれぞれ固有の適用範囲をもっている。さらに,直接の幾何学的測定を行う視差法を除くと,すべての方法は,天体に固有の量と特定の観測量の間の普遍的な相関関係を利用している。ところが,この相関関係を実際に求め,関係式に現れるさまざまな係数を具体的に決定する(これはキャリブレーションとよばれる)には逆に天体の固有の量,したがって距離が求まっていなければならない。もちろんこの関係が理論的に導出できる場合はよいが,多くの場合,理論的な背景が不明な経験的な関係式であること

表1.1 距離指標

対象	方法ないし指標天体	信頼度	銀河タイプ	適用距離範囲(Mpc)
基本指標	ケフェウス型変光星	1	S,I	0〜4
	こと座 RR 型変光星	1	all	0〜0.2
	赤色巨星(種族 I)	1	E	0〜1
	星の光度等級	2	all	0〜1
	超巨星(BCD 法)	2	S,I	0〜1
	おとめ座 W 型星	2	all	0〜1
	食連星	2	S,I	0〜1
	HII ループの半径	2	S,I	0〜4
2次指標	タリー-フィッシャー法	1	S,I	0〜100
	HII 領域のサイズ	1	Sc,I	0〜25
	新星	1	S,I	0〜20
	球状星団	2	all	0〜20
	最も明るい星	2	Sc,I	0〜25
3次指標	HII 領域の明るさ	2	Sc,I	0〜100
	超新星	2	all	0〜200
	銀河円盤の輝度	2	S,I	0〜100
	銀河の色指数	2	E	0〜100
	銀河の光度指数	2	S,I	0〜100
	銀河のサイズ	3	S	0〜500
	最も明るい銀河	1	E(銀河団中)	50〜5000

が多い。また,たとえ理論的説明が可能な場合でも,技術的な理由で正確な関係の計算が困難であったり,求められた関係式が正確な決定の困難な他の要素に依存するため不定性が残ることが普通である。

この悪循環を断ち切る方法として考え出されたのが距離はしご（cosmic distance ladder）の方法である[7, 8]．まず，直接の視差観測および星団視差法を用いて，100 pc 以内の明るい主系列星の距離を直接決定し，それを用いて主系列星に対する光度–色関係を決定する．次にこれを用いて，われわれの銀河内に存在するケフェウス型変光星を含む散開星団までの距離を決定し，その結果を用いて，変光星に対する光度–周期関係を正確に求める．さらにそれをもとにして，セファイド法を用いて，われわれの銀河とアンドロメダ星雲を中心メンバーとする局所銀河群の各銀河および比較的近い（4Mpc 以内の）いくつかの銀河までの距離を決定する．以上の操作で距離の決定された天体は基本指標天体（primary indicator）とよばれる．

基本指標天体までの距離が決ると今度はそれをもとにして，さらに，2 次指標天体（secondary indicator）とよばれる数十 Mpc までの銀河までの距離を決定することができる．2 次指標天体の代表的な種類とそれらまでの距離を決定する方法としては表 1.1 に示したようにさまざまなものがあるが，それらの中で現在最も信頼されているのは前項で触れたタリー–フィッシャー関係を用いるものである．

2 次指標天体よりさらに遠い 100 Mpc 以上の距離に対しては 3 次指標天体（tertiary indicator）が用いられる．しかし，これらの天体までの距離決定に用いられる方法には数千 Mpc まで適用できる強力なものもあるが，残念ながら精度はかなり悪い．

(2) 測　　定　　値

ハッブル定数の値は歴史的には大きく変動してきた．ハッブルの法則の生みの親であるハッブルとその協力者であるフマソン（Humason）の与えた値は，$H_0 = 526$ km/s/Mpc とかなり大きな値であった[1]．これでは宇宙項がかなり大きくない限り，宇宙の年齢は 20 億年以下となってしまい，地球の年齢 37 億年よりも短くなってしまう．ハッブルらの間違いの原因は，1952 年

にバーデ(Baade)によって指摘された星の種族の混同によるものであった[6]. われわれの銀河の星のスペクトルを調べてみると, 銀河面に存在する若い星と球状星団や銀河核に存在する古い星では大気中に含まれるC, O, N, Feなどの重い元素の比率が大きく違うことがわかる. 重元素の量が少ない球状星団や銀河核の星は種族II, 重元素の量の多い銀河面の星は種族Iとよばれる. 星の構造論によると, これらの重元素の存在量は星の中での輻射輸送を決定する光吸収係数(opacity)を大きく左右するために, 星の進化や構造に大きな影響を及ぼすことがわかる. 特に, 変光星の周期-光度関係は種族によってかなり異なる. 実は, ハッブルは星間ガスによる吸収の影響を正しくとり入れなかったために, 種族Iに属するδケフェウス型変光星を, それより暗く種族IIに属するおとめ座W型変光星と混同してしまった. 種族IIに属すること座RR型変光星が, このようにして得られた周期-光度関係にうまくあったことが問題をさらに複雑にした. 彼はこと座RR型星の観測をもとにして周期-光度関係の比例係数を決定したのである. このため, ケフェウス型変光星の絶対光度が実際より暗く見積られてしまったのである. このことを考慮してフマソン, メイオール(Mayall), サンデージ(Sandage)らは観測をやり直し, $H_0 = 180$ km/s/Mpc という1/3程度の値を得た(1956年). さらに, サンデージは銀河中のHII領域を間違って星と同定していた点などを補正することにより, この値を $H_0 = 75$ km/s/Mpc とかなり小さな値に下方修正した (1958年).

図1.19からわかるように, ハッブル定数の最近の観測値は,

$$H_0 = 40 \sim 110 \text{ km/s/Mpc} \quad (v \lesssim 20\,000 \text{ km/s}) \quad (1.117)$$

とかなり広い範囲に散らばっており, 現在でもファクター2以下の精度でしか決っていない. 現在, 測定の中心となっているグループにはサンデージとタマン(Tammann)を中心とするグループ, ドボクレール(de Vaucouleurs)のグループ, タリー(Tully)のグループ等が存在するが, サンデージ-タマンらは

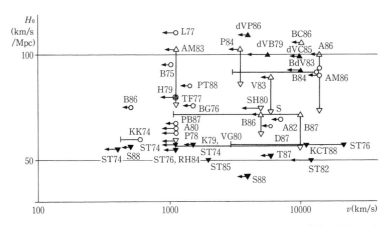

図 1.19 ハッブル定数の最近の観測値.英字は観測者のイニシャルを,数字は発表年を表す.

$H_0 \simeq 50$ km/s/Mpc[9, 10, 11],ドボクレール は $H_0 \simeq 100$ km/s/Mpc[12],他のグループ[7, 13] はその中間ないしそれより少し大きめの $H_0 \simeq 80$ km/s/Mpc 程度の観測値を一貫して得ている.おもしろいことに,彼らの与えている誤差は相互の値の隔たりよりも小さい.このような違いの生じる主な原因は,タリー–フィッシャー法を用いて銀河団までの距離を決定する際に,実際に観測された銀河サンプルが平均より明るい星を多く含むという統計的不完全さ(Malmquist bias)を補正するときの補正法の違いにある[7, 13].各グループはそれぞれ各自の方法の正当性を主張しているが,客観的にはこれらの誤差を累積すると2次指標天体の距離に50%程度の不定性があると見るのが自然である.ただし,最近,惑星状星雲とよばれる,星から放出されたガス雲の明るさが銀河によらない一定値をもつことを用いると[14],この不定性はかなり取り除かれ,H_0 は 75〜100 km/s/Mpc と大きめの値に収束するという主張もある.

ハッブル定数は,その代表値 100 km/s/Mpc を単位として,無次元の量 h を用いて $H_0 = 100h$ km/s/Mpc と表されること

が多い.われわれも今後この習慣に従うことにするが,hをプランク定数と混同しないようにしてほしい.

1.3.3 宇宙モデルの古典的テスト

1.3.1項で述べたように,赤方偏移zが1に比べて十分小さい範囲では宇宙の幾何学はユークリッド幾何学でよく近似でき,宇宙モデルの違いは観測に影響を与えない.これは,ハッブル定数を宇宙モデルに関係なく決定できる理由となっている.しかし,これは逆に,われわれの宇宙が実際にはどの宇宙モデルに対応しているかを決定するには,zが1に近い天体の観測を行わねばならないことを意味している.ハッブル定数の決定の難しさから予想されるように,これはかなり困難な観測である[15].

(1) m-z 関 係

時空の幾何学を測定する最も簡単な方法は,銀河の光度距離を用いるものである.1.3.1項で説明したように,銀河の絶対光度とその光の地上での輻射強度(見かけの明るさ)から決る光度距離 l_z は $\tilde{r}(z)$ を通して宇宙パラメーターに依存する.したがって,同じ絶対光度をもつたくさんの銀河に対して,見かけの明るさが赤方偏移とともにどのように変化するかを観測すれば宇宙パラメーターを決定できることになる.

通常,天文学では,明るさを表すのに等級を用いる.まず,見かけの等級mは地上での輻射強度fの対数を用いて,

$$m = -2.5 \log_{10} f + \text{const.} \tag{1.118}$$

と定義される.定数は,一定の標準星の値によって決められている.この定義を用いて,天体を10 pc の距離に置いた場合の見かけの等級としてその天体の絶対等級Mを定義する.距離を一定にしているので,絶対等級は天体の絶対光度Lを表す量となり,Lを用いて,

$$M = -2.5 \log_{10} L + \text{const.} \tag{1.119}$$

と表される.同じ絶対光度をもつ天体の輻射強度は光度距離の

2乗に逆比例して変化するので，二つの等級は，
$$m = M + 5\log_{10}(l_*/10\text{ pc}) \tag{1.120}$$
という関係で結ばれている．この関係式は，式 (1.118) より，赤方偏移 z と無次元のハッブル定数 h を用いて，
$$m = M + 5\log_{10}[(1+z)\tilde{r}(z)] - 5\log_{10}h + 42.4 \tag{1.121}$$
と表される．

ただし，実際にこの関係式を用いて宇宙パラメーターを決めようとするとやっかいな問題が生じる．その一つは等級の問題である．物理的な明るさを決定するには，天体からくる電磁波のエネルギーをすべての波長について観測しなければならない．しかし，これは実際上不可能であるので，通常ある決った波長帯に含まれる輻射のエネルギーを用いて等級を定義する．例えば，よく用いられる UBV 系では，紫外域での波長帯(中心波長 3650 Å，半値幅 700 Å)，青色での波長帯 (中心波長 4400 Å，半値幅 1000 Å)，可視すなわち緑色での波長帯 (中心波長 5500 Å，半値幅 900 Å) の三つの波長帯での輻射強度から決る見かけの等級 U, B, V を用いる．このような限られた波長帯での光度を用いることにすると，天体からの輻射の振動数分布，すなわちスペクトルが問題となってくる．実際，f, L の定義を単位振動数あたりのものに変更すると，われわれが波長幅 $\Delta\lambda_0$ で観測する輻射強度 $f(\lambda_0)\Delta\lambda_0$ は光が星から出る時点で絶対光度 $\Delta\lambda dL/d\lambda$ に対応する．ところが，波長は赤方偏移のため $\lambda_0 = (1+z)\lambda$ と変化するために，たとえまったく同じ光度とスペクトルをもつ天体を光源とした場合でも，$dL/d\lambda$ および $\Delta\lambda$ が z に依存するために，見かけ上絶対光度が距離とともに変化してしまう．

もう一つの問題は，絶対等級の宇宙論的時間スケールでの変化である．銀河団中の最も明るいだ円銀河の絶対等級は銀河団によらずほぼ一定であることが知られてる．そこで，これらの銀河が m-z 関係を利用して宇宙パラメーターを決めるのによく用いられる．ところが，銀河は宇宙の進化の途上で生れるも

のであることから予想されるように,宇宙年齢の時間スケールではこれらの銀河の光度は決して一定ではない. m-z 関係を用いるには,この銀河の明るさの進化を考慮しなければならない.

したがって,宇宙論的状況では上記の m-z 関係式の代りに,
$$m_\lambda = M_\lambda - K_\lambda(z) - E_\lambda(z) + 5\log_{10}[(1+z)\tilde{r}(z)] - 5\log_{10}h + 42.4$$
(1.122)

という,赤方偏移に伴う補正 K_λ と進化に伴う補正 E_λ を考慮したものを使わなければならない. ここで, M_λ は現在での絶対等級, また K_λ と E_λ は銀河の光のスペクトル $F_\lambda(z)$ を用いて,

$$K_\lambda(z) = 2.5\log_{10}\frac{F_{\lambda/(1+z)}(0)}{F_\lambda(0)}\frac{1}{1+z} \tag{1.123}$$

$$E_\lambda(z) = 2.5\log_{10}\frac{F_{\lambda/(1+z)}(z)}{F_{\lambda/(1+z)}(0)} \tag{1.124}$$

と表される. 現実的には,これらに加えてさらに,角径補正,星間吸収補正などを行わないといけない. これらのうち,角径補正は,角径距離のところで見たように,銀河の角径と実際の銀河の広がりとの対応が宇宙モデルによって異なることによる補正である. これは,広がった銀河の像のうち中心からある一

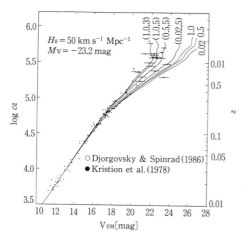

図 1.20 m-z 関係に対する理論と観測の比較. V_{SM} は $q_0=1$ モデルを用いて角径補正を行った見かけの光度(V バンド)である. 細い実線は進化補正をしない場合(数値は q_0), 太い実線は進化補正をした場合(数値は q_0 と銀河形成時の z の値)の理論曲線である.

定の角度（角径）内に含まれる部分の光度が測定されていた旧来の光電測光に基づくデータを用いる際に必要となる．

これらの補正のうち，K_λ は近傍の多くの銀河のスペクトルを測定することによりある程度推定可能であるが，銀河の進化の詳細が不明である現時点では E_λ について信頼のできる評価はできない．しかし，理論的なモデルの助けを借りて，進化の影響が重要であるかどうかを見ることは可能である．図1.20は吉井-高原によるこの進化の効果の分析結果であるが[16]，この図は，少なくとも可視領域では $z\sim0.2$ あたりからすでに進化の効果が重要になり，銀河進化を考慮しないモデルは宇宙パラメーターによらず観測と合わないことを明確に示している．

(2) 銀河の個数分布（galaxy count）

ユークリッド空間では，一様な密度 n_0 で分布する天体のうち距離 r 内に含まれるものの個数 $N(r)$ は，半径 r の球の体積が $V(r)=4\pi r^3/3$ で与えられ，$N(r)=n_0 V(r)$ であるので r の3乗に比例して増大する．これに対して，空間が半径 R の3次元球面の場合には，表面積が $4\pi r^2$ の2次元球面で囲まれる領域の体積が，$r/R=\sin\chi$ として $V(r)=\pi(2\chi-\sin 2\chi)$ で与えられる．したがって，$r\ll R$ ($\chi\ll\pi$) のときは $N(r)\propto r^3$ となるが，r が R の程度の大きさになると，$N(r)$ は r の3乗に比例しなくなる．したがって，天体密度が一様な場合には，天体の個数 $N(r)$ が距離とともにどのように変るかを観測すれば，空間の幾何学を測定することができる．ただし，この方法には，距離の指標として何を用いるかによりいくつかのバリエーションがある．

(i) N-z 関係 距離の指標として赤方偏移 z を用いるのが N-z テストである．まず，現在のわれわれを頂点とする過去に向かった光円錐を考え，われわれが原点になるように共動座標 (r,θ,ϕ) をとる．二つの時間一定面 $\Sigma(t)$, $\Sigma(t+dt)$ がこの光円錐から切りとる部分は，図1.21に示したように，表面積が $4\pi a(t)^2 r^2$, $4\pi a(t+dt)^2(r+dr)^2$ の二つの2次元球で囲まれた，空間的な厚み

$c\mathrm{d}t$ の球殻となるので,その体積 $\mathrm{d}V$ は,

$$\mathrm{d}V = 4\pi a(t)^2 r^2 c\mathrm{d}t = a(t)^3 4\pi r^2 \mathrm{d}\chi \tag{1.125}$$

となる.天体の数が保存されるとすると,その数密度 n は宇宙膨張とともに $1/a^3$ に比例して減少するので,

$$n_0 := a(t)^3 n(t) \tag{1.126}$$

は時間により変化しない.したがって,χ と z の関係 (1.94) に注意すると,赤方偏移が z と $z+\mathrm{d}z$ の間にある天体の個数 $\mathrm{d}N(z)$ は,

$$\mathrm{d}N(z) = n\,\mathrm{d}V = 4\pi\left(\frac{c}{H_0}\right)^3 n_0 \frac{\tilde{r}^2}{\tilde{H}}\mathrm{d}z \tag{1.127}$$

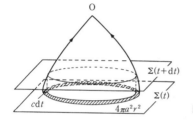

図 1.21 光円錐の体積

で与えられる.これより,赤方偏移が z 以下の天体の総個数 $N(z)$ は,

$$N(z) = 4\pi\left(\frac{c}{H_0}\right)^3 n_0 \int_0^z \frac{\tilde{r}(z)^2}{\tilde{H}(z)}\mathrm{d}z \tag{1.128}$$

と表される.この式の積分は一般には複雑な表式となるが,z が 1 に比べて小さいときのふるまいを求めることはできる.結果は,

$$N(z) = 4\pi\left(\frac{c}{H_0}\right)^3 n_0 \left[1 - \frac{3}{2}(1+q_0)z + \mathrm{O}(z^2)\right]z^3 \tag{1.129}$$

となり,q_0 のみに依存する.

N–z 関係式は,時空の幾何学を直接反映するので宇宙モデルの明快なテストとなる.しかし,天体の分布が一様でその総数が保存されるという仮定を別にしても,実際の観測でこの関係式を決定するのはかなり困難である.特に,赤方偏移を決定するためには長時間の観測が必要となるため,十分多くの銀河の

赤方偏移を観測することが実際上不可能であることが大きな問題となる.

(ii) **N-m関係** 距離の指標として，zの代りに見かけの等級mを用いたのがN-m関係である．N-m関係は，N-z関係と異なり，明るさという銀河の個性が関与してくるので関係式はかなり複雑になる.

現在の銀河の見かけの等級mと赤方偏移zが与えられたとき，銀河の絶対等級は式 (1.124) で進化補正 $E_\lambda = 0$ とおいた式で与えられる．これを $M(m,z)$ とおくと，赤方偏移がzの銀河のうち絶対等級がMと$M+\mathrm{d}M$の間にあるものの比率を $\Phi(M,z)\mathrm{d}M$ として，現在の見かけの等級がm以下，赤方偏移がz以下の銀河の個数は，

$$\mathrm{d}N(m,z) = \mathrm{d}N(z) \int_{-\infty}^{M(m,z)} \mathrm{d}M \, \Phi(M,z) \tag{1.130}$$

で与えられる．ここで，$\mathrm{d}N(z)$は式 (1.129) で与えられる．また$\Phi(M,z)$は光度関数とよばれる．これより，見かけの等級がm以下の銀河の個数 $N(m)$ は，

$$N(m) = \int_0^\infty \mathrm{d}z \frac{\mathrm{d}N(z)}{\mathrm{d}z} \int_{-\infty}^{M(m,z)} \mathrm{d}M \, \Phi(M,z) \tag{1.131}$$

と表される.

N-m関係は N-z関係と異なり，光度関数の情報が必要となるので解析はかなり大変である．さらに，光度関数は銀河の進化の影響を直接受けるので，m-z関係の場合と同様に解析結果は銀河の進化モデルにかなり依存する．ただし，zの測定に比べてmの測定は容易であるので，より大きくかつ深いサンプルがとれるという利点がある.

図 1.22 はこれらの解析を行って得られた $\mathrm{d}N/\mathrm{d}m$ - m の理論曲線と観測データを比較した例である[17]．この図は観測を説明するには，密度パラメーターが，

$$\Omega_0 \simeq 0.1 \tag{1.132}$$

程度の小さな値でなければならないことを示している．さらに，

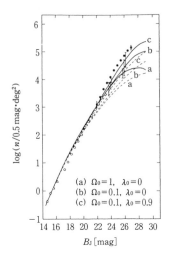

図 1.22 N-m関係に対する理論と観測の比較

宇宙項が,

$$\lambda_0 \simeq 0.9$$
$$\lambda_0 + \Omega_0 = 1 \tag{1.133}$$

のとき理論曲線は観測値と最もよく合っている．この結果は4章で述べるインフレーションモデルとの関連で興味深いが，進化モデルの不定性を考慮すると確実なものとはいえない．

1.3.4 宇 宙 年 齢

1.2.2項で述べたように，多くの宇宙モデルは有限な年齢をもつ．この年齢はオーダーとしては常に，

$$1/H_0 = 100\ h^{-1}\ \text{億年} \tag{1.134}$$

の程度であるが，その正確な値は宇宙パラメーターの値によりかなり変化する．したがって，宇宙年齢に対する観測的な制限から宇宙パラメーターに対する比較的強い制限を得ることができる．

式 (1.45) より，現在の宇宙年齢 t_0 は一般に,

$$\tau_0 := H_0 t_0 = \int_0^1 \frac{a\,da}{[\Omega_{R0}(1-a^2)+\Omega_{N0}a(1-a)+a^2-\lambda_0 a^2(1-a^2)]^{1/2}}$$
(1.135)

で与えられる.この式より,宇宙年齢の宇宙パラメーターへの依存性は比較的単純であることがわかる.例えば,λ_0 を固定したときには,フリードマンモデルと同様に,宇宙年齢は密度パラメーターの単調減少関数となる.これに対して,密度パラメーターを固定すると宇宙年齢は λ_0 とともに増加する.ただし,λ_0 が 1.2.4 項で説明した臨界値 λ_{c1} より大きな宇宙モデルでは初期特異点が存在しなくなるので,宇宙年齢は無限大となる.このことを反映して,t_0 は λ_0 が λ_{c1} に小さい側から近づくと発散することが示される.

(1) 宇宙定数に対する上限値

まず,カテナリー型となる $\lambda>\lambda_{c1}$ の宇宙モデルが許されるかどうかを見てみよう.ここでは簡単のために現在の宇宙が物質優勢の場合に話を限る.宇宙が現在輻射優勢の場合でも結論は同じである.

物質優勢の宇宙では臨界値 λ_{c1} は具体的に,

$$\lambda_{c1} = 4\Omega_0 \chi^3, \quad \chi = \begin{cases} \cosh\left(\frac{1}{3}\cosh^{-1}\frac{1-\Omega_0}{\Omega_0}\right) & (0<\Omega_0<\frac{1}{2}) \\ \cos\left(\frac{1}{3}\cos^{-1}\frac{1-\Omega_0}{\Omega_0}\right) & (\frac{1}{2}\leq\Omega_0) \end{cases}$$
(1.136)

で与えられる.1.2.2 項で述べたように,λ_0 がこの臨界値を越えると,宇宙のスケール因子 a は最小値をもつようになる.この最小値 $a_{\min}$ は,

$$a_{\min} = 2\left(\frac{\Omega_0+\lambda_0-1}{3\lambda_0}\right)^{1/2}\cos\frac{\theta}{3}$$
$$\cos\theta = -\frac{3\sqrt{3}}{2}\frac{\Omega_0\sqrt{\lambda_0}}{(\Omega_0+\lambda_0-1)^{3/2}}$$
(1.137)

と表される.

現在の宇宙は膨張しているので,スケール因子に最小値があ

るということは過去の天体からやってきた電磁波の赤方偏移 z に最大値 $z_{\max}$ があることを意味する．$\lambda_0 = \lambda_{c1}(\Omega_0)$ に対して，$z_{\max}$ は Ω_0 の関数として次のようにふるまう．

$$z_{\max} = \frac{1}{a_{\min}} - 1 \sim \begin{cases} (2/\Omega_0)^{1/3} & (\Omega_0 \sim 0) \\ [2/(3\Omega_0)]^{1/2} & (\Omega_0 \sim \infty) \end{cases} \quad (1.138)$$

これより，かなり小さい Ω_0 に対しても $z_{\max}$ は比較的小さな値にとどまることがわかる．

最も大きな赤方偏移を示す天体は QSO で，現在 $z = 4.4$ をもつ QSO の存在が知られている．これより，$\lambda > \lambda_{c1}$ とすると Ω_0 に対して

$$z_{\max} > 4.4 \quad \longrightarrow \quad \Omega_0 < 0.023 \quad (1.139)$$

という制限が得られる．一方，2.1.4 項で述べるように密度パラメーターには観測より $\Omega > 0.05$ という下限が存在する．この観測事実は明らかに式（1.139）の与える制限と矛盾している．したがって，$\lambda > \lambda_{c1}$ となる宇宙モデルは許されないことがわかる．

(2) 宇宙年齢に対する観測からの制限

われわれの宇宙の年齢を推定するために最も古くから用いられているのは，われわれの銀河に付随する球状星団を利用する方法である．これは星の進化の速度がその質量に大きく依存するために，同時に生れたさまざまな質量の星からなる星団では星の色と明るさの分布がその年齢とともに変化することを用いる方法である[18]．現在，観測と星の進化の理論との比較から球状星団の年齢として 17 ± 1.5 Gyr（1 Gyr＝10 億年）という値が得られている[19]．また，星の大気中の放射性同位元素の存在比から銀河の年齢を推定する核宇宙時計法（nucleo cosmochronology）とよばれる方法では，われわれの銀河の年齢として 12.4〜14.7 Gyr という値が報告されている[20]．ただし，銀河での星の生成率の時間変化についての仮定に結果が左右されること，同位元素の存在比の観測値や生成時での値の推定に不定

性があることなどから，この方法に基づく推定値の信頼性はまだ十分ではない．また，同じ方法で少し長目の値(15〜20 Gyr)を与えている観測もある[21]．このほか，白色わい星の最小光度の観測から，白色わい星の冷却についての理論の助けを借りて最初の白色わい星の生れた時刻を計算し，それより銀河の年齢推定をする方法もある．この方法では現在 10.3 ± 2.2 Gyr というかなり短めの値が得られている[21]．

最後に，興味深いものとして，最近発見された $z=3.395$ という大きな赤方偏移を示す銀河を利用した年齢推定について触れておく．この銀河は分光的に十分進化しており，それだけの進化に要する時間より $z=3.4$ すなわち $a=0.23$ の時点での宇宙年齢の方が長くなければならないということから，宇宙パラメーター，したがって現在の宇宙年齢に対する制限が得られる．推定値はハッブル定数の値に依存するが，$h=0.5$ に対して 17 Gyr 以上と比較的長い宇宙年齢を支持している．

以上の観測をまとめると，現在の宇宙の年齢は，少なくとも 10 Gyr，おそらく 14 Gyr 以上ということになる．これを無次元の宇宙年齢 τ_0 に換算すると，すでに述べたようにハッブル定数に $h=0.5\sim 1$ とファクター 2 程度の不定性があることを考慮して，

$$\tau_0 = (t_0/10 \text{ Gyr})h \begin{cases} \geq 0.5 \,(0.7) & (h=0.5) \\ \geq 1.0 \,(1.4) & (h=1) \end{cases} \tag{1.140}$$

を得る．

(3) 宇宙パラメーターに対する制限

(2)で紹介した観測値のほとんどは宇宙年齢に対する下限と考えられる．したがって，それは一般に密度パラメーターに対して上からの制限を，宇宙定数に対して下からの制限を与える．ただし，宇宙パラメーターはハッブル定数を加えると，3 次元以上の空間を動くので，得られる制限を簡単に表現するのは困難である．そこでまず，宇宙定数がゼロの場合を調べ，それから宇宙定数がゼロでない場合に移ることにする．また，現在が物

質優勢（$\Omega_0 \simeq \Omega_{N0} \gg \Omega_{R0}$）の場合を主に扱う．明らかに，輻射優勢の場合には，制限はさらにきびしくなる．

$\lambda_0 = 0$ とすると，宇宙年齢からの制限は図 1.23 に示したように，h と Ω_0 に対する制限となる．明らかに，宇宙年齢に対する下限として 10 Gyr を採用するか，14 Gyr を採用するかで結果は本質的に異なる．まず，弱い制限を採用すると，Ω_0 の値によらず $h < 1$ という制限が得られる．これに対して，$t_0 > 14$ Gyr とすると Ω_0 によらず $h \lesssim 0.7$ となり，ドボクレールグループや，最近の惑星状星雲に基づく h が 1 に近いハッブル定数の観測値は否定されてしまう．特に，将来ハッブル定数の値が精度よく確定し，$t_0 > 10$ Gyr の場合には $h > 0.9$，$t_0 > 14$ Gyr の場合には $h > 0.7$ となった場合には，$\Lambda > 0$ でないと矛盾してしまうことになる．

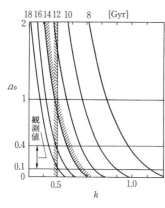

図 1.23 h と Ω_0 に対する宇宙年齢からの制限．図の上の数値は各曲線に対応する宇宙年齢 t_0 の値を，Gyr 単位で表す．

これまで，多くの人々は，宇宙定数がゼロと異なる中途半端な小さな値をとる理論的根拠が見あたらないことから，$\Lambda = 0$ のフリードマンモデルを仮定して宇宙論を展開することが多かった．しかし，以上の結果はフリードマンモデルにとってかなりきびしいものとなっている．特に，最近 h が 1 に近いことを支持する観測が増えている事実は，球状星団から得られる年齢がかなり信頼性の高いものであることを考慮すると，$\Lambda > 0$ の

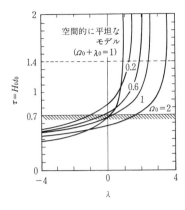

図 1.24 宇宙年齢の宇宙定数への依存性

モデルをある程度真剣に考察する必要があることを示唆している.

ただし,宇宙定数に対する一般的な上限を得ることは難しい.これはすでに述べたように,宇宙定数を臨界値に近づければ,宇宙年齢は十分長くできることと,この臨界値が密度パラメーターとともに限りなく増大することによる.もっとも,図 1.24 に示したように,密度パラメーターに対する現実的な上限を考慮すると λ_0 は 1 のオーダーにはとどまる.この図は,同時に,$h \simeq 1$, $t_0 > 10$ Gyr では必ず $\Lambda > 0$ でないといけないことを明確に示している.

参 考 文 献

[1] Hubble, E. P.: *Red-shifts in the spectra of nebulae* (Halley Lecture) (Clarendon Press, Oxford, 1934).
[2] Sandage, A. and Hardy, E.: Astrophys. J., **183**, 743 (1973).
[3] Bahcall, N. A.: Ann. Rev. Astron. Astrophys., **26**, 631 (1988).
[4] Hawking, S. W. and Ellis, G. F. R.: *The large scale structure of space-time* (Cambridge Univ. Press, Cambridge, 1973).
[5] 小玉英雄:物理学最前線 12「時空の安定性」(共立出版,1985).
[6] Mihalas, D. and Binney, J.: *Galactic Astronomy* (W. H. Freeman and Com-

pany, 1981).

[7] Aaronson, M. and Mould, J.: Astrophys. J., **303**, 1 (1986).
[8] Hodge, P. W.: Ann. Rev. Astron. Astrophys., **19**, 357 (1981).
[9] Sandage, A.: Astrophys. J., **331**, 583 (1988).
[10] Sandage, A.: Astrophys. J., **331**, 605 (1988).
[11] Kraan-Korteweg, R. C., Cameron, L. M., and Tammann, G. A.: Astrophys. J., **331**, 620 (1988).
[12] de Vaucouleurs, G.: *Galaxy Distances and Deviations from Universal Expansion*, p. 1 (Reidel, Dordrecht, 1990).
[13] Tully, R. B.: Nature, **334**, 209 (1988).
[14] Jacoby, G. H., Ciardullo, R. and Ford, H. C.:, Astrophys. J., **356**, 332 (1990).
[15] Sandage, A.: Ann. Rev. Astron. Astrophys., **26**, 561 (1988).
[16] Yoshii, Y. and Takahara, F.: Astrophys. J., **326**, 1 (1988).
[17] Fukugita, M. et al.: Astrophys. J., **361**, L1 (1990).
[18] Iben, I. Jr. and Renzini, A.: Phys. Report, **105**, 329 (1984).
[19] Alcaino, G.: Astrophys. J., **330**, 569 (1988).
[20] Cowan, J. J., Thielemann, F.-K., and Truran, J. W.: Astrophys. J., **323**, 543 (1987).
[21] Lawler, E., Whaling, W. and Grevesse, N.: Nature, **346**, 635 (1990).
[22] Winget et al.: Astrophys. J. Lett., **315**, 77 (1987).

2 物質の進化

宇宙にはさまざまな物質が星,ガス,宇宙線など多様な形態で存在している.これら現在の宇宙に存在する物質の構成や存在形態は,宇宙進化の結果として生み出されたものである.本章では,宇宙の平均的な物質の構成や状態が宇宙膨張とともにどのように進化するかを調べることにより,現在の宇宙の物質構成の起源を探る.

2.1 現在の宇宙の物質構成

まず,現在の宇宙に存在する物質の構成と存在量についての知識を整理しておこう.

2.1.1 物質の構成と素粒子

通常,われわれが物質というときには,われわれの身のまわりに存在する地上の物質をさす.これらのほとんど無限の多様性を示して存在する物質も,分解すれば100種類ほどの原子の組合せに還元されてしまう.さらに,原子はほぼ同数の陽子と中性子からなる原子核と電子に分解され,その多様さはすべて原子核を構成する陽子と中性子の数の組合せによって生み出されている.この意味で,地上の安定な物質はすべて陽子や中性子

などの核子と電子から作られている．

もちろん，自然界に存在する物質はすべてが陽子や中性子などの核子と電子のみからなるわけではない．また，核子自体も最も基本的な粒子ではない．実際，今世紀における加速器実験と理論的な研究の成果として，現在，物質を構成する基本的な構成要素——素粒子として表2.1に挙げたものが知られている[1]．

表 2.1 標準モデルの粒子構成

フェルミ粒子	レプトン	$\begin{pmatrix}\nu_e\\e\end{pmatrix}_L$ $\begin{pmatrix}\nu_\mu\\\mu\end{pmatrix}_L$ $\begin{pmatrix}\nu_\tau\\\tau\end{pmatrix}_L$ e_R μ_R τ_R
	クォーク	$\begin{pmatrix}u\\d\end{pmatrix}_L$ $\begin{pmatrix}c\\s\end{pmatrix}_L$ $\begin{pmatrix}t\\b\end{pmatrix}_L$ u_R, d_R c_R, s_R t_R, b_R
ゲージ粒子	グルオン ウィークボゾン 光子 重力子	g $W^\pm, Z$ γ G
ヒッグス粒子		h^0

この表にあるように，素粒子はまず半整数のスピンをもつフェルミ粒子と整数スピンをもつボーズ粒子（表のゲージ粒子とヒッグス粒子）に分類される．これらのうち，ボーズ粒子は主に力を媒介する働きをする．現在自然界における基本的な力，あるいは相互作用として，重力相互作用，電磁相互作用，弱い相互作用，強い相互作用の四つが知られている．これらのうち，強い相互作用は核子を結びつけ原子核を作る核力の原因となっている相互作用である．また，弱い相互作用は中性子が陽子に変るβ崩壊のように，素粒子の種類を変化させる相互作用である．現在の物理学の基礎となる場の量子論ではこれらの力自体がやはり粒子の交換により生み出されると考える．電磁相互作用には光子が，弱い相互作用にはウィークボゾンが，強い相互作用にはグルオンが，重力には重力子が対応する．これらのう

ち，重力以外の相互作用はゲージ理論という理論形式で統一的に記述されるので，対応する粒子はゲージ粒子とよばれる．ただし，重力に関しては他の相互作用のような量子論はまだ作られていない．最後に，ヒッグス粒子は直接力を媒介するというより，むしろ電磁相互作用と弱い相互作用を結びつける役割をするものである．ゲージ理論およびヒッグス粒子に関しては4章で詳しく述べることにする．

一方，フェルミ粒子は通常の物質の構成要素としての性格の強いもので，さらにレプトンとクォークに分類される(表2.1のフェルミ粒子に対する添字 L, R は，それぞれ左巻，右巻のスピンをもつことを表す)．これらのうち，レプトンは強い相互作用をしない粒子で，電子など負の電荷をもった3種類の粒子と，対応する中性粒子である3種類のニュートリノからなる．一方，クォークは電磁相互作用，弱い相互作用に加えて強い相互作用をし，正電荷 $+(2/3)e$ をもった3組の粒子 u, c, t と負電荷 $-(1/3)e$ をもった粒子 d, s, t からなる．この表には書かれていないが，各フェルミ粒子には，電荷などの内部量子数とよばれる量の符号が異なる以外は質量，スピンなどが完全に同じ値をもつ反粒子が存在する．これら反粒子は対応する粒子と対で消滅して光子などのボーズ粒子に転化することが可能である．また，その逆反応も起る．この対消滅，対生成の反応は宇宙における物質の進化を考えるうえで非常に重要である．ただし，ボーズ粒子のうち，光子，重力子，グルオン，Z粒子は自分自身がその反粒子となっている．

これら素粒子の中で最も奇妙なものはクォークとグルオンである．これらの粒子は単独で存在できず，特にクォークは必ず2個以上の組を作って初めて通常の粒子のようにふるまう．実は，これらの粒子は色という3個の自由度をもっている．例えばそれらを光の3原色になぞらえて赤 (r)，緑 (g)，青 (b) とすると，ちょうど白となる3色の組合せ(rgb)のみが許される．そのため，最も単純な組合せは，クォーク3個か，クォークと

反クォークの2個組となる(反クォークはもとのクォークの補色にあたる色をもつとする).これらのうち,クォーク3個でできる粒子はバリオン(重粒子),クォークと反クォークの組に対応する粒子はメソン(中間子)とよばれ,両者を合せてハドロンとよぶ.陽子や中性子などの核子はバリオンである.例えば,陽子 p はクォークを用いて (uud),中性子 n は (udd) と表される.また,メソンの最も代表的な例はパイ中間子 ($\pi^{\pm}, \pi^0$) で,やはり主に u, d クォークから作られる.

このように,クォークが複合粒子としてのみ存在することを考慮すると,自然界に単独で存在するフェルミ粒子はバリオンとレプトンのみとなるが,それらのうち安定なのは陽子,中性子,電子,ニュートリノのみである.ただし,中性子は単独では不安定で,16分ほどで β 崩壊,

$$n \longrightarrow p + e + \bar{\nu}_e \tag{2.1}$$

を起して,陽子,電子,反電子ニュートリノに変るが,原子核の中では安定となる.この意味で,地上の物質が普遍的に核子と電子のみから作られているのは自然なことといえる.ここで,ニュートリノが安定であるにもかかわらず地上の物質の構成要素となっていないのには理由がある.この粒子は弱い相互作用のみを起す.弱い相互作用はその名の通り,低エネルギーでは電磁相互作用などに比べて相互作用の強さが非常に弱い.例えば,1 MeV のエネルギーをもつニュートリノでも太陽をほとんど素通りしてしまう.このため,たとえわれわれのまわりにニュートリノが大量に存在したとしても,ほとんど検出されないことになる.ただし,次第に明らかになるように,ニュートリノは宇宙のスケールではその進化や構造形成において決定的な役割を果す可能性がある.

一方,ボーズ粒子の中でウィークボゾンとヒッグス粒子は数十 GeV 以上の質量をもち 10^{-24} 秒以下の時間でレプトンやクォーク対に崩壊してしまう.したがって,安定に存在するボーズ粒子は光子と重力子,いい換えれば電磁輻射と重力波のみと

なる.

　以上より，現在の宇宙で安定にかつ大量に存在することが期待される物質は，原子，イオンないし分子などのバリオン的な物質，ニュートリノ，輻射，重力波のみとなる．ただし，これら以外の不安定な素粒子も，光速に近い速度で運動している場合には相対論的効果で寿命が延びるためにある程度の比率で定常的に存在し得る．このような超高エネルギーの不安定な素粒子や安定な粒子のうち，特定の天体に拘束されず宇宙空間を伝播する高エネルギー粒子は宇宙線とよばれる．宇宙線は宇宙現象では重要な役割を果すが，そのほとんどは宇宙の進化に比べてずっと短い時間スケールで銀河内の天体や活動的な銀河核で作られると考えられるので以下では考慮しないことにする[2].

2.1.2 バリオン的物質
(1) 元 素 組 成

　宇宙に存在するバリオン的物質を特徴づける最も重要な情報はその元素組成である．宇宙におけるバリオン的物質は，恒星，惑星，星間ガス，宇宙塵(じん)，宇宙線，銀河間ガスなどさまざまな形態で存在し，その組成は一般に天体や場所ごとに異なっている．したがって，宇宙全体での平均的な組成——宇宙組成を知るには，多くの観測を平均することが必要となる．

　宇宙組成に関する情報源として最も重要なものは，地上の物質，いん石，太陽からの宇宙線など直接地上で手に入れることができる物質の組成である．もちろんこれらの物質は明らかに重い元素が主になっているために，特に揮発性のある元素の組成についての情報を与えない．これを補うのが，太陽からの光のスペクトルに基づく情報である．よく知られているように，低温のガスの原子はそれを通過する光から，各原子の種類に特有のいくつかの振動数の成分を吸収し，光のスペクトルに吸収線を残す．さらに，異なった元素に対する吸収線の相対強度は，通過するガスの量が多くなければ元素組成の比に比例する．こ

表 2.2 太陽系の元素組成

Z	元素名	いん石	太陽光球		太陽コロナ	宇宙線起源
1	H	(3.18×10^{10})	2.5×10^{10}	a	2.5×10^{10}	4.1×10^{9}
2	He	(2.21×10^{9})	(2×10^{9})	b	2.0×10^{9}	3.1×10^{8}
3	Li	49.5	0.2	b	⋯	⋯
4	Be	0.81	0.2	b	⋯	⋯
5	B	3.2	<4.0	b	⋯	⋯
6	C	1.18×10^{7}	10^{7}	a	1.4×10^{7}	1.3×10^{6}
7	N	3.74×10^{6}	3×10^{6}	a	2.8×10^{6}	1.3×10^{6}
8	O	2.15×10^{7}	1.6×10^{7}	a	2.0×10^{7}	1.3×10^{7}
9	F	2 450	1 000	c	⋯	⋯
10	Ne	(3.44×10^{6})	10^{6}	b	1.7×10^{6}	1.8×10^{6}
11	Na	6.0×10^{4}	5×10^{4}	a	5.3×10^{4}	9.4×10^{4}
12	Mg	1.061×10^{6}	8×10^{5}	a	9.4×10^{5}	2.7×10^{6}
13	Al	8.5×10^{4}	8×10^{4}	a	7.9×10^{4}	2.4×10^{5}
14	Si	1×10^{6}	10^{6}	a	1.1×10^{6}	2.4×10^{6}
15	P	9 600	10^{4}	b	7 100	2.4×10^{4}
16	S	5.0×10^{5}	4×10^{5}	a	3.5×10^{5}	3.5×10^{5}
17	Cl	5 700	8×10^{3}	b	⋯	⋯
18	Ar	$[1.172\times10^{5}]$	(2.4×10^{4})	c	(8×10^{4})	8.3×10^{4}
19	K	3 790	8×10^{3}	c	1.4×10^{4}	⋯
20	Ca	6.25×10^{4}	6×10^{4}	a	6.3×10^{4}	2.6×10^{5}
21	Sc	35	30	b	315	⋯
22	Ti	2 775	1 600	b	5 000	⋯
23	V	262	250	b	1.6×10^{4}	⋯
24	Cr	1.27×10^{4}	1.6×10^{4}	b	1.8×10^{4}	3.5×10^{4}
25	Mn	9 300	6 000	b	8 900	2.4×10^{4}
26	Fe	8.9×10^{5}	6×10^{5}	b	8.2×10^{5}	2.6×10^{6}
27	Co	2 210	800	b	5 600	⋯
28	Ni	4.80×10^{4}	8×10^{4}	a	8.5×10^{4}	9.4×10^{4}

れを太陽に応用すれば，太陽光のスペクトルの吸収線（フラウンホーファー（Fraunhofer）線）の観測から太陽の表面大気中の元素組成が決定できることになる．もちろん，太陽の場合は大気の密度や温度が中心からの距離とともに変化するうえに，輻射と物質は強く結合しているために，きちんとしたモデルを作って解析しなければならないが，基本的な考え方は変らない．以上の情報を総合して得られた元素組成は太陽系の平均的な組成を表すと考えられるので，太陽系の元素組成

(solar abundance) とよばれる.

太陽系元素組成の研究は,キャメロン(Cameron)を中心とする人々の努力により1967年頃から急速に進み,1970年代中頃までにはほぼ完成した.表2.2にNiより軽い元素に対してその結果を挙げてある[3](この表は粒子数で計った組成を表し,各対象(同一列)内での数値の比のみが意味をもつ).この表の示すように,炭素より重い元素(重元素とよばれる)の組成比はいん石,太陽大気,宇宙線どれでもほぼ同じになっている.これは,太陽系の物質の組成の均一性を示している.もう一つの重要な特徴は,太陽大気中では水素とヘリウムが他の元素と比較して圧倒的に多いことである.実際上,水素とヘリウムは重量にして98%程度を占めている.このように重元素の割合が非常に小さいことは,われわれの住む地球とはまったく異なっているが,次に述べるように宇宙全体に共通する特徴である.

表2.3 恒星大気の元素組成

元素	種族 I 個数比	種族 I 重量比率	種族 II 重量比率
H	1	$X=0.7$	$X=1-Y-Z$
He	0.1	$Y=0.28$	$Y=0.25\pm0.03$
C	3×10^{-4}	$Z=0.02$	$Z=2\times10^{-3}\sim2\times10^{-5}$
N	10^{-4}		
O	6×10^{-4}		重い元素の相対
Ne	10^{-4}		組成は種族Iと
Mg	3×10^{-5}		同じ
Si	3×10^{-5}		
Fe	4×10^{-5}		

太陽系外に分布する物質の元素組成についての情報は,それらの出す電磁波のスペクトルの吸収線や輝線から得られる.特に,恒星に関しては,太陽と同様にその光のスペクトル中の吸収線から恒星大気の元素組成を知ることができる.このようにして得られた主要元素の組成を表2.3にまとめてある[4].この表でX, Y, Zはそれぞれ水素,ヘリウム,および炭素より重い元素全体の重量比率を表す.また,種族I,種族IIとあるのは,

1章で触れた星の種族である．銀河円盤にある若い星が種族Iに，銀河核や球状星団の星が種族IIに属する．

この表より，太陽以外の恒星大気でも水素とヘリウムが元素の大部分を占めることがわかる．また，重元素の組成比も種族によらず太陽系の組成とほぼ同じになっている．ただし，重元素全体の割合は種族によって大きく異なり，種族Iの組成はほぼ太陽系の組成と一致しているのに対して，種族IIの組成はその10分の1以下になっている．このような違いの存在する理由は次のように考えられる．

恒星は中心部での核融合反応により放出されるエネルギーで輝いている．この核融合反応は大量に存在する水素を原料として，

$$H \longrightarrow {}^4He \longrightarrow {}^{12}C \quad {}^{16}O \longrightarrow {}^{20}Ne \quad {}^{24}Mg \longrightarrow {}^{28}Si \quad {}^{32}S \longrightarrow {}^{56}Fe \quad {}^{58}Ni \tag{2.2}$$

のように質量数が4の倍数となる安定な原子核を次々と生成して，最終的に鉄族元素に終る．ただし，この反応がどの段階まで進むかは星の質量による[5]．太陽のように質量が $5M_\odot$ 以下の星では炭素，酸素ができた段階で反応は止ってしまい，後に白色わい星が残される．これに対して，質量が $5M_\odot \sim 8M_\odot$ の星では中心にたまった炭素の核反応は起るものの，中心核が縮退しているために反応が暴走し，星は粉々に吹き飛んでしまう．この爆発は超新星爆発とよばれる．さらに，質量が $8M_\odot$ 以上の星では，鉄まで反応が進んだあと，中心部の鉄がガンマ線を吸収してヘリウムの原子核に光分解してしまう．この分解は中心部の圧力を下げ，その結果鉄の中心核は重力により急激に収縮する．この収縮は中心核の密度が原子核の密度程度まで上がると急速に止り，まわりから落ちてきた物質はこの中心核で跳ね返って逆に外側に向かって吹き飛んでしまう．この爆発も超新星爆発とよばれる．この際，中心核が $1.4M_\odot$ 程度の臨界質量より小さい場合には後に中性子星が残され，それより重い場合にはブラックホールが残される．ただし，このタイプの超新星爆発

が起るためには中心部から大量に放出されるニュートリノが重要な役割を果すことが知られているが[6],爆発の詳しいメカニズムは完全には解明されていない(文献[7]を参照).また,超新星爆発には,白色わい星にそれと連星系をなす別の恒星の大気が降り積り,その重みで核反応が急速に進む結果起るものもある.

このように,水素を主成分として生れた星のうち重いものは,進化の最後に超新星爆発を起しその質量の90%以上を宇宙空間に放出する.この際,核融合で作られた重い元素が宇宙空間にばらまかれる.また超新星爆発を起さない軽い星も,進化の最終段階で星風(stellar wind)により大量のガスを放出する.星の寿命は,$3M_\odot$の星で3×10^8年程度,$9M_\odot$の星で3×10^7年程度と宇宙年齢に比べてずっと短いので,銀河内の星間ガスは次第に汚され,その重元素の比率は時間とともに増加する.新しい星は,これらの星間ガスを材料として作られるので,後から生れた星ほど,その大気中の重元素組成は増えてゆくことになる.一方,太陽質量より軽い星は中心部の温度が低いためにずっとゆっくりと進化し,宇宙年齢より長い寿命をもつ.

以上の星の進化のシナリオに基づくと,種族IIの星は,宇宙の物質が核反応の生成物であまり汚されない初期にできたもの,種族Iの星は,星間ガス中の重元素が十分増えた最近できた星とすれば,重元素組成の違いを理解することができる.これは,種族IIの星には質量の小さい古い星が多く,種族Iの星の大部分は宇宙年齢に比べてずっと若い年齢をもっていることとも整合する.太陽の場合もその年齢は約50億年と推定され,やはり宇宙年齢より十分若い.また,ある程度定量的な説明も可能である.実際,銀河内で起る超新星爆発の平均間隔を$\tau \sim 30$ yr,爆発する星の平均質量を$M\sim 10M_\odot$,爆発の際に放出される重元素の割合を$Z_{SN}\sim 0.6$,銀河のガスの総量を$M_G \sim 10^{11}M_\odot$とすると,宇宙年齢$t_0\sim 10^{10}$ yrの間に宇宙空間に放出される重元素の重量比は,

$$Z \simeq 0.02 \frac{30 \text{ yr}}{\tau} \frac{t_0}{10^{10} \text{ yr}} \frac{10^{11} M_\odot}{M_\mathrm{G}} \frac{M}{10 M_\odot} \frac{Z_\mathrm{SN}}{0.6} \qquad (2.3)$$

となり，種族Ⅰの重元素組成の程度の値を与える．

ここで問題になるのが，ヘリウムの起源である．表2.3の示すように，重元素と違いヘリウムの量は種族によって大きく違わない．したがって，種族Ⅱの星が銀河が生れたての頃にできた初期の星とすると，ヘリウムの起源は星の内部での核反応以外に求めなければならない．実際，核反応により宇宙年齢の間に生成されるヘリウムの割合は重元素に対する値(2.3)と同程度と推定され，これは観測された比率 $Y \sim 0.25$ に比べてはるかに小さい．また，種族Ⅰと種族Ⅱの間でのヘリウムの比率の差はちょうど核反応による生成量の推定値と同程度になっている．このヘリウムの起源を，宇宙初期の核融合反応の結果として定量的に説明することに成功したことが，現代の宇宙論の最大の成果である．これについては2.3節で詳しく述べることにする．

(2) 存 在 量

バリオン的な物質に関して，元素組成と並んで重要な情報は宇宙に存在する総量である．この情報は，われわれの宇宙のモデルや構造形成を考えるうえで不可欠のものである．

バリオン的物質の量を観測から決定する唯一の手段はやはりそれの放出する電磁波を用いるものである．例えば，星の構造と進化の理論の助けを借りると，恒星の色や明るさを観測することにより，その質量を推定することができる．また，中性の星間ガスに対しては，水素の出す 21 cm の電波輝線の強度分布の観測からガスの総量を推定することができる．しかし，これらの方法を用いてすべての銀河に含まれるバリオンの量を決定することは現実的に不可能である．そこで，通常 M/L 比に基づく統計的な方法が用いられる．まず，太陽近傍の物質の質量密度を観測により決定する．次に，視差法により距離が直接測定できる太陽近傍の恒星に対して，それらの絶対光度の和から単

位体積あたりの光度を求め,それと質量密度の比として定義される M/L 比を計算する.これはおおまかには,単位質量のバリオン的な物質が平均としてどれだけの明るさをもつかを示す指標である.次に,できるだけ多くの銀河に対してその見かけの明るさと赤方偏移を測定し,その絶対光度の和を体積で割ることにより,単位体積あたりの宇宙の明るさを示す光度密度 $\mathcal{L}$ を決定する.ここで太陽近傍で決定した M/L 比が銀河全体,さらに他の銀河に共通のものであり,かつ光度密度が宇宙全体で一定であるとすると,宇宙のバリオン的物質の平均質量密度 ρ_b は,これらの量を用いて,

$$\rho_b = M/L \times \mathcal{L} \tag{2.4}$$

と表されることになる.

もちろん,このプログラムを現実に実行しようとするとさまざまな問題にぶつかる.まず,巨大分子雲とよばれる高密度のガス雲や電離した水素ガスの形で存在する星間ガスの量は推定が困難である.さらに,質量が $0.08 M_\odot$ 以下の核反応を起さない軽い星や,星の死後に残される白色わい星,中性子星,ブラックホールは特別の活動性を示さない限り暗くて検出が困難である.また,太陽近傍の光度密度の観測にもかなりの不定性がある.これらのために,現在のところ M/L 比は,

$$M_b/L_v = (1.4 \sim 2.8)(M/L)_\odot \tag{2.5}$$

とファクター2の精度でしか決っていない[8, 9, 10].ここで,光度の添字Vは3色系のVバンドでの光度を意味する.また,$(M/L)_\odot$ は太陽に対する M/L 比の値でほぼ 0.5 g·s/erg で与えられる.一方,宇宙の平均的な光度密度に関しては,現在最も信頼できる値は,

$$\mathcal{L}_v \sim 2 \times 10^8 h\, L_\odot \quad \text{Mpc}^{-3} \tag{2.6}$$

である.ここで,ハッブル定数 h が現れるのは,距離を赤方偏移から決めたためである.これらより,銀河内の天体やガスを宇宙全体に平均したときの質量密度 ρ_b,および対応する密度パラメーターの値 Ω_b は,

$$\rho_{\rm b} = (2\sim4)\times10^{-32}h \text{ g/cm}^3 \tag{2.7}$$
$$\Omega_{\rm b} = (1\sim2)\times10^{-3}h^{-1} \tag{2.8}$$

となる.

　以上の評価では,銀河の外に広がる物質は考慮されていない.もちろんそこには光を放出する物質は存在しないことは確かであるが,これは必ずしもバリオン的な物質が存在しないことを意味しない.実際,近年のX線観測によると,明るいだ円銀河や銀河団の近傍からかなり大量のX線が放出されていることが知られている.このX線は熱輻射のスペクトルをもっていることより,$10^7 \sim 10^8$ 度という超高温の希薄な電離水素ガスからの制動輻射と考えられる.この仮定に基づいてその量を推定すると,M/L 比に換算して,

$$M_{\rm gas}/L_{\rm V} = (3\sim40)h(M/L)_{\odot} \tag{2.9}$$

という値が得られる.もしすべての銀河や銀河団に同様の電離ガスが付随しているとすると,平均密度に対して,

$$\rho_{\rm b} = (0.9\sim11)\times10^{-31}h^2 \text{ g/cm}^3 \tag{2.10}$$
$$\Omega_{\rm b} = (0.5\sim6)\times10^{-2} \tag{2.11}$$

の寄与を与えることになる.これは光で輝く物質の 10 倍以上の値になる.

　この結果は,さらに銀河や銀河団の間の広大な空間にも水素ガスがかなりある可能性を示唆する.ただし,QSO のスペクトルのライマン吸収線の強度から,中性の水素ガスは,

$$h\Omega_{\rm HI} < 7\times10^{-12} \tag{2.12}$$

と非常に少ないことが知られている(ガン-ピーターソン(Gunn-Peterson)テスト).しかし,電離した水素ガスに関しては事情が異なる.特に,QSO のスペクトルの中に QSO 本体より小さな赤方偏移を示すライマン系列の吸収線が存在することより,銀河間には,ライマン α 雲とよばれるかなり密度の高い水素の雲が大量に存在することが最近の観測で明らかになってきた.これらの雲の総量を直接観測から決定することは困難であるが,その安定性を説明するためのモデルを仮定すると推定が

可能となる.例えば,これらの雲が,宇宙に一様に広がる高温の電離水素ガスの圧力によって高密度に保たれているとすると,ライマン α 雲と電離水素ガスの平均密度は,

$$\Omega_{\mathrm{Ly}\,\alpha} \sim 2\times 10^{-3} \tag{2.13}$$

$$\Omega_{\mathrm{HII}} \sim 0.1 \tag{2.14}$$

とかなり大きな値を与える[11]. この結果はモデルに依存するためにそのまま信用することはできないが,銀河間空間に大量のバリオン的物質が隠されている可能性を示唆するものとして重要である.

以上の結果をまとめると,宇宙に存在するバリオンの総量は密度パラメーターにして,

$$\Omega_{\mathrm{b}} < 0.1 \tag{2.15}$$

となり,バリオンだけでは宇宙は閉じないことになる.

2.1.3 輻　　射
(1) エネルギー密度

宇宙空間に存在する電磁波としてわれわれに最も身近なものは恒星の出す光である.これらの光の一部は星間ガスや星間塵によって吸収され,赤外線や電波に変換されるが,その大部分は吸収されず宇宙空間にたまってゆく.このようにして現在までに蓄積された可視領域での電磁波のエネルギー密度 ρ_{opt} は,2.1.2項で説明した宇宙の光度密度 $\mathscr{L}$ と宇宙年齢 t_0 から簡単に評価できる.前に与えた数値を用いると,Vバンドに対して,

$$\rho_{\mathrm{V}} \simeq \mathscr{L}_{\mathrm{V}} \times t_0 \sim 5\times 10^{-15}\,\mathrm{erg/cm^3} \simeq 5\times 10^{-36} c^2\,\mathrm{g/cm^3} \tag{2.16}$$

を得る.一般に,恒星のスペクトル全体にわたってエネルギーを足し合せた全輻射光度 (L_{bol}) は平均するとVバンドの光度の2倍程度なので,赤外線から紫外線にわたる星の光のエネルギー密度への寄与は,

$$\rho_{\mathrm{IR}} + \rho_{\mathrm{opt}} + \rho_{\mathrm{UV}} \sim 10^{-35} c^2\,\mathrm{g/cm^3} \tag{2.17}$$

程度となる.これは,密度パラメーターに換算して,

$$\Omega_{\mathrm{IR}} + \Omega_{\mathrm{opt}} + \Omega_{\mathrm{UV}} \sim 5\times 10^{-7} h^{-2} \tag{2.18}$$

と，バリオンに比べてずっと小さな値となる．

　通常の星は，主に可視領域を中心として赤外線から紫外線にわたる領域でエネルギーを放出しているが，中性子星やブラックホールを含む近接連星などの銀河内のX線天体やQSOなどの活動的な銀河核は，紫外線からX線にわたる領域でもかなりのエネルギーを放出している．また，2.1.2項で述べたように，銀河や銀河団のまわりに広がる高温の電離水素ガスも強力なX線源となる．これらのX線は全体として等方的な分布をもつ，宇宙X線背景輻射（CXB）を形成している．X線探査衛星HEAO-1の観測によると，この背景輻射は1光子あたりのエネルギーが3 keVから45 keVの範囲で約40 keVすなわち4億度の熱輻射に近いスペクトルをもっており，その単位エネルギーあたりの輻射強度 dI/dE は，

$$\frac{dI}{dE} = 5.6 \times \left(\frac{E}{3\,\text{keV}}\right)^{-0.29} e^{-E/40\text{keV}} \,1/\text{s}/\text{cm}^2/\text{sr} \quad (2.19)$$

で与えられる[12]．これより，X線背景輻射のエネルギー密度および対応する密度パラメーターは，

$$\rho_\text{x} = \frac{4\pi}{c} I \sim 10^{-16}\,\text{erg}/\text{cm}^3 \simeq 10^{-37} c^2\,\text{g}/\text{cm}^3 \quad (2.20)$$

$$\Omega_\text{x} \sim 6 \times 10^{-9} h^{-2} \quad (2.21)$$

となり，可視領域よりずっと小さい寄与を与える．もちろん，X線よりさらに高エネルギーの γ 線も存在するが，そのエネルギーの寄与はX線よりさらに小さい．

　これらさまざまな天体から直接放出されたもの以外に，宇宙にはまったく異なった起源をもつ輻射が存在する．それは，1965年にペンジャス（Penzias）とウィルソン（Wilson）により発見された宇宙マイクロ波背景輻射（CMB）である．この輻射は3章で詳しく述べるように非常によい精度で等方的であり，さらに図2.1に示したように，電波領域から近赤外領域にわたり非常によい精度で単一の温度に相当する熱輻射のスペクトルをもっている．これまでの観測ではその温度は，

$$T_{\text{CMB}} = 2.735 \pm 0.006 \text{ K} \tag{2.22}$$

で与えられる（図2.2参照）[13]．もし，この輻射が宇宙全体を一様に満たしているとすると，そのエネルギー密度と密度パラメーターは，

$$\rho_{\text{CMB}} = 4.04 \times 10^{-13} T_{2.7}^4 \text{ erg/cm}^3$$
$$= 4.49 \times 10^{-34} T_{2.7}^4 c^2 \text{ g/cm}^3 \tag{2.23}$$
$$\Omega_{\text{CMB}} = 2.39 \times 10^{-5} T_{2.7}^4 h^{-2} \tag{2.24}$$

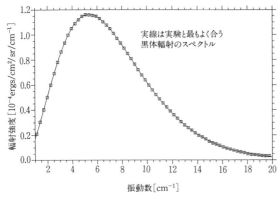

図 2.1 宇宙マイクロ波背景輻射のスペクトル

となる．ここで $T_{2.7}$ は 2.7 K を単位とする CMB の温度である．これは通常の天体から放出された赤外から γ 線にわたる全輻射のエネルギーより2けた以上も大きい．

(2) 宇宙マイクロ波背景輻射

この宇宙マイクロ波背景輻射の源は一体何であろうか．それは局所的なものであろうか，それとも宇宙全体に一様に広がったものであろうか．

この問題に答えるために，まず，輻射が宇宙に広がる物質中をどのように伝播するか見てみよう．輻射場は一般に，Ω を光子の伝播方向を表す単位ベクトルとして，輻射束密度 $I_\nu(x,\Omega)$ で記述される．物質と相互作用しないとき，共動座標体積 dV 内の振動数幅 $d\nu$ の光子数 $I_\nu a^3 dV d\nu/\nu$ は保存される．これより，ロバートソン-ウォーカー時空では，光子の伝播に沿って，

$a\nu = $ 一定となることを考慮すると $I_\nu a^3$ は光子の伝播に沿って一定となる．したがって ε_ν を単位固有体積あたりのエネルギー放出係数，χ_ν を吸収係数とすると，単位座標体積あたりの放出係数が $a^3 \varepsilon_\nu$ となるので，ロバートソン-ウォーカー時空における I_ν のふるまいを支配する方程式は，

$$\frac{d}{dl}(a^3 I_\nu) = a^3 \varepsilon_\nu - \chi_\nu(a^3 I_\nu), \qquad a\nu = \text{一定} \tag{2.25}$$

で与えられることになる．ここで，微分 d/dl は輻射の伝播方向に沿った長さ $dl = cdt$ あたりの変化率を意味する．空間座標として共動球座標 (r, θ, ϕ) をとり，われわれが原点にいるとすると，われわれの観測する輻射はすべて $\theta = \phi = $ 一定の測地線に沿って伝播してくる．現在の a を 1，χ を 1.3 節で用いた動径座標 $\chi(r)$ とする．dl は $ad\chi$ と表されるので，上式を $\chi = 0$ から $\chi = \chi_1$ まで積分すると，われわれの観測する輻射束密度 $I_\nu(t = t_0, \chi = 0, \Omega)$ は，

$$I_\nu(t_0, 0, \Omega) = a_1^3 I_{\nu/a_1}(t_1, \chi_1, \Omega) e^{-\tau_1} + \int_0^{\chi_1} a\, d\chi\, e^{-\tau} a^3 \varepsilon_{\nu/a}(t, \chi) \tag{2.26}$$

と表される．ここで，τ は，

$$\tau := \int_0^\chi a d\chi\, \chi_{\nu/a} \tag{2.27}$$

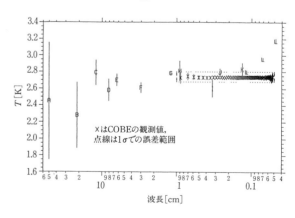

図 2.2 宇宙マイクロ波背景輻射の温度

で定義される光学的厚みである. 上式の第1項は, $\chi > \chi_1$ よりやってきた輻射が途中の物質の吸収を受けて減衰することを, 第2項は $\chi < \chi_1$ の物質の放出した輻射の寄与を表す.

この式をマイクロ波背景輻射に適用してみよう. まず, 宇宙の物質が温度 T の熱平衡にあるとすると, 熱力学より放出係数 ε_ν と吸収係数 χ_ν の比は熱平衡にある輻射強度 $I_\nu^{\mathrm{eq}}(T)$ と一致する.

$$\frac{\varepsilon_\nu}{\chi_\nu} = I_\nu^{\mathrm{eq}}(T) = \frac{2h\nu^3}{c^3} h^3 F_{\mathrm{eq}}(h\nu/T) \tag{2.28}$$

$$h^3 F_{\mathrm{eq}}(h\nu/T) = \frac{1}{e^{h\nu/T}-1} \tag{2.29}$$

ここで h はプランク定数である. したがって, 背景輻射の源の Ω 方向に沿う広がりを

$$X = \int \mathrm{d}l$$

とすると, 式 (2.26) で第1項を無視して,

$$I_\nu(t_0, 0, \Omega) = \frac{2h\nu^3}{c^3} \int_0^X \mathrm{d}l \, h^3 F_{\mathrm{eq}}(h\nu/aT) \chi_{\nu/a} e^{-\tau} \tag{2.30}$$

を得る. これより, 現在観測される背景輻射が温度 $T = T_0$ の熱平衡分布をしているためには, 源となる物質の温度が,

$$T = T_0/a = (1+z)T_0 \tag{2.31}$$

のように時間とともに変化しなければならないことがわかる. この条件が満たされれば $I_\nu(t_0, 0, \Omega)$ は簡単に,

$$I_\nu(t_0, 0, \Omega) = [1 - e^{-\tau(X)}] I_\nu^{\mathrm{eq}}(T_0) \tag{2.32}$$

と表される. 一般に, 吸収係数 χ_ν は振動数 ν とともに変化する. したがって, この式より, 観測される $I_\nu(t_0, 0, \Omega)$ のスペクトルの形が熱平衡のものと一致するには, 観測されたすべての振動数領域にわたって物質の光学的厚み $\tau(X)$ が1より十分大きくなければならないことになる.

このことから, マイクロ波背景輻射の源は局所的なものではありえないことが導かれる. 実際, もし X が現在の宇宙のホライズンサイズより十分小さいとすると, 源の外側にある天体か

らのマイクロ波は式 (2.26) の第1項の示すように, 減衰してしまい観測できないはずである. ところが, 実際には $z>1$ のQSOからやってくる電波が10 cm前後の波長領域で十分な指向性をもって観測されている. したがって, 背景輻射の源の広がり, 正確には光学的厚みが1の程度になる距離は宇宙のホライズンサイズ程度でなければならない. さらに, 背景輻射の強度が非常によい精度で等方的であることより (もちろんわれわれの銀河内の天体や電波銀河, QSOなどの点源を除いて), 源物質の密度と温度の分布はわれわれを中心として球対称でなければならない. このような広がった媒質がわれわれを中心として特殊な分布をしているとは考えられないので, 結局, 宇宙背景輻射を生み出す物質は宇宙に一様に分布していなければならないという結論に達する.

以上のことから, マイクロ波宇宙背景輻射は宇宙全体に一様に広がる物質から, QSOの生れる以前, すなわち $z>5$ の宇宙初期に放出された輻射で, 現在宇宙全体を一様に満たしているものであることがわかる.

(3) 宇宙のエントロピー

エネルギー密度に関しては輻射の寄与はバリオンと比べて4けた程度小さく問題にならない. しかし, エントロピーに関しては状況がまったく異なる. まず, 数密度 n, 温度 T, 質量 m の非相対論的単原子理想気体のエントロピー密度 s は,

$$s = n\left[\frac{5}{2}+\ln\frac{(2\pi mT)^{3/2}}{nh^3}\right] \tag{2.33}$$

で与えられる. これより, 主系列星の平均的な値, $nm\sim 1\,\mathrm{g/cm^3}$, $T\sim 10^4\,\mathrm{K}$ に対して,

$$s_{\mathrm{star}}\sim 2\times 10^{25}\,\mathrm{cm^{-3}} \tag{2.34}$$

1核子あたりのエントロピー s/n は,

$$(s/n)_{\mathrm{star}}\sim 30 \tag{2.35}$$

となる. これに対して, 温度 T の熱輻射のエントロピー密度は,

$$s = \frac{4\pi^2}{45}\left(\frac{T}{\hbar c}\right)^3 \tag{2.36}$$

となるので，宇宙マイクロ波背景輻射のエントロピー密度は，

$$s_{\text{CMB}} = 1\,440\, T_{2.7}{}^3 \text{ cm}^{-3} \tag{2.37}$$

となる．局所的なエントロピー密度で見る限り，星のものが圧倒的に大きい．しかし，宇宙の平均的なバリオン数密度は，

$$n_{\text{b}} = 1.12 \times 10^{-5} h^2 \Omega_{\text{b}0} \text{ cm}^{-3} \tag{2.38}$$

で与えられるので，1核子あたりに換算すると，

$$s_{\text{CMB}}/n_{\text{b}} = 1.28 \times 10^8 (h^2 \Omega_{\text{b}0})^{-1} \tag{2.39}$$

と非常に大きい値を与える．これは，宇宙全体で見たときには，宇宙マイクロ波背景輻射のもつエントロピーは星全体のもつエントロピーに比べ，比較にならないほど大きいことを意味する．

もちろん，星以外の形で存在するバリオンもエントロピーをもっている．しかし，上の表式から明らかなように，非相対論的な物質の核子あたりのエントロピーは密度や温度をかなり変化させてもほとんど変らない．したがって，これらのエントロピーは上記の星に対する評価と同程度の値を与える．また，赤外線，可視光，紫外線などのマイクロ波以外の背景輻射のエントロピーも無視できる．実際，熱輻射のエントロピー密度はエネルギー密度と温度で，

$$s = \frac{4\rho}{3T} \tag{2.40}$$

と表されるので，マイクロ波背景輻射との比は，

$$\frac{s}{s_{\text{CMB}}} = \frac{\rho}{\rho_{\text{CMB}}} \frac{T_{\text{CMB}}}{T} \tag{2.41}$$

となる．熱平衡状態は与えられたエネルギー密度のもとでエントロピー最大の状態なので，各波長帯の背景輻射のエントロピーとマイクロ波背景輻射のエントロピーの比はこの式でTを波長に対応する温度$h\nu$におき換えて得られる値以下となる．すでに見たように，マイクロ波より波長の短い波長帯での背景輻射のエネルギー密度はρ_{CMB}と比べて2けた以上小さいので，s/s_{CMB}は10^{-2}以下となる．例えば，可視光の背景輻射に対して，

$$S_{opt}/S_{CMB} \sim 10^{-5} \tag{2.42}$$

となる.

現在のマイクロ波以外の波長帯での背景輻射のエントロピーが十分小さいということは，宇宙マイクロ波背景輻射のもつ膨大なエントロピーは(少なくとも現在輝いているものと同類の)星によって生成されたものではなく，宇宙の初期から存在するものであることを意味している．これはこの背景輻射が $z>5$ の初期に生成されたという(2)で述べた結論と符合している．2.2.1項で述べるように，宇宙が膨張とともに熱平衡を保ちバリオン数が保存されるとすると，核子あたりのエントロピー s/n_b は保存される．したがって，このエントロピーが宇宙進化の途上で生成されたとすると，非常に激しい非可逆過程かバリオン数の保存を破る反応が起らなければならない．この問題については，4章で詳しく議論することにする．

2.1.4 ダークマター

星やガスなど，観測で直接検出される物質の主要部はすべて，地上の物質と同様にバリオンからなっている．このことと，すでに述べた素粒子に関する現在の知識を考え合せると，宇宙に存在する物質の主要部分はバリオンからなり，その放出する電磁波により直接検出することが可能であると期待される．ところが，近年さまざまな観測を通して，電磁波では検出できない物質が宇宙に大量に存在することが次第に明らかになってきた[8~10, 14~17]．この実体の不明な物質はダークマターとよばれる．

ダークマターの存在の可能性を最初に指摘したのはツヴィッキー (F. Zwicky) で50年以上も前のことである．彼は，最も大きな銀河団の一つである髪の毛座 (Coma) 銀河団の質量をその中の銀河の運動から推定してみた．この銀河団は十分密度が高く球対称に近い分布をしているので，力学的に平衡状態にあると考えられる．したがって，ビリアル定理より銀河の運動エ

ネルギーの平均値 K と重力ポテンシャルエネルギーの平均値 Φ の間には,

$$2K + \Phi = 0 \tag{2.43}$$

という関係が成り立つ. 銀河団の全質量を M, 銀河団の広がりを R, 構成する銀河の速度分散を σ^2 とすると, K と Φ は,

$$K = M\sigma^2/2 \tag{2.44}$$
$$\Phi = -GM^2/R \tag{2.45}$$

と表されるので,

$$M = R\sigma^2/G \tag{2.46}$$

という関係式が得られる. ツヴィッキーはこの式を用いて, 観測値 $R \sim 300$ kpc, $\sigma \gtrsim 1500$ km/s より $M \gtrsim 3 \times 10^{14} M_\odot$ を得た. ところが, この銀河団を構成する約 800 個の銀河の質量の総和を, 銀河の平均的な M/L 比から推定すると $8 \times 10^{11} M_\odot$ と, 力学的方法で得られた値の 400 分の 1 以下しかないことが明らかとなった. このことから, ツヴィッキーは個々の銀河の M/L 比に考慮されていない物質, すなわち輝かない物質が髪の毛座銀河団に大量に存在するに違いないと推測したのである.

ツヴィッキー以降, 他の多くの銀河団も髪の毛座銀河団と同じ程度の速度分散と広がりをもつことが示され, ダークマターの問題はかなり普遍的なものであることが明らかになった. ただし, 詳しくみるとビリアル定理による銀河団の力学的な質量の推定にはかなりの不定性が伴い, ダークマターの寄与を含めた銀河団全体の M/L 比には,

$$(M/L)_{\rm cl} = (200 \sim 600) h (M/L)_\odot \tag{2.47}$$

と大きな幅がある. ここで, M/L 比にハッブル定数 h が現れるのは, 距離を赤方偏移から決定するために, $M \propto h^{-1}$, $L \propto h^{-2}$ となることによる.

銀河団のダークマターは銀河団全体に広がったものであろうか, それとも個々の銀河に付随しているのだろうか. この問題に対する情報は, 銀河の回転曲線の観測から得られる. よく知られているように, 渦巻銀河の銀河面内の星やガスは円盤に沿

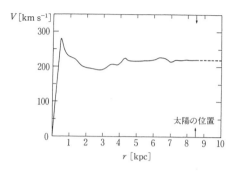

図 2.3 われわれの銀河の回転曲線

って回転運動をしている.この回転速度 V は,中心からの距離を r,その距離の球の中に含まれる質量を $M(r)$ とすると,重力と遠心力のつりあいより,

$$V(r)^2 = fGM(r)/r \tag{2.48}$$

に従って,r とともに変化する.ここで,f は質量分布の球対称からのずれを表すパラメーターで,分布の仕方によらず 1 程度の値をとる.したがって,$V(r)$ を観測すれば力学的な質量の分布が決定できる.例えば,われわれの銀河の $V(r)$ のふるまい,すなわち回転曲線は図 2.3 のようになる[18].その最も大きな特徴は,中心部を除くと V がほぼ一定になっていて,それがわれわれの太陽の位置($r = R_0 \simeq 8.6\,\mathrm{kpc}$)を越えて続いていることである.式 (2.48) より,V が変化しないということは $M(r)$ が r に比例して増大することを意味している.ところが,$r < R_0$ 内の銀河面の光度はわれわれの銀河の全光度の 70% に達するので,これは明らかにわれわれの銀河にダークマターが大量に付随していることを示している.具体的には,回転曲線から得られる M/L_V の値は $r = R_0$ で $10(M/L)_\odot$,$r = 2R_0$ で $14(M/L)_\odot$ となり,太陽系近傍のバリオン的物質の観測から得られる M_b/L_V 比の 5 倍以上となっている.われわれの銀河系の場合には,さらに球状星団などより広がった分布をする天体の運動から銀河全体としての質量を推定することも可能で,M/L_V 比にして $(21\sim70)(M/L)_\odot$ という値が得られている.式 (2.5)

と比較すると,これは輝く物質の10倍以上のダークマターがわれわれの銀河に付随していることを示している.

これまでに,われわれの銀河以外のかなりの数の渦巻銀河について回転曲線が求められている.図2.4に示されているように,そのほとんどはわれわれの銀河と同様のふるまいを示しており,回転速度は銀河面の輝く部分を越えて一定となっている[19].観測から得られた$r \leq R_{25}$の領域でのM/L比の値はほぼ,

$$(M/L_V)_{\text{spiral}} \simeq (6 \sim 14) h (M/L)_\odot \qquad (r \leq R_{25}) \qquad (2.49)$$

の範囲におさまる.これに対して,だ円銀河の場合にはほとんど回転していないために,回転曲線の方法は使えない.しかし,銀河内の星の運動や分布から推定されたM/L比を推定することは可能で,輝いている領域に対するその値は,

$$(M/L_V)_{\text{elliptical}} \simeq (10 \sim 32) h (M/L)_\odot \qquad (2.50)$$

と,渦巻銀河とほぼ同程度になっている.値が大きめになった原因は,渦巻銀河に比べてだ円銀河に質量が小さく暗い星が多く含まれているためと考えられる.

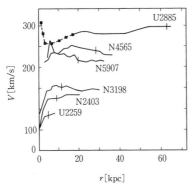

図2.4 渦巻銀河の回転曲線.各曲線上の縦棒は,$r=R_{25}$となる位置を表す.ここでR_{25}は銀河面の1 arcsec^{2}あたりの表面輝度が25等となる半径で,ほぼ輝く銀河円盤の半径を表す.

このように,ダークマターはほぼすべての銀河に普遍的に付随していることがわかるが,そのM/L比は最初に述べた銀河団の値より1けたほど小さくなっている.ただし,式(2.49)ないし式(2.50)の値は,銀河の輝く部分に相当する領域でのM/L

比なので，われわれ銀河系の例から予測されるように銀河全体の M/L 比はこれより少し大きめの値，

$$(M/L_V)_{\text{galaxy}} \simeq (70 \sim 100) h (M/L)_\odot \tag{2.51}$$

をとる可能性が大きい．しかし，この値を採用しても，銀河団の M/L 比の 1/2 以下にしかならない．これは，個々の銀河に付随しないダークマターの存在を示唆する．実際，中間的なスケールの集団である連銀河や銀河群の観測値を考慮すると，図 2.5 に示したように，M/L 比は系のスケールに比例して大きくなっている（図の右側の Ω_b は 2.3 節で述べる宇宙初期の元素合成からの制限である）現時点ではこのふるまいが 2 種類のダークマターの存在を意味するのか，それとも銀河や銀河団の形成の過程で付随するダークマターの割合が異なってくるのか，い

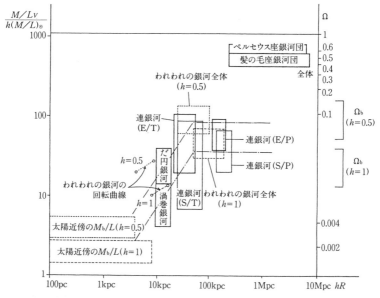

図 2.5 M/L 比のスケール依存性．連銀河の後の記号 E, S はそれぞれだ円銀河，渦巻銀河からなる連銀河のことを表し，P, T は観測者のイニシャルを表す．（文献[10] より引用）

ずれが正しいか不明である．ただし，最近の銀河団のX線ハローの観測は，銀河団のハローには力学的質量の10%程度もの電離水素ガスが存在し，巨大な集団ほどバリオンのうち光学的に輝いている割合が小さいことを見いだしており，後者の可能性が高いことを示唆している．この場合，M/L比の観測されている銀河団は比較的大きなものであり，そのような銀河団に属する銀河は宇宙に存在する全銀河のほんの一部分を占めるにすぎないことを考え合せると，銀河団のM/L比は宇宙の平均的な値とは見なせないことになる．

バリオン的物質の場合と同様に，M/L比と宇宙の光度密度から，ダークマターと輝く物質を合せた全力学的質量を全宇宙にならしたときの平均密度，あるいは密度パラメーターを推定することができる．式 (2.4) より，密度パラメーターは，

$$\Omega_0 = \frac{M/L}{1\,380h(M/L)_\odot} \frac{\mathcal{L}}{2\times 10^8 hL_\odot\,\mathrm{Mpc}^{-3}} \tag{2.52}$$

と表されるので，宇宙全体の平均的なM/L比が式 (2.51) で与えられるとすると，

$$\Omega_0 = 0.05 \sim 0.07 \quad (M/L\text{比}) \tag{2.53}$$

を得る．この結果を，われわれの銀河とおとめ座銀河団の相対速度のハッブル則からのずれ（Virgo infall）より得られる評価[20]，

$$\Omega_0 = 0.05 \sim 0.3 \quad (\text{Virgo infall}) \tag{2.54}$$

と比較すると，実際の密度パラメーターの値は$\Omega_0 = 0.05 \sim 0.3$の範囲にある可能性が高い．この小さなΩ_0の値は 1.3.3 項で述べたN-m関係の観測とも合っている．現在のところ，輝く物質の10倍程度も存在するダークマターがどのような物質からできているかはまったく不明である．確実にいえることは，個々の銀河ハローに付随するダークマターが広がった水素ガスである可能性はないことのみである．実際，この場合には，水素ガスは，力学平衡を維持するために100万度程度の温度となり観測されたX線背景輻射の強度を越えた軟X線を放出してしまう

ことになる.しかし,木星のように質量が小さく($M<0.08M_\odot$)核反応を起さない星や,星の死後に残される白色わい星,中性子星,ブラックホールなどの冷たい天体が銀河ハローのダークマターである可能性は残される.ただし,これらの天体の起源を他の観測と矛盾せずに説明することは困難であるので,ダークマターが通常のバリオン以外の物質からなる可能性も大きい.また,2.3節および3.3節で述べるように,軽元素の起源や宇宙の構造形成に対する理論も現在のところ,非バリオン的ダークマターを支持している.

2.2 物質進化のシナリオ

前節で述べたように,現在の宇宙を構成する物質は主に約2.7Kの熱輻射,水素とヘリウムを主成分とするバリオン的物質,およびダークマターからなっている.膨張宇宙のもとでは,物質の温度や密度が宇宙膨張とともに変化するために,これらの物質構成も時間とともに変化する.この節では,この宇宙膨張に伴う物質構成の変化のようすを調べてみる.

2.2.1 温度と粒子数の変化
(1) 熱 平 衡

宇宙に存在する物質の多くは,少なくとも局所的には熱平衡にある.そこでまず,熱平衡について簡単に復習しておこう.

統計物理学によると[21],熱平衡にある物質の状態は二つの状態量によって完全に決定される.例えば,静止質量mの自由粒子の分布関数$F(\varepsilon)$(各粒子がエネルギーεの量子状態にある確率)は,μを化学ポテンシャル,Tを温度として,

$$F(\varepsilon) = \frac{1}{e^{(\varepsilon-\mu)/T} \pm 1} \tag{2.55}$$

で与えられる.ここで,+の符号は半整数のスピンをもつフェルミ粒子に対応し,−符号は整数スピンをもつボーズ粒子に対応

する.数密度 n,エネルギー密度 ρ,および圧力 P は,$\bm{p}$ を運動量として,この一粒子分布関数を用いて,

$$n = g\int\frac{\mathrm{d}^3p}{(2\pi\hbar)^3}F(\varepsilon) \tag{2.56}$$

$$\rho = g\int\frac{\mathrm{d}^3p}{(2\pi\hbar)^3}\varepsilon F(\varepsilon) \tag{2.57}$$

$$P = \mp gT\int\frac{\mathrm{d}^3p}{(2\pi\hbar)^3}\ln[1\mp F(\varepsilon)] \tag{2.58}$$

と表される.ここで g はスピンの自由度である.また,ε と p は,

$$\frac{\varepsilon^2}{c^2} = m^2c^2 + p^2 \tag{2.59}$$

の関係にある.さらにエントロピー s はこれらの状態量を用いて,次のように表される.

$$Ts = \rho + P - \mu n \tag{2.60}$$

これらの状態量の温度や化学ポテンシャルへの具体的な依存性は T, m, μ の間の大小関係により大きく変化する.まず,$(m-\mu)/T \gg 1$ の場合にはよく知られたボルツマン近似が成立し,分布関数は単に,

$$F(\varepsilon) \simeq e^{-(\varepsilon-\mu)/T} \tag{2.61}$$

で与えられる.したがって,特に $T \ll m$ の非相対論的な場合では,n, ρ, P, s は,

$$n = g\left(\frac{mT}{2\pi\hbar^2}\right)^{3/2} e^{-(mc^2-\mu)/T} \tag{2.62}$$

$$\rho = \left(mc^2 + \frac{3}{2}T\right)n \tag{2.63}$$

$$P = nT \tag{2.64}$$

$$s = n\ln\left[\frac{e^{5/2}}{(2\pi\hbar^2)^{3/2}}\left(\frac{m}{T}\right)^{3/2}\frac{T^3}{n}\right] \tag{2.65}$$

で与えられる.

ボルツマン近似が成立する条件は,

$$n \ll \left(\frac{T}{\hbar^2\langle\varepsilon\rangle}\right)^{3/2} \simeq \left(\frac{\langle p\rangle}{\hbar}\right)^3 = \frac{1}{\lambda^3} \tag{2.66}$$

あるいは,

$$\frac{n}{(T/\hbar)^3} \ll \left(\frac{\langle \varepsilon \rangle}{T}\right)^{3/2} \tag{2.67}$$

と書き直すことができる.ここでλはドブロイ波長である.すなわち,荒っぽくいえば,密度が低いときにこの近似がよくなる.これからボルツマン近似が悪くなる場合として二つの場合が存在することがわかる.

一つは,$|\mu| \ll T$でかつ相対論的な場合($T \gg m$)で,n, ρ, P, sは,

$$n = g\left(\frac{3}{4}\right)^F \frac{\zeta(3)}{\pi^2}\left(\frac{T}{\hbar c}\right)^3 \tag{2.68}$$

$$\rho = g\left(\frac{7}{8}\right)^F \frac{\pi^2}{30} \frac{T^4}{(\hbar c)^3} \tag{2.69}$$

$$P = \frac{1}{3}\rho \tag{2.70}$$

$$s = \frac{4\rho}{3T} = 3.6\left(\frac{7}{6}\right)^F n \tag{2.71}$$

と表される.ここで,Fはフェルミ粒子に対して1,ボーズ粒子に対して0となる量である.この場合には,粒子の対生成により大量の粒子反粒子が生成されるために,$n \simeq (T/\hbar)^3 \simeq s$となり,ドブロイ波長が粒子の平均間隔程度となり上記の条件が破れる.もう一つの場合は,$(\mu-m)/T \gg 1$となる場合である.この場合,フェルミ粒子に対してはいわゆるフェルミ縮退が,ボーズ粒子に対してはボーズ凝縮が起る.ただし,いくつかの特異な状況を除くと,宇宙論でこれらの現象が重要となる場合は少ない.

原子や原子核に代表されるように,自然界に存在する多くの粒子は,内部自由度をもつ複合粒子である.これらの粒子に対しては,異なった励起状態にある粒子の割合が重要となる.複合粒子のj番目の励起状態のエネルギーをε_jとすると,非相対論的ボルツマン気体に対して,各励起状態にある粒子の数密度n_jの比は,

$$n_k/n_j = e^{-(\varepsilon_k - \varepsilon_j)/T} \tag{2.72}$$

で与えられる．したがって，熱平衡にある複合粒子の全粒子数密度は基底状態にある粒子の数密度 n_0 を用いて，

$$n = g(T)n_0, \qquad g(T) = \sum_j e^{-(\varepsilon_j - \varepsilon_0)/T} \tag{2.73}$$

と表される．ここで n_0 は質量 $m = \varepsilon_0/c^2$ の内部自由度をもたない粒子に対する公式（2.62）で与えられる．

(2) 温度の変化

ここでエネルギー方程式（1.37）とエントロピーの関係について触れておく．

熱力学の第1法則より，系の内部エネルギー E，圧力 P，体積 V の微小な変化に対して，この系が吸収する熱量 dQ は，

$$dQ = dE + P\,dV \tag{2.74}$$

で与えられる．この関係を一様等方な宇宙の物質に適用すると，$\rho = E/V$，$V \propto a^3$ およびエネルギー方程式（1.37）より，

$$\frac{\dot{Q}}{V} = \dot{\rho} + 3\frac{\dot{a}}{a}(\rho + P) = 0 \tag{2.75}$$

が得られる．これは，ほかにエネルギー源がないために宇宙の物質は全体としては断熱的にふるまうことを意味する．これより，物質が宇宙膨張とともに熱平衡を保つ場合には $\dot{S} = \dot{Q}/T = 0$，すなわちエントロピーの保存則，

$$a^3 s = \text{const.} \tag{2.76}$$

が得られる．特に粒子数の保存される物質に対しては，単位体積あたりのエントロピー s と粒子数密度 n の比が保存される．

$$s/n = \text{const.} \tag{2.77}$$

宇宙の物質が熱平衡にあるとすると，このエントロピー保存則を用いて，宇宙膨張とともに温度がどのように変化するかを決定することができる．例えば，相対論的な物質に対しては，$s \propto T^3$ より，1.2.2項で述べたように温度は $T \propto 1/a$ と変化する．これに対して，非相対論的物質の場合には $s/n = \ln T^{3/2}/n$ $+\text{const.}$ となるので，温度は $T \propto n^{2/3} \propto 1/a^2$ と相対論的な物質より速く減少する．したがって，相対論的成分と非相対論的成分が共存する系では，もし成分間でエネルギーのやりとりが起

らなければ，二つの成分の温度は宇宙膨張とともに大きくずれてくることになる．実際，現実の宇宙では，後ほど説明する宇宙の晴れ上がり（$T\simeq 2\,700\,\mathrm{K}$）以降では，バリオン的物質と電磁輻射の温度はずれてしまう．

一方，このような共存系において成分間で熱平衡が成立すると，一般的には物質の温度は相対論的な場合と非相対論的な場合の中間的なふるまいをすることが期待される．しかし，現実の宇宙では相対論的成分である電磁輻射が非相対論的成分であるバリオンに比べて非常に大きなエントロピーをもっているために，温度変化はずっと単純になる．実際，バリオンと輻射が熱平衡にある宇宙の晴れ上がり以前の時期では，$\sigma:=s_\gamma/n_\mathrm{b}$ とおくと，全エントロピーとバリオン数密度の比は，

$$\frac{s}{n_\mathrm{b}} = \sigma + \ln\left(\frac{\sigma}{T^{3/2}}\right) + \mathrm{const.} = 一定 \tag{2.78}$$

となるので，σ と T は，

$$\frac{\sigma}{\sigma_0}e^{\sigma-\sigma_0} = \left(\frac{T}{T_0}\right)^{3/2} \tag{2.79}$$

で結びつけられる．ところが，現在の σ の値は $\sigma_0 \gtrsim 10^8$ と非常に大きいために，宇宙の温度が現在の値 $T_0 \simeq 2.7\,\mathrm{K}$ から核子が相対論的となる $T = m_\mathrm{p}c^2 \simeq 1\,\mathrm{GeV}$ まで変化しても，σ は σ_0 から $\sigma - \sigma_0 \simeq 40$ 程度しかずれず，実質的に σ は一定となる．したがって，宇宙の温度は非常によい精度で $T \propto 1/a$ に従って変化する．

以上は比較的単純な場合であるが，一般の場合には異なった温度の多くの成分が共存することになる．このような場合には，

$$a^3 s = \frac{2\pi^2}{45}N_\mathrm{eff}\left(\frac{aT}{c\hbar}\right)^3 = 一定 \tag{2.80}$$

より温度が決定される．ここで，N_eff は物質全体の統計的な重みで，各成分の統計的重み N_j と温度 T_j を用いて，

$$N_\mathrm{eff} = \sum_j N_j\left(\frac{T_j}{T}\right)^3 \tag{2.81}$$

と表される．N_j は，

$$N_j = \begin{cases} \dfrac{45}{2\pi^2}\dfrac{n_j}{(T_j/c\hbar)^3}\ln\left[g_j\dfrac{e^{5/2}}{(2\pi)^{3/2}}\left(\dfrac{m_j c^2}{T_j}\right)^{3/2}\dfrac{(T_j/c\hbar)^3}{n_j}\right] \\ \hfill (T \ll m_j c^2) \\ (7/8)^F g_j \hfill (T \gg m_j c^2) \end{cases} \tag{2.82}$$

と表され,その値は非相対論的になる際に急激に減少する.したがって,$N_{\rm eff}$ は主に相対論的な成分からの寄与で決定される.一方,各成分の温度を決定するには,成分間の相互作用を詳しく調べることが必要になる.幸い,ほとんどの状況では成分間の熱平衡が成立し,すべての成分が同じ温度をもつ.ただし,ニュートリノは重要な例外で,これについては2.2.5項で詳しく議論する.以下では特に断わらない限り,宇宙の温度は電磁熱輻射の温度 T_γ をさすものとし,単に T と書くことにする.

(3) 化 学 平 衡

実際の物質はさまざまな成分からなり,一般的には成分間の反応によりその割合は変化する.ただし,この反応が十分速く起る場合にはいわゆる化学平衡が成立し,成分間の粒子数の比は熱力学的な状態のみで決るようになる.例えば3種類の粒子 A, B, C が反応,

$$\mathrm{A} + \mathrm{B} \rightleftharpoons \mathrm{C} + Q, \qquad Q = (m_\mathrm{A} + m_\mathrm{B} - m_\mathrm{C})c^2 \tag{2.83}$$

に関して化学平衡にあるとすると,各粒子の化学ポテンシャルの間には,

$$\mu_\mathrm{A} + \mu_\mathrm{B} = \mu_\mathrm{C} \tag{2.84}$$

の関係が成り立たねばならない.したがって,式 (2.62) より,

$$\frac{n_\mathrm{A} n_\mathrm{B}}{n_\mathrm{C}} = \frac{g_\mathrm{A} g_\mathrm{B}}{g_\mathrm{C}}\left(\frac{T}{2\pi\hbar^2}\frac{m_\mathrm{A} m_\mathrm{B}}{m_\mathrm{C}}\right)^{3/2} e^{-Q/T} \tag{2.85}$$

を得る.

一般の場合には,粒子間の各反応ごとに対応する粒子数密度の関係式が得られ,その関係式の数が粒子の種類よりも多いことがしばしば起る.これは一見矛盾を引き起しそうに見えるが,実際には矛盾は起らない.その理由は単に独立な同次1次式の

数は必ず変数の個数以下となるためである．このため，エネルギー保存則が成立している限り，J 種類の粒子 $X_1,\cdots,X_J$ の間のすべての反応は必ず，$R(\leq J)$ 個の要素的な反応，

$$\sum_{j=1}^{J} p_{rj} X_j \iff Q_r \quad (r=1,\cdots,R) \tag{2.86}$$

の1次結合として表される．この各反応に対応して化学ポテンシャル μ_j の間の関係式，

$$\sum_{j=1}^{J} p_{rj} \mu_j = 0 \tag{2.87}$$

が得られる．また，$q_{lj}(l=1,\cdots,L)$ を連立1次方程式，

$$\sum_{j=1}^{J} p_{rj} q_{lj} = 0 \tag{2.88}$$

の1次独立な解の系とするとき，各粒子数密度 n_j から作られる L 個の量，

$$\sum_{j=1}^{J} q_{lj} n_j = c_l \tag{2.89}$$

はすべての反応で保存される．q_{lj} の定義より $R+L=J$ となるので，式 (2.87) と式 (2.89) より，すべての粒子の粒子数密度が T と保存量 c_l で過不足なく決定される．実際，式(2.87)より，μ_j は L 個の任意パラメーター $\tilde{\mu}_l$ を用いて一般に，

$$\mu_j = \sum_l \tilde{\mu}_l q_{lj} \tag{2.90}$$

と表される．これを式 (2.89) に代入することにより，$\tilde{\mu}_l$ が c_l の関数として完全に決定される．この $\tilde{\mu}_l$ の意味は，自由エネルギー密度 f のふるまいを調べることにより明らかとなる．各粒子の化学ポテンシャル μ_j はその自由エネルギー密度 f_j と $\mu_j = \partial f_j / \partial n_j$ の関係にあるので，粒子数の変化に対する全自由エネルギー密度の応答は，式 (2.90) を考慮すると，

$$\delta f = \sum_j \delta f_j = \sum_j \mu_j \delta n_j$$
$$= \sum_l \tilde{\mu}_l \delta c_l \tag{2.91}$$

と表される．これより，$\tilde{\mu}_l$ は保存量 c_l に対する化学ポテンシャルであることがわかる．

(4) 非平衡化学反応

膨張宇宙では，粒子数密度や温度は宇宙膨張につれて減少するので，粒子間の反応率は時間とともに減少する．このため最初ある反応に対して粒子間で化学平衡が成立していても，時間とともに平衡が破れることがしばしばある．上に述べたように，化学平衡が成立している限り，各時刻での物質の組成はその時点での温度と保存量のみにより決ってしまうために，それ以前での宇宙進化の情報は完全に失われてしまう．したがって，このような非平衡過程の存在は現在の宇宙の観測から宇宙初期の進化の情報を読み取る可能性を与えるものとして宇宙論では非常に重要である．

非平衡の状況での各種類の粒子数の変化を知るには，直接，粒子間の反応による粒子数の時間発展の方程式を解くことが必要となる．この発展方程式は，共動座標に関する座標体積が一定の空間領域内に含まれる種類jの粒子の数をN_j，その粒子の単位体積単位時間あたりの生成率をΛ_j，単位時間あたりに各粒子が反応で消滅する（あるいは他の粒子に変化する）確率をΓ_j，空間領域の固有体積をVとして，一般的に，

$$\frac{dN_j}{dt} = V\Lambda_j - \Gamma_j N_j \tag{2.92}$$

と表される．粒子数密度は$n_j = N_j/V$で定義され，空間領域の体積は$V \propto a^3$に従って増大するので，この方程式は次のようなn_jに対する方程式を与える．

$$\frac{dn_j}{dt} = -3Hn_j + \Lambda_j - \Gamma_j n_j \tag{2.93}$$

ここで$H = \dot{a}/a$は宇宙の膨張率である．

この方程式の解のふるまいは，反応率Γ_jと宇宙膨張率Hの大小関係により大きく異なる．まず，宇宙が膨張していないとき平衡状態では$dN_j/dt = 0$となるので，化学平衡にあるときの各粒子数密度$n_{j,\mathrm{eq}}$は，

$$n_{j,\mathrm{eq}} = \Lambda_j/\Gamma_j \tag{2.94}$$

と表されることに注意する．ここで $n_{j,\mathrm{eq}}$ はその時点での温度と保存量のみの関数である．このことを用いると，式 (2.93) の一般解は t_0 を適当な初期時刻として，

$$a^3 n_j(t) = a^3 n_{j,\mathrm{eq}}(t) + a_0{}^3(n_{j0} - n_{j,\mathrm{eq}0})\exp[-\int_{t_0}^{t}\varGamma_j(t')\mathrm{d}t']$$
$$-\int_{t_0}^{t}\exp[-\int_{t'}^{t}\varGamma_j(t'')\mathrm{d}t'']\,\mathrm{d}[a(t')^3 n_{j,\mathrm{eq}}(t')] \tag{2.95}$$

と表される．この式の第2項は，物質が宇宙の十分初期に熱化学平衡にあるか，あるいは反応率 $\varGamma_j$ が十分大きければ無視できる．そこで，以下では t_0 を宇宙の十分初期にとり，この項が無視できる場合のみを考える．

まず，粒子数密度の熱平衡値が $a^3 n_{j,\mathrm{eq}} = \mathrm{const.}$ を満たす，すなわち実質的に粒子数が変化しない場合には，上式より $n_j = n_{j,\mathrm{eq}}$ は非常によい精度で成立し続ける．例えば，反応に関与するすべての粒子が相対論的な場合には，通常この状況が実現される．もし，この時期のある時点 $t \sim t_\mathrm{f}$ で j 粒子の反応率が急速に小さくなり，それ以降 $\varGamma_j \ll H$ となると，第3項の減衰因子，

$$\exp(-\int \mathrm{d}t\,\varGamma_j) \sim \exp[-\int (\mathrm{d}a/a)\varGamma_j/H]$$

は実質的に1となるので，上式は (t_0 を t_f におき換えることにより)，

$$a^3 n_j(t) \simeq a^3(t_\mathrm{f}) n_{j,\mathrm{eq}}(t_\mathrm{f}) \tag{2.96}$$

となり，$a^3 n_j$ は $\varGamma_j \sim H$ となる時点 $t \sim t_\mathrm{f}$ での平衡値に凍結されてしまう．このように，粒子数を変化させる反応が実質的に起らなくなり，粒子数が一定となる現象は粒子数の凍結 (freezing out) とよばれる．

これに対して，宇宙の温度 T が粒子の質量 m_j 程度になるまで $\varGamma_j \gg H$ が成立していると，粒子が非相対論的になるにつれ $a^3 n_{j,\mathrm{eq}}$ は急速に小さくなる．このとき，$|\mu_j| \ll m_j$ が成立している場合には，$a^3 n_{j,\mathrm{eq}}$ の変化は，$\mathrm{d}(a^3 n_{j,\mathrm{eq}})/(a^3 n_{j,\mathrm{eq}}) \simeq (m_j/T)\mathrm{d}T/T$ で与えられるので，式 (2.95) の第3項の大きさと

2.2 物質進化のシナリオ

第1項の大きさの比は,

$$-\frac{(a^3 n_{j,\mathrm{eq}})^{\cdot}}{a^3 n_{j,\mathrm{eq}}}\frac{1}{\Gamma_j} \sim \frac{m_j}{T}\frac{H}{\Gamma_j}$$

となる.この比が1より小さい限り,n_j は $n_j \simeq n_{j,\mathrm{eq}}$ を保って減少し続ける.しかし,Γ_j が十分急速に減少し,ある時点で $\Gamma_j \sim H m_j/T$ となると,それ以降は第3項が重要となり,$n_j \gg n_{j,\mathrm{eq}}$ となる.この時期では生成項 Λ_j は無視できるようになり,$a^3 n$ は反応により単調に減少するのみとなる.さらに Γ_j が減少し,$\Gamma_j \ll H$ となると,粒子は凍結される.$m_j \lesssim |\mu_j|$ の場合を含めて,非相対論的な時期に粒子数の凍結が起る粒子の凍結後の粒子数を決定するには,反応率の温度依存性を考慮した詳しい解析が必要となる.

粒子数の凍結という現象はある特別の種類の粒子と他の粒子の化学反応が切れる現象であるが,多くの場合,この粒子数の凍結とともにその粒子を熱平衡に近づける反応,すなわち粒子数を変えずにエネルギーだけをやりとりする反応も実質的に起らなくなる場合が多い.この場合には,その後の粒子のエネルギー分布関数も凍結されてしまう.特に,質量ゼロの粒子に対しては,粒子のエネルギー ε が宇宙膨張とともに $a\varepsilon = a_* \varepsilon_* =$ const. に従って変化するので,$T = a_* T_*/a$ とおくと,分布関数は $F(\varepsilon) = 1/(e^{\varepsilon_*/T_*} \pm 1) = 1/(e^{\varepsilon/T} \pm 1)$ と書かれ,相互作用が切れた後も熱平衡の形が保たれる.

これに対して,有限の質量をもつ場合は状況が異なる.自由粒子の相対論的運動方程式とロバートソン-ウォーカー時空の接続係数 (A.11) より,粒子の4元速度ベクトルの時間成分 $U^0 = dt/d\tau$ は,

$$\frac{dU^0}{d\tau} = -\Gamma^0_{\mu\nu} U^\mu U^\nu = -\frac{\dot{a}}{a}[(U^0)^2 - 1] \tag{2.97}$$

に従って変化する.これより,$(U^0)^2 = 1 + \mathrm{const.}/a^2$ を得る.すなわち,自由粒子の運動量の空間成分の大きさ p は,

$$ap = \mathrm{const.} \tag{2.98}$$

に従って変化する．このことを用いると，分布関数のエネルギー依存部分は，

$$\frac{\varepsilon_*}{T_*} = \frac{\sqrt{p^2+(m^2/T_*^2)T^2}}{T} \tag{2.99}$$

で与えられる．ここで，Tは質量がゼロの場合と同じ式で定義されている．したがって，分布関数は次第に質量がゼロの熱平衡分布に近づいてゆく．

2.2.2 水素の再結合と宇宙の晴れ上がり

2.1.3項(2)で述べたように，現在観測される宇宙マイクロ波背景輻射は，$z>5$の宇宙初期に宇宙全体に広がる物質から放出されたものと考えられる．そこで，まず，この宇宙背景輻射の起源について考察してみよう．

宇宙の物質の主成分である水素やヘリウムは，中性原子の状態では離散的なスペクトルの部分を除くと輻射との相互作用は非常に弱い．したがって，連続スペクトルをなす黒体輻射の起源を考える上では，低エネルギーの光子と散乱を起す自由電子の量が重要となる．

密度が一様となる宇宙初期での物質の電離状態は，前項で述べた化学平衡の議論を電離平衡反応，

$$A_{j+1} + e \rightleftarrows A_j + Q_j \tag{2.100}$$

に対して適用することにより決定することができる．ここで，A_jは原子Aがj個の電子を失ったイオンを，Q_jは電離に要するエネルギーを表す．式(2.85)より，この反応が平衡にあるとすると，j電離状態のイオンの数密度n_jと電子の数密度n_eの間には，

$$n_e \frac{n_{j+1}}{n_j} = \frac{2g_{j+1}}{g_j}\left(\frac{m_e T}{2\pi\hbar^2}\right)^{3/2} e^{-Q_j/T} \tag{2.101}$$

の関係が成立する．この関係式はサハ(Saha)の式として知られている．この式と，全物質が電気的に中性である条件，および元素Aの全粒子数密度nとn_jの関係式，

$$n_e = \sum_j j n_j \tag{2.102}$$

$$n = \sum_j n_j \tag{2.103}$$

より，n_j と n_e は n と T で完全に決定される．

宇宙のバリオン的物質の主要部は水素なので，上記の式を水素の光電離反応，

$$\mathrm{H}^+ + \mathrm{e} \;\rightleftarrows\; \mathrm{H} + \gamma, \qquad Q_\mathrm{H} = 13.599\,\mathrm{eV} \tag{2.104}$$

に適用すると，電離率 $X_\mathrm{e} := n_\mathrm{e}/n_\mathrm{H}$（$n_\mathrm{H}$ は全水素ガスの数密度）は，

$$\begin{aligned}
\frac{X_\mathrm{e}^2}{1-X_\mathrm{e}} &= \frac{1}{n_\mathrm{H}} \left(\frac{m_\mathrm{e} T}{2\pi\hbar^2}\right)^{3/2} e^{-Q_\mathrm{H}/T} \\
&= 6.74\times 10^{13}(\Omega_{\mathrm{b}0}h^2)^{-1}\left(\frac{T_0}{2.7\,\mathrm{K}}\right)^3\left(\frac{Q_\mathrm{H}}{13.6\,\mathrm{eV}}\right)^{-3/2} \\
&\quad \times \left(\frac{Q_\mathrm{H}}{T}\right)^{3/2} e^{-Q_\mathrm{H}/T}
\end{aligned} \tag{2.105}$$

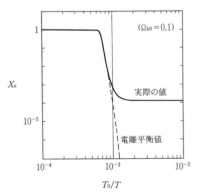

図 2.6 水素の電離度の時間変化

の解で与えられる．ここで，水素ガスの密度および温度が $n_\mathrm{H} \simeq n_{\mathrm{c}0}\Omega_{\mathrm{b}0}a^{-3}$，$T = T_0/a$ と表されることを用いた．図 2.6 に示したように，$T \gtrsim 4\,000\,\mathrm{K}$ では X_e はほぼ厳密に 1 となり，水素ガスは完全に電離している．しかし，X_e は温度が $3\,800\,\mathrm{K}$ あたりから急速に小さくなり $3\,400\,\mathrm{K}$ の頃には 0.01 程度まで落ちてしまい，さらに温度が下がると急速に実質的にゼロとなってしま

う．したがって，それまで完全に電離したプラズマ状態にあった水素ガスは宇宙の温度が $T_{rec} \simeq 4\,000$ K の頃に急速に中性化することになる．これは水素の再結合とよばれる．ただし，厳密には，水素のイオン化で中心的な役割を果すライマン α 線領域の光子の数が宇宙膨張とともに急速に減少するために，X_e は実際にはゼロとならず $X_e = 10^{-5} \sim 10^{-4}$ 程度の一定値に近づく．もちろんバリオン的物質のもう一つの主要成分であるヘリウムに対しては，イオン化エネルギーが水素より大きいため中性化する温度は $8\,000$ K 程度とずっと高くなる．

原子が完全に電離している時期には自由電子と光子の間のトムソン散乱により，輻射と物質の間で熱平衡が成立する．しかし，原子が中性化し，自由電子の数が減少すると，低エネルギーの光子と低温の中性水素や中性ヘリウムとの間の散乱断面積は非常に小さいために，輻射と物質の間の相互作用は急速に切れてしまう．この現象は宇宙の晴れ上がり，あるいは輻射の物質からの分離 (decoupling) とよばれる．すでに述べたように，物質との相互作用が切れた輻射のエネルギースペクトルは熱平衡の形を保ったまま温度が $T \propto 1/a$ に従って減少する．この熱平衡輻射が現在われわれが観測する宇宙マイクロ波背景輻射である．2.1 節で述べたように，観測されたマイクロ波背景輻射は広い波長帯で非常によい精度で一定温度のプランク分布となっている．これは逆に，これらの輻射が熱平衡にある物質から放出されたものであること，いい換えれば宇宙の物質が初期に高温の熱平衡状態にあったことを示す非常に確固とした証拠である．

ただし，厳密には宇宙の晴れ上がりと元素の中性化の時期は完全には一致しない．これを見るために，現在から過去に向かって見た輻射の光学的厚み τ を計算してみよう．n_e が上で求めた電離平衡値で与えられるとすると，σ_T をトムソン散乱断面積として，$X_e \ll 1$ の時期での τ は，

$$\tau = \int_0^l \sigma_\mathrm{T} n_\mathrm{e}\,\mathrm{d}l = \int_t^{t_0} \sigma_\mathrm{T} n_\mathrm{e} c\,\mathrm{d}t$$

$$\simeq 8\times 10^{12}\sqrt{\frac{\Omega_{\mathrm{b}0}}{\Omega_0}}\int_x^\infty \mathrm{d}x\ x^{-7/4}e^{-x/2} \tag{2.106}$$

と表される.ここで,$x = Q_\mathrm{H}/T$ である.これより,τ は $x \simeq 45.5$ で1となる.この値は,実際には n_e が低温で電離平衡値からずれることを考慮すると53程度に増加する.したがって,輻射と物質の相互作用が切れるのは,中性化の少し後,宇宙の温度が $T_\mathrm{dec} \simeq 3\,000\,\mathrm{K}$ になった頃であることがわかる.

2.2.3 原子核の形成

宇宙の温度は時間をさかのぼるにつれどんどん大きくなる.この温度が原子核の結合エネルギーを越えると,原子が電離するのと同様に,原子核もより基本的な構成要素である陽子と中性子に分解することが予想される.熱化学平衡を仮定すると,このような分解が予想通り起ることが確かめられる.原子番号 Z,質量数 A の原子核 $\mathrm{X}(Z,A)$ は Z 個の陽子と $N = A-Z$ 個の中性子からできているので,分解反応は,

$$Z\mathrm{p} + N\mathrm{n} \rightleftharpoons \mathrm{X}(Z,A) + Q_\mathrm{X} \tag{2.107}$$

となる.この反応に関して化学平衡が成り立っているとすると,式 (2.85) を導いたのと同様の方法により $X_\mathrm{X} := n_\mathrm{X}/n_\mathrm{b}$,$X_\mathrm{p} := n_\mathrm{p}/n_\mathrm{b}$,$X_\mathrm{n} := n_\mathrm{n}/n_\mathrm{b}$ の間の関係式,

$$X_\mathrm{X} = \frac{g_\mathrm{X}}{2^A} A^{3/2} X_\mathrm{p}{}^Z X_\mathrm{n}{}^N \left\{ n_\mathrm{b}\left(\frac{2\pi\hbar^2}{m_\mathrm{p}T}\right)^{3/2} e^{(1/T)[Q_\mathrm{X}/(A-1)]} \right\}^{A-1} \tag{2.108}$$

が得られる.この式の { } の中の指数関数の前の係数は,

$$n_\mathrm{b}\left(\frac{2\pi\hbar^2}{m_\mathrm{p}T}\right)^{3/2} \simeq 3.74\times 10^{-12} h^2 \Omega_{\mathrm{b}0} \left(\frac{T}{1\,\mathrm{MeV}}\right)^{3/2} \tag{2.109}$$

と非常に小さいために,$T \gtrsim Q_\mathrm{X}/(A-1)$ ($\simeq 1\sim 20\,\mathrm{MeV}$) となると,たしかに原子核の比率は急速に小さくなり,原子核は核子に分解することがわかる.熱化学平衡の条件のもとで,分解の起る温度は正確には,

$$T_{\mathrm{X}} \simeq \frac{1}{30} \frac{Q_{\mathrm{X}}}{A-1} \tag{2.110}$$

となる.例えば,重水素 D に対しては $Q_{\mathrm{D}} = 2.22\,\mathrm{MeV}$ より,

$$T_{\mathrm{D}} \simeq 74\,\mathrm{keV} \simeq 8.6 \times 10^{8}\,\mathrm{K} \tag{2.111}$$

ヘリウム $^{4}\mathrm{He}$ に対しては,$Q_{^{4}\mathrm{He}} = 27.25\,\mathrm{MeV}$ より $T_{^{4}\mathrm{He}} \simeq 300\,\mathrm{keV}$ となる.

このように高温で原子核が核子に分解されるということは,現在観測される原子核は宇宙の誕生時から存在したものではなく,宇宙の進化の過程で合成されたものであることを意味する.ただし,以上の化学平衡の仮定のもとでは,核子あたりの結合エネルギーが大きいものすなわち鉄族の原子核に近いものほど安定で,それらがまず作られることになる.しかし,質量数の大きな原子核同士の反応率は大きな電荷による反発力のせいで小さいため,実際には最も軽い重水素から生成され,それに陽子や中性子が一つずつ付加することにより重い原子核が作られる.このため,宇宙初期の元素合成は $T \simeq T_{\mathrm{D}}$ の頃から始まる.この合成過程の詳細など宇宙初期の元素合成の問題は,現代の宇宙論の最も重要な側面であるので次節で詳しく説明することにする.

2.2.4 粒子反粒子の対生成と対消滅

すべての素粒子に対して,電荷などの内部量子数の符号が異なる点を除くと質量など他の力学的性質がまったく等しい反粒子が存在する.もちろん光子や中性の π 中間子などのように自分自身が反粒子の場合もあるが,少なくとも電荷をもつものは粒子と反粒子が異なっている.これらの粒子反粒子は接近すると対消滅し,2個の光子へと変る.このため,低エネルギーの世界では,非常に希薄な領域を別にして粒子と反粒子が共存することは難しい.実際,現在の宇宙では,人工的に作られたものを別にすれば,比較的軽い陽電子でも星の中心部や,白色わい星,中性子星,ブラックホールの周辺の活動的な領域など限ら

れた領域のみに存在する.もちろん,宇宙線として宇宙空間に広がった成分も存在するが,量としては非常に少ない.

ある素粒子の反応が起る場合,必ずその逆の反応も起る.したがって,対消滅が起るということは逆に2個の光子が衝突して粒子反粒子対が生成される反応も許されることを意味する.ただし,エネルギー保存則より光子が粒子の静止質量のエネルギーより大きなエネルギーをもっていない限り,実際にはこの反応は起らない.現在の宇宙で反粒子が非常に活動的な領域にのみ存在するのはこのためである.

これに対して,宇宙初期では状況が異なる.時間をさかのぼっていくと,宇宙の温度は上がり,粒子の平均エネルギーもそれにつれてどんどん大きくなっていく.このため過去にさかのぼるほどより大きな質量の粒子と反粒子が次々と大量に対生成されるようになる.このようすを具体的にみるために,電荷をもつ粒子の中で最も軽い電子について詳しく調べてみよう.

まず簡単のために,電子と陽電子が対生成・対消滅反応,

$$e^+ + e^- \rightleftarrows 2\gamma \tag{2.112}$$

に関して化学平衡にあるとしよう.すでに述べたように,このとき電子,陽電子,光子の化学ポテンシャル $\mu_{e^+}, \mu_{e^-}, \mu_\gamma$ の間には,

$$\mu_{e^+} + \mu_{e^-} = 2\mu_\gamma \tag{2.113}$$

の関係が成り立つ.ところが,十分高温の媒質中では媒質との相互作用により光子の数は変化する.

$$\gamma + (物質) \rightleftarrows 2\gamma + (物質) \tag{2.114}$$

これは $\mu_\gamma = 2\mu_\gamma$,したがって,

$$\mu_\gamma = 0 \tag{2.115}$$

を意味する.このため,結局,電子と陽電子は絶対値が同じで符号のみ異なった化学ポテンシャルをもつことになる.

$$\mu_{e^-} = -\mu_{e^+} = \mu_e \tag{2.116}$$

したがって,電子と陽電子の数密度は,

$$n_{e^\pm} = 2\int \frac{\mathrm{d}^3 p}{(2\pi\hbar)^3} \frac{1}{e^{(\varepsilon\pm\mu_e)/T}+1} \tag{2.117}$$

$$n_{e^-} - n_{e^+} = n_p \tag{2.118}$$

の解として与えられる.ここで,n_p は陽子の数密度である.

この式の解は,$T \ll m_e$ では,

$$n_{e^-} \simeq n_p, \qquad n_{e^+} \simeq e^{-2m_e/T} n_p \tag{2.119}$$

で,$T \gg m_e$ では,

$$n_{e^-} \simeq n_{e^+} \simeq \frac{3\zeta(3)}{2\pi^2}\frac{T^3}{\hbar^3 c^3} = \frac{3}{4}n_\gamma \tag{2.120}$$

で与えられる.すなわち,電子の質量に相当する温度 $T_e = m_e c^2 \simeq 0.511\,\mathrm{MeV} \simeq 5.9\times 10^9\,\mathrm{K}$ より十分低い温度では非常にわずかの陽電子しか存在しないのに対して,$T > T_e$ となると陽電子は電子とほぼ同数存在するようになる.しかもその数はかなり膨大で,n_{e^+}/n_p は光子数-バリオン数比,$n_\gamma/n_p > 10^8$ と同程度となる.n_{e^-},n_{e^+} の詳しい時間変化のようすは図 2.7 のようになる.

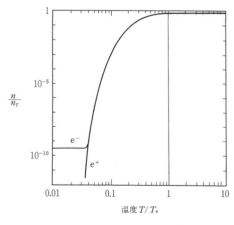

図 2.7 $T = T_e$ の近傍での電子と陽電子の数の時間変化

以上は対生成,対消滅反応が熱平衡にあるとした場合の結果であるが,この仮定は電磁相互作用が比較的強い相互作用であるためにかなり低温までよい近似となる.しかし,宇宙の密度

がある程度以上低くなると，反応率は宇宙膨張より遅くなり，すでに述べた粒子数の凍結という現象が起る．低エネルギーでの電子と陽電子の対消滅反応の断面積はトムソン断面積 σ_{T} 程度であるので，水素の再結合以前の時期での陽電子の対消滅率 Γ は電子の熱運動の速度を v として，

$$\Gamma \sim n_{\mathrm{e}}\sigma_{\mathrm{T}}v \simeq n_{\mathrm{p}}\sigma_{\mathrm{T}}c\sqrt{\frac{3T}{m_{\mathrm{e}}c^2}} \tag{2.121}$$

で与えられる．これより反応率と宇宙膨張率の比は，

$$\frac{\Gamma}{H} \sim \frac{n_{\mathrm{p}}}{s_{\gamma}}\sigma_{\mathrm{T}}\frac{m_{\mathrm{e}}c^2}{\hbar c}\frac{M_{\mathrm{pl}}c^2}{\hbar c}\left(\frac{T}{T_{\mathrm{e}}}\right)^{3/2} \quad \left(M_{\mathrm{pl}} = \left(\frac{\hbar c}{G}\right)^{1/2}\right)$$
$$\simeq 8\times 10^{10}\Omega_{\mathrm{b}0}h^2(T/T_{\mathrm{e}})^{3/2} \tag{2.122}$$

となる．したがって，対消滅反応は水素の再結合の頃まで続き，以後陽電子の数は変化しなくなる．しかし，残される陽電子の量は $n_{\mathrm{e}^+}/n_{\mathrm{e}^-} \sim 10^{-106}$ とまったく無視できる量である．

2.2.5 ニュートリノ反応

(1) ニュートリノ数の凍結

電子は電磁相互作用とともに弱い相互作用を起す．このため，電子と陽電子は対消滅によりある確率でニュートリノと反ニュートリノの対へ変化する．ただし，低エネルギーでは，弱い相互作用は電磁相互作用と比べて非常に弱い相互作用であるため重要とならない．しかし，この反応の断面積は，

$$\sigma \sim G_{\mathrm{F}}^2 E^2 \sim \alpha^2 \frac{E^2}{M_{\mathrm{W}}^4} \tag{2.123}$$

と重心系でのエネルギー E の2乗に比例して増大するために，高エネルギーでは重要となってくる．ここで，$\alpha \simeq 1/137$ は微細構造定数，$M_{\mathrm{W}} \simeq 81\,\mathrm{GeV}$ はWボゾンの質量である．実際，電子陽電子対がニュートリノ反ニュートリノ対に変る反応率 $\Gamma \simeq \sigma(T/\hbar c)^3 c$ と宇宙膨張率の比は，

$$\frac{\Gamma}{H} \simeq \alpha^2 \frac{M_{\mathrm{pl}}T^3}{M_{\mathrm{W}}^4} \simeq \left(\frac{T}{3\,\mathrm{MeV}}\right)^3 \tag{2.124}$$

で与えられるので，$T \gtrsim T_{\nu} \simeq 3\,\mathrm{MeV}$ では反応，

$$e^+ + e^- \rightleftarrows \nu + \bar{\nu} \tag{2.125}$$

は化学平衡になり,大量のニュートリノ反ニュートリノが存在することになる.これらのニュートリノは $T \simeq T_\nu$ で粒子数が凍結され,現在まで残ることになる.2.1.1項で述べたように,詳しく見るとニュートリノには電子型 ν_e,ミューオン型 ν_μ,タウレプトン型 ν_τ の3種類のものが存在する.以上の議論ではこのニュートリノの種類を無視したが,正確には種類により微妙な違いが存在する.一つは,相互作用の違いである.現在の標準モデルでは,弱い相互作用は中性のZボゾンと電荷をもったWボゾンの2種類の粒子により媒介されると考える.図2.8に示したように,これらのうち,前者は粒子反粒子対とのみ相互作用するのに対して,4.1節で説明するように後者はSU(2)2重項を形成する粒子対とのみ相互作用する.このため,e^-e^+ から $\nu_e \bar{\nu}_e$ が生成される反応ではWが媒介するプロセスとZが媒介するプロセスの両者が関与するのに対して,$\nu_\mu \bar{\nu}_\mu$ や $\nu_\tau \bar{\nu}_\tau$ が生成される場合にはZしか関与しない.この結果,$\nu_e \bar{\nu}_e$ が生成される反応の反応率は他の反応率より約6.3倍大きくなり[1],ν_e の粒子数が凍結される時刻は他のニュートリノより少し遅くなる.

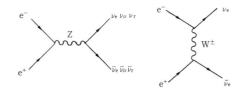

図2.8 Z粒子とW粒子の媒介する弱い相互作用

もう一つは質量の問題である.標準モデルではニュートリノは質量ゼロの粒子として扱われるが,実験的には次のような上限が得られているのみである[22].

$$m_{\nu_e} \lesssim 9\,\mathrm{eV} \tag{2.126}$$

$$m_{\nu_\mu} \lesssim 250\,\mathrm{keV} \tag{2.127}$$

$$m_{\nu_\tau} \lesssim 35\,\mathrm{MeV} \tag{2.128}$$

したがって，ν_τ に関しては粒子数の凍結が起る時点で非相対論的となっている可能性もある．この場合には，現在残る ν_τ の量は他のニュートリノに比べて非常に少なくなる．ただし，理論的にはニュートリノ間の質量比はそれぞれに付随する荷電レプトンの質量比程度と考えることが自然なので，実際には ν_τ の質量はたかだか 10 keV 程度である可能性が高い．さらに，次の項で見るように，現在の宇宙での存在量を考えると，m_{ν_e}，m_{ν_μ}，m_{ν_τ} はすべて 100 eV 以下となる可能性が高い．

(2) 残留ニュートリノの存在量

ニュートリノの質量が T_ν より十分小さいとすると，現在の宇宙に存在するニュートリノおよび反ニュートリノの量は次のようになる．まず，$T \simeq T_\nu$ の時点では $\mu_{e^-} + \mu_{e^+} = 0$ なので，ニュートリノと反ニュートリノの化学ポテンシャルの間にも $\mu_\nu = -\mu_{\bar\nu}$ の関係が成り立つ．ただし，電子の場合と違い，ニュートリノは電気的に中性であるので，全電荷ゼロという条件から化学ポテンシャルを決めることはできない．この問題には後ほどもう一度もどることにして，ここではしばらく $\mu_\nu = 0$ として議論を進める．この仮定のもとでは，ニュートリノと反ニュートリノの数は等しく，その密度は，

$$n_\nu = n_{\bar\nu} = (3/8) n_\gamma \tag{2.129}$$

となる．密度が電子の半分となるのは，ニュートリノが左巻成分しかもたず統計的重みが $g=1$ となるためである．粒子数が凍結した後は，n_ν は単に $1/a^3$ に比例して減少する．

もし，光子数が保存されるとすると，$n_\nu/n_\gamma = \text{const.}$ となり，現在の 2.7 K 輻射の光子数からただちにニュートリノの数密度が得られることになる．しかし，実際には光子数は保存されない．その理由は，$T \sim T_e$ で電子陽電子対が対消滅により光子に変る際に，それまで電子，陽電子のもっていたエントロピーが光子の側に流れ込むためである．ただし，この過程は準可逆的に進行するので，光子のエントロピーと電子，陽電子のエントロピーの総和は保存される．

$$a^3(s_\gamma + s_{e+\bar{e}}) = s_{\gamma 0} \tag{2.130}$$

一方,ニュートリノのエントロピーは粒子数が凍結した後は保存される($a^3 s_\nu = s_{\nu 0}$).これより,

$$\left(\frac{s_{\nu+\bar{\nu}}}{s_\gamma}\right)_0 = \left(\frac{s_{\nu+\bar{\nu}}}{s_\gamma + s_{e+\bar{e}}}\right)_{T_\nu} \tag{2.131}$$

という関係を得る.2.2.1項で与えた公式より,温度Tの時点での相対論的粒子のエントロピー密度は一般に,

$$s = N\frac{2\pi^3}{45}\frac{T^3}{\hbar^3 c^3} = \frac{N}{2}s_\gamma \tag{2.132}$$

と表される.光子,電子+陽電子,ニュートリノ+反ニュートリノに対するNの値は,順に2, 7/2, 7/4となり,$T \sim T_\nu$ ではこれらはすべて同じ温度をもつので,結局,

$$s_{\nu_i + \bar{\nu}_i, 0} = (7/22)s_{\gamma 0} \quad (i = e, \mu, \tau) \tag{2.133}$$

を得る.この式と式 (2.71) を用いると,現在のニュートリノ温度は,

$$T_{\nu 0} = \left(\frac{4}{11}\right)^{1/3} T_{\gamma 0} = 1.9\left(\frac{T_{\gamma 0}}{2.7\,\mathrm{K}}\right)\mathrm{K} \tag{2.134}$$

となり,宇宙マイクロ波背景輻射よりわずかに低くなる.

現在の宇宙におけるこれらのニュートリノのエネルギー密度への寄与は,ニュートリノが相対論的か否かで大きく異なる.まず,相対論的なニュートリノに対しては,N_νを相対論的なニュートリノの種類の数とすると,宇宙マイクロ波背景輻射との温度の違いを考慮して,

$$\rho_{\nu+\bar{\nu},0} = N_\nu\left(\frac{4}{11}\right)^{1/3}\frac{7}{22}\rho_{\gamma 0} = 0.227 N_\nu \rho_{\gamma 0} \quad (相対論的成分) \tag{2.135}$$

を得る.これに対して,ニュートリノの数密度は,

$$n_{\nu_i + \bar{\nu}_i, 0} = \frac{3}{11}n_{\gamma 0} \simeq 109\left(\frac{T_{\gamma 0}}{2.7\,\mathrm{K}}\right)^3 \mathrm{cm}^{-3} \quad (i = e, \mu, \tau) \tag{2.136}$$

と表されるので(この表式は,ニュートリノが質量をもち現在非相対論的になっている場合にも正しい),非相対論的なニュートリノの質量密度は,

$$\rho_{\nu+\bar{\nu},0} = \sum_i m_{\nu_i} c^2 n_{\nu_i+\bar{\nu}_i,0} \simeq 109 \sum_i m_{\nu_i} c^2 \left(\frac{T_{\gamma 0}}{2.7\,\text{K}}\right)^3 \text{cm}^{-3} \quad (2.137)$$

あるいは，密度パラメーターに直すと，

$$h^2 \Omega_{\nu 0} = \frac{\sum_i m_{\nu_i}}{96.7\,\text{eV}} \quad (2.138)$$

で与えられる．

式 (2.135) の示すように，すべてのニュートリノの質量が実質的にゼロの場合には，現在の宇宙において重要な効果はもたない．また，すでに述べたようにその相互作用は低エネルギーとなるほど弱くなるので，現在の技術ではその存在を直接確かめることも不可能である．これに対してニュートリノの質量がeV のオーダーである場合にはまったく状況が異なる．上式より，この場合には明らかにニュートリノはダークマターの有力な候補となる．このことは逆に現在残っているニュートリノは100 eV を越える質量をもつことが許されないことを意味する．このため，もし ν_μ や ν_τ の質量がこの上限を越えていることが明らかになった場合には，それらは不安定で宇宙年齢より十分短い時間の間に軽いニュートリノ（または別の粒子）に崩壊しなければならないことになる．

(3) p/n 比への影響

β 崩壊，

$$\text{n} \longrightarrow \text{p} + \text{e} + \bar{\nu}_e \quad (2.139)$$

の存在から予想されるように，陽子 p や中性子 n もニュートリノと相互作用をする．宇宙の温度が陽子と中性子の静止質量エネルギーの差，

$$Q_n := (m_n - m_p)c^2 = 1.29\,\text{MeV} \quad (2.140)$$

程度以上となると，この反応と並んで，その逆反応や，

$$\text{p} + \text{e} \rightleftarrows \text{n} + \nu_e \quad (2.141)$$

$$\text{p} + \bar{\nu}_e \rightleftarrows \text{n} + \text{e}^+ \quad (2.142)$$

などの陽子と中性子が互いに移り変る反応が頻繁に起るようになる．

2.2.1項の公式より,化学ポテンシャル $\mu_e - \mu_{\nu_e}$ がゼロとすると(次頁参照),もしこれらの反応が十分速く,化学平衡が実現されている場合には,陽子と中性子の数密度は,

$$n_n/n_p = e^{-Q_n/T} \tag{2.143}$$

に従って変化する.したがって,$T \gg Q_n$ の時期には中性子と陽子はほぼ等量存在するのに対して,$T \lesssim Q_n$ となると中性子の量は温度とともに急速に減少してしまう.しかし,実際には後ほど2.3節で詳しく議論するように,$T \simeq T_n \simeq Q_n/1.75 \simeq 0.74$ MeV の頃に,これらの反応が宇宙膨張より遅くなるために化学平衡は破れ,中性子の量は実質的に凍結され,β 崩壊によってゆるやかに減少するのみとなる.したがって,$T \lesssim T_n$ での中性子の割合は,

$$X_n := \frac{n_n}{n_b} \simeq \frac{e^{-(t-t_n)/\tau_n}}{1+e^{Q_n/T_n}} \tag{2.144}$$

で与えられる.ここで,τ_n は中性子の崩壊寿命 ($1/e$ 時間) で約15分程度である.

すでに述べたように,宇宙初期における原子核の形成はまず重水素 D の形成から始まる.このとき作られる重水素の数はそれが作られる $T \simeq T_D$ の時点での中性子の数の半分となる.2.3節で詳しく述べるように,形成された重水素は最終的に大部分 ^{4}He になってしまうので,結局,宇宙初期に作られるヘリウム量は $T \simeq T_D$ の時点での p/n 比により決ってしまうことになる.例えば,$T_D = 74$ keV, $T_n = 0.74$ MeV, $\tau_n = 890$ s, $N_\nu = 3$ (N_ν は元素合成の時点で相対論的なニュートリノの種類の数) として式 (2.144) を単純に評価すると,最終的に作られるヘリウムの全バリオンに対する重量比率 Y は,

$$Y \simeq \left.\frac{2n_n}{n_p+n_n}\right|_{T_D} \simeq 0.23 \tag{2.145}$$

となり,現在の観測と同程度の値を与える.

2.2.6 レプトン数の保存と素粒子の存在量

すでに述べたように,時間をさかのぼり宇宙の温度が上がるにつれ,次々と重い粒子の粒子反粒子対が現れるようになる.もしこれらの粒子の化学ポテンシャルが電子と同じくゼロの場合には,その量は単純に温度だけで決ることになる.しかし,一般的には化学ポテンシャルはゼロとは限らず,2.2.1項で述べたように反応で保存される量を通してその値が決定される.

まず,前項(3)で議論した陽子と中性子の化学平衡の問題を今度はニュートリノの化学ポテンシャルに特別な制限をつけずに考えてみよう.まず,化学ポテンシャルの間に,

$$\mu_w := \mu_e - \mu_{\nu_e} = \mu_n - \mu_p \tag{2.146}$$

の関係が成り立つ.さらにこの反応では,

$$L_e := n_{e^-} - n_{e^+} + n_{\nu_e} - n_{\bar{\nu}_e} \tag{2.147}$$

が保存している(もちろん,時間変化を考えるときには $a^3 L_e$ が保存する.以下でも保存量はこの意味で用いる).この量は電子レプトン数とよばれ,この反応のみならず,これまでに行われたすべての実験で保存することが確かめられている.このレプトン数と並んで,

$$n_b := n_p + n_n \tag{2.148}$$

も保存する.これはさらに一般的なバリオン数保存則の特別の場合である.最後に,電気的中性条件,

$$n_{e^-} = n_{e^+} + n_p \tag{2.149}$$

が成立する.これら以外に一般的に成立する関係式は存在しない.したがって,4個の未知量に対して4個の条件が存在するので,n_e, n_ν, n_p, n_n は2個の保存量 L_e と n_b (および温度)で完全に表されることになる.これらのうち,バリオン数は2.1.3項(3)で述べたように現在の宇宙の観測からだいたいの大きさが決っている.

これに対して,レプトン数に関してはニュートリノの観測が困難であるために直接的な制限はない.しかし,間接的な制限は存在する.それを見るために,すべての化学ポテンシャルの

絶対値が温度に比べて小さいという近似のもとで，上記の方程式系の解を求めてみよう．粒子 X と反粒子 $\overline{\mathrm{X}}$ が光子と対平衡にあるとする．粒子の化学ポテンシャルを μ_X とすると，反粒子は化学ポテンシャル $-\mu_\mathrm{X}$ をもつので，一般式 (2.56) より，$|\mu_\mathrm{X}| \ll T$ のとき，粒子数と反粒子数の差は，

$$n_\mathrm{X} - n_{\overline{\mathrm{X}}} = \frac{T^2}{3\hbar^3 c^3} \mu_\mathrm{X} \tag{2.150}$$

と表される．これを式 (2.147) に適用し，式 (2.146) およびバリオン数の保存則を用いると，

$$\mu_\mathrm{e} = \frac{1}{2}\mu_\mathrm{w} + \frac{3\hbar^3 c^3}{2T^2} L_\mathrm{e} \tag{2.151}$$

$$\mu_{\nu_\mathrm{e}} = -\frac{1}{2}\mu_\mathrm{w} + \frac{3\hbar^3 c^3}{2T^2} L_\mathrm{e} \tag{2.152}$$

$$n_\mathrm{p} = \frac{n_\mathrm{b}}{1 + e^{(\mu_\mathrm{w} - Q_\mathrm{n})/T}} \tag{2.153}$$

を得る．さらに，電気的中性条件より，

$$\frac{\mu_\mathrm{e}}{T} = \frac{3\hbar^3 c^3}{T^3} n_\mathrm{p} \sim \frac{n_\mathrm{b}}{s_\gamma} \tag{2.154}$$

が成り立つ．したがって，n_b/s_γ は非常に小さいので無視すると，

$$-\frac{\mu_\mathrm{w}}{T} \simeq \frac{\mu_{\nu_\mathrm{e}}}{T} \simeq \frac{3\hbar^3 c^3}{T^3} L_\mathrm{e} \sim \frac{L_\mathrm{e}}{s} \tag{2.155}$$

となる．これより，レプトン数/エントロピー比が1に比べて十分小さければ粒子数に対する化学ポテンシャルの影響は無視できることがわかる．

これに対して，レプトン数がゼロから大きくずれているとすると，p/n 比等を通して宇宙初期における原子核の合成に影響を及ぼす．このため，そのずれは温度に比べて小さいことが要求される．さらに4章で触れるように，レプトン数やバリオン数の起源を説明する理論はすべて両者が同程度の大きさであることを予言する．これらのことから，一般には $|L_\mathrm{e}|/s$，したがって，$|\mu_\mathrm{w}|/T$ は1に比べて十分小さいと考えられるので，通常 $L_\mathrm{e} = 0$ とすることが多い．

以上は $T \sim T_\nu$ の時期に関する議論であるが，さらに温度が

高い時期でも状況はほぼ同じである．電子の次に重い素粒子は $m_\mu = 106$ MeV のミュー粒子である．$T \gtrsim T_\mu$ ではミュー粒子は光子と対平衡になるとともに，W ボゾンを媒介とする弱い相互作用によって引き起される反応,

$$e + \bar{\nu}_e \rightleftarrows \mu + \bar{\nu}_\mu, \quad e + \nu_\mu \rightleftarrows \mu + \nu_e \quad (2.156)$$
$$e^+ + \nu_e \rightleftarrows \mu^+ + \nu_\mu, \quad e^+ + \bar{\nu}_\mu \rightleftarrows \mu^+ + \bar{\nu}_e \quad (2.157)$$

により電子との間に化学平衡が成立するようになる．このとき，化学ポテンシャルの間に，

$$\mu_\mu - \mu_{\nu_\mu} = \mu_e - \mu_{\nu_e} = \mu_w \quad (2.158)$$

の関係が成立するが，これだけでは μ_μ と μ_{ν_μ} を個別に決定することはできない．幸い，上記のすべての反応において，電子レプトン数と同様に μ レプトン数，

$$L_\mu := n_{\mu^-} - n_{\mu^+} + n_{\nu_\mu} - n_{\bar{\nu}_\mu} \quad (2.159)$$

が保存される．この保存則を考慮すると，化学ポテンシャルは，

$$\mu_\mu = \frac{1}{2}\mu_w + \frac{3\hbar^3}{2T^2}L_\mu \quad (2.160)$$

$$\mu_{\nu_\mu} = -\frac{1}{2}\mu_w + \frac{3\hbar^3}{2T^2}L_\mu \quad (2.161)$$

と L_μ と μ_w を用いて表される．これらのうち μ_w は荷電中性条件より，

$$\frac{\mu_w}{T} \simeq -\frac{3\hbar^3}{2T^3}(L_e + L_\mu) \quad (2.162)$$

と決るので，結局，$T \sim T_\mu$ の時期での粒子数は n_b, L_e, L_μ で完全に決定される．

さらに温度が高くなり，$T \gtrsim T_\pi \simeq m_{\pi^0} = 135$ MeV となると，パイ中間子 $\pi^0, \pi^\pm$ が現れる．これらの粒子は，

$$\pi^0 \rightleftarrows 2\gamma, \quad \pi^+ + \pi^- \rightleftarrows 2\gamma \quad (2.163)$$

の反応により光子と化学平衡になるので，

$$\mu_{\pi^0} = 0, \quad \mu_{\pi^-} = -\mu_{\pi^+} := \mu_\pi \quad (2.164)$$

となる．さらに，荷電 π 中間子は，

$$\pi^- \rightleftarrows \mu^- + \bar{\nu}_\mu, \quad \pi^+ \rightleftarrows \mu^+ + \nu_\mu \quad (2.165)$$

などの反応により μ 粒子と化学平衡になるので μ_π は,

$$\mu_\pi = \mu_\mu - \mu_{\nu_\mu} = \mu_{\mathrm{w}} \tag{2.166}$$

と μ_{w} で表される. μ_{w} は再び荷電中性条件より,

$$\frac{\mu_{\mathrm{w}}}{T} \simeq -\frac{3\hbar^3}{4T^3}(L_{\mathrm{e}} + L_\mu) \tag{2.167}$$

と決り,すべての化学ポテンシャルが決ることになる.

以上の状況はさらに高エネルギーになってあらたな粒子が登場しても同じである. したがって,標準モデルの範囲内では,熱化学平衡が成り立つ限り,すべての粒子の存在量は温度 T と時間によらない定数であるバリオン数/エントロピー比 n_{b}/s, レプトン数/エントロピー比 L_{e}/s, L_μ/s, L_τ/s のみで表される (ここで L_τ は n_τ と n_{ν_τ} から L_{e} などと同様の式で定義される τ レプトン数である).

2.2.7 クォークハドロン転移

宇宙進化に伴う物質の状態の変化は,これまで見てきたような単なる粒子組成の変化や,複合粒子の形成のみではない. 物質の熱力学的状態の変化に伴って基本法則の性格が定性的に変化することによって,これらとはまったく異なった相転移とよばれる現象が起ることがある.

2.1.1 項で述べたように,陽子,中性子や中間子などの強い相互作用をするハドロンは,クォークとよばれる分数電荷をもつ素粒子からなる複合粒子である. したがって,ハドロンは,原子や原子核と同様に,宇宙の温度が十分高い時期にはクォークに分解することが期待される.

クォークは素粒子の中では特異なもので,すでに述べたように,単独では存在できない. これは,例えば陽子を仮想的にどんどん膨らませて,それを構成するクォークの平均間隔を大きくしていくとそのエネルギーが限りなく増大することを意味している. この性質を現象論的に表現するモデルとしてバッグモデルがある. このモデルでは,クォークを中に含んだ球形の袋

2.2 物質進化のシナリオ

として核子をとらえ,この袋のエネルギーは,

$$E = BV + \sum_j E_{q_j} \tag{2.168}$$

と,通常のクォークの運動エネルギーE_qと体積Vに比例したエネルギーの和で表されるとする.比例係数Bはバッグ定数とよばれる.基底状態ではクォークは縮退しているので,簡単のためにクォークの質量を無視して,運動エネルギーがフェルミ運動量p_Fで$\sum_j E_{q_j} \sim cp_F$と表されるとすると,フェルミ運動量と体積は不確定性関係より$p_F V^{1/3} \simeq \hbar$の関係にあるので,エネルギーは,

$$E = BV + C\frac{\hbar c}{V^{1/3}} \tag{2.169}$$

となる.したがって,エネルギーは$V = (C\hbar c/3B)^{3/4}$で最小となり,核子が安定に有限な広がりをもつことが説明できる.また,体積を大きくするとエネルギーは限りなく大きくなるので,クォークを自由にすることができないことも表現している.バッグモデルは,クォークの存在する領域で真空の構造がSU(3)ゲージ場とクォークの相互作用のために外側と異なることを単純にモデル化したものであるが,さまざまな問題に適用され,有用であることが示されている.

バッグモデルに基づくと,バッグ定数が一定である限り,単に温度を上げただけでは,核子の大きさが大きくなるだけで,クォークに分解することはない.しかし,実際には強い相互作用の性格が温度により変化するために,バッグ定数は高温では減少し,さらにバッグ定数から決るある温度以上ではクォークはバッグの外に飛び出すことが可能となる.このため,十分高温ではハドロンガスはクォークガスに変化することになる.

この状態の変化は,熱力学的には次のように記述される.まず,ハドロンガスの状態でのエネルギー密度ρ_Hは,簡単のためにすべての粒子の化学ポテンシャルをゼロとし,π中間子,光子,レプトンのみを考慮すると,

$$\rho_{\mathrm{H}} = \frac{\pi^2}{30} N_{\mathrm{H}} \frac{T^4}{\hbar^3 c^3}, \qquad N_{\mathrm{H}} = 17\frac{1}{4} \tag{2.170}$$

で与えられる．一方，クォークガスのエネルギー密度は，バッグ定数で表される真空のエネルギーと π 中間子の代りに相対論的な u, d クォークおよびグルオンを加えて，

$$\rho_{\mathrm{Q}} = B + \frac{\pi^2}{30} N_{\mathrm{Q}} \frac{T^4}{\hbar^3 c^3}, \qquad N_{\mathrm{Q}} = 61\frac{3}{4} \tag{2.171}$$

となる．化学ポテンシャルゼロの相対論的な粒子に対しては，自由エネルギー密度 $f := \rho - sT$ と圧力 P は単に $f = -P$ の関係にあるので，バッグ定数がエントロピーに寄与しないことを考慮すると，各状態のガスの自由エネルギーは式 (2.71) より，

$$P_i = -f_i = \frac{\pi^2}{90} N_i \frac{T^4}{\hbar^3 c^3} - B_{\mathrm{Q}} \qquad (i = \mathrm{Q, H}) \tag{2.172}$$

($B_{\mathrm{Q}} = B, B_{\mathrm{H}} = 0$) と表される．図 2.9 に示したように，

$$T_{\mathrm{QH,bag}} = \left(\frac{90}{\pi^2} \frac{\hbar^3 c^3 B}{N_{\mathrm{Q}} - N_{\mathrm{H}}} \right)^{1/4} \tag{2.173}$$

とおくと，$T > T_{\mathrm{QH,bag}}$ では $P_{\mathrm{Q}} > P_{\mathrm{H}}$，$T < T_{\mathrm{QH,bag}}$ では $P_{\mathrm{Q}} < P_{\mathrm{H}}$ となる．熱力学的には常に自由エネルギーの小さい状態，したがっていまの場合圧力の大きい状態が実現されるので，これは，$T > T_{\mathrm{QH,bag}}$ ではクォークガスの状態，$T < T_{\mathrm{QH,bag}}$ ではハドロンガスの状態が実現されることを示している．

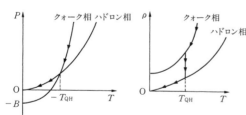

図 2.9　クォークガスとハドロンガスの熱力学状態量のふるまい

以上のバッグモデルに基づく議論では $T = T_{\mathrm{QH,bag}}$ で起る状態の変化は，単なる統計的な重みの連続的な変化ではなく不連続性を伴った変化となっている．実際，エントロピー密度 $s =$

$\partial f/\partial T$ および ρ（図2.9）は $T = T_{\text{QH,bag}}$ で不連続になっている．このようにエントロピーの不連続な変化を伴う状態変化は，1次相転移とよばれている．ただし，実際にどのような変化が起るかを知るにはゲージ相互作用を正確に考慮した計算を行わなければならない．これはかなり困難な問題で，現在のところ最終的な解答は得られていないが，大型計算機を駆使したモンテカルロ計算によると，現実的なモデルでも実際に，

$$T_{\text{QH}} \simeq 150 \text{ MeV} \tag{2.174}$$

程度の温度でクォークガスからハドロンガスへの変化は起るものの，その変化は不連続な相転移ではなく滑らかなものである可能性が高いという結果が得られている．

クォークハドロン転移は，ゲージ理論の立場から見ると，強い相互作用を記述する色ゲージ場の相互作用の性格が $E \simeq T_{\text{QH}}$ 程度のエネルギーで大きく変化することと関連している．このように，相互作用の性質が温度やエネルギーにより変化し，それに伴って物質の状態が大きく変化することは，4章で詳しくみるようにゲージ理論に共通の特徴である．例えば，現在まったく異なったふるまいをする電磁相互作用と弱い相互作用は，宇宙の温度がウィークボゾンの質量より大きくなると（$T > T_{\text{ws}} \sim 200$ GeV），より高い対称性をもつゲージ場によって記述される相互作用へと統一される．特に，これに伴って $T > T_{\text{ws}}$ では，ヒッグス粒子を除く標準モデルに現れるすべての粒子の質量がゼロとなる．この変化は相転移を伴い，ワインバーグ-サラム相転移とよばれる．この相転移，およびさらに高温の時期に起ることが予想される大統一理論の引き起す相転移については，4章で詳しく議論する．

2.2.8 ま と め

これまで，宇宙の温度が100 GeV頃までに起る特徴的な現象を，時間をさかのぼる形で項目ごとに説明した．これらの現象をつなぎ合せ，宇宙の時間発展の順に並べ直すと次のようにな

まず，$T \gg 200\,\text{GeV}$ の時期では標準モデルに登場するすべての素粒子が熱化学平衡にあり，その存在量は保存量である n_b/s, L_e/s, L_μ/s, L_τ/s により決定される．これらの量はほぼ同程度で 10^{-8} 以下の微小量である可能性が高いので，以下では n_b/s を除いてゼロと仮定して話を進める．

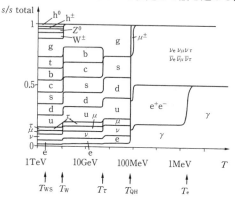

図2.10 宇宙の物質構成の時間変化

宇宙の温度が $T \simeq T_{\text{ws}} \sim 200\,\text{GeV}$ まで下がるとワインバーグ-サラム相転移が起り，ウィークボゾンが質量を獲得して電磁相互作用と弱い相互作用が分離するとともに，クォークやレプトンなどのフェルミ粒子が質量をもつようになる．これらのうち，ウィークボゾンは $T \leq T_W \simeq 100\,\text{GeV}$ となると，レプトン対やクォーク対に崩壊して消え去る．さらに温度が下がるとtクォーク，bクォーク，cクォーク，τ レプトンが主に対消滅で順次消滅する．さらに，温度が $T_{\text{QH}} \simeq 150\,\text{MeV}$ まで下がると，クォークハドロン転移が起り，それまで自由に運動していたクォークとグルオンは核子やメソンなどのハドロンの中に閉じ込められてしまい，宇宙の物質は電子，陽電子，μ 粒子とその反粒子，3種類のニュートリノとその反粒子，光子およびわずかの陽子，中性子のみからなる単純なプラズマへと変る．ただし，μ 粒子はクォークハドロン転移と同じ頃に対消滅してしまう可能性が高

い.

　図2.10は各時刻で宇宙のエントロピーがそれぞれの素粒子にどのような割合で分配されているかを示したものである.これを見ると,クォークハドロン転移の前後で宇宙の物質構成が大きく変化するようすがよくわかる.特に,転移以前ではクォークとグルオンがエントロピーの主要部を占め,光子の担う部分はほんのわずかであることを注意しておく.

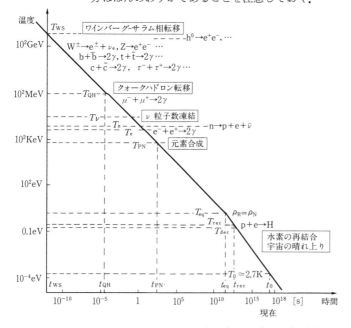

図2.11 宇宙の物質進化のまとめ

　さらに,温度が下がり $T \simeq T_\nu = 1 \sim 3$ MeV 程度となると,ニュートリノは粒子数が凍結し,ほぼ同じ頃,陽子と中性子の間の相互転化がゆるやかな β 崩壊を除いて起らなくなる.さらに $T \simeq T_e \simeq 0.5$ MeV 程度になると電子と陽電子が対消滅して光子へと変ってしまう.この際,光子の担うエントロピーが増大

する結果,ニュートリノと光子の温度に違いが生じる.さらに温度が $T_\mathrm{D} \simeq 8\times 10^8$ K 程度まで下がると,残っている中性子は同数の陽子と結合し,重水素を経由して ^{4}He を生成する.最後に,温度が $T_\mathrm{rec} \simeq 4\,000$ K まで下がるとそれまで完全電離のプラズマ状態にあった陽子と電子は結合して水素原子となる(ヘリウムは少し前に中性化する).この中性化の結果,$T \simeq T_\mathrm{dec} \simeq 2\,700$ K 以降では電磁輻射と物質の相互作用は切れ,電磁輻射は次第に赤方偏移して現在約 2.7 K のマイクロ波背景輻射として観測されるものになる.

図 2.11 に以上の物質進化のシナリオと温度,時間の対応関係をまとめてある.ただし,この図は模式的なもので,温度と時間ないしスケール因子の間の関係を正確に求めるにはかなり詳しい計算が必要となるが,物質組成が一定の時期ではおおまかに次のようにしてこの関係を求めることができる.まず,電磁輻射の温度とスケール因子の関係はエントロピー保存則(2.80)により決定される.ただし,$T < T_\nu$ ではニュートリノ温度が電磁輻射の温度より低くなることを統計的重み N_eff に含めなければならない.さらに,温度と時間の関係は,空間の曲率および宇宙項が無視できる時期($a \lesssim 0.01$)では,アインシュタイン方程式,

$$H^2 := \left(\frac{\dot{a}}{a}\right)^2 = \frac{4\pi^3 G}{45(c\hbar)^3} N_\mathrm{eff}(T) T^4 + \frac{\Omega_0 H_0^2}{a^3} \qquad (2.175)$$

により決定される.ここで,第 1 項は相対論的成分のエネルギー密度,第 2 項は非相対論的成分(バリオン+ダークマター)である.この両者が等しくなる温度,

$$T_\mathrm{eq} = 6.72 \times 10^4 \frac{\Omega_0 h^2}{1 + 0.135(N_\nu - 3)} \left(\frac{T_0}{2.7\,\mathrm{K}}\right)^{-3} \mathrm{K} \qquad (2.176)$$

以前の輻射優勢の時期では第 2 項は無視できるので,$a \propto t^{1/2}$ より時間 t と温度の関係は,

$$t = \begin{cases} 0.738\left(\dfrac{N}{43/4}\right)^{-1/2}\left(\dfrac{T}{1\,\mathrm{MeV}}\right)^{-2}\mathrm{s} & (T \gtrsim T_\mathrm{e}) \\ 1.320\left(\dfrac{N}{3.362}\right)^{-1/2}\left(\dfrac{T}{1\,\mathrm{MeV}}\right)^{-2}\mathrm{s} & (T \lesssim T_\mathrm{e}) \end{cases} \quad (2.177)$$

と表される．これに対して $T < T_\mathrm{eq}$ の物質優勢の時期では，

$$t = 8.23\times 10^4 (\Omega_0 h^2)^{-1/2}\left(\dfrac{T_0}{2.7\,\mathrm{K}}\right)^{3/2}\left(\dfrac{T}{4\,000\,\mathrm{K}}\right)^{-3/2}\mathrm{yr} \quad (2.178)$$

で与えられる．

2.3 宇宙初期における元素合成

前節で述べたように，現在の宇宙に存在するヘリウムの起源は宇宙初期における核融合反応により説明される．この宇宙論的元素合成の議論は，現代宇宙論において最も精密な研究がなされている問題であり，単に元素の起源を説明するのみでなく，間接的に宇宙進化について多くの信頼できる情報をもたらしてくれる．そこで，一節を割いて，この宇宙初期における元素合成のメカニズム，生成される元素の量，および観測との対比より得られる情報についてさらに詳しく見ておこう．

2.3.1 合成反応

2.2節で述べたように，宇宙の温度が $T \simeq T_\mathrm{D} \sim 8\times 10^8\,\mathrm{K}$ 程度まで下がると，それまで独立に運動していた陽子と中性子が重水素を形成し，それを契機としてさらに重い原子核の合成が起る．ただし，この宇宙初期における元素合成反応には通常の星の中心部で起る核融合反応と大きく異なった点がある．通常の星の内部の温度は，重い星の進化の最終段階を除くと，1千万度から1億度程度と，T_D に比べて低い．ところが，数密度は 10^{26} cm^{-3} 以上と，$T = T_\mathrm{D}$ の頃のバリオン数密度 $\sim 10^{18}$ cm^{-3} と比べ比較にならないほど大きい．このため，星の内部で起る $3\,{}^4\mathrm{He} \to {}^{12}\mathrm{C}$ などの3体反応は宇宙初期の元素合成では起らず，もっぱら2体反応のみが起る．また，2体反応に限っても，反

応率は粒子数密度に比例するために，大きなクーロンバリアのせいで反応断面積の非常に小さい重い原子核同士の反応はほとんど起らない．

以上のことより，宇宙初期の元素合成では陽子，中性子を1個ずつ付加する反応と比較的大量に生成される重水素どうしの反応が中心的な反応となる．また，これに加えて質量数が5および8の安定な原子核が存在しないために，質量数が5以上の原子核は，わずかに作られる ^{7}Li と ^{7}Be を除いてほとんど生成されない．以上より，主な反応と生成物は図2.12のようになる[23, 24]．

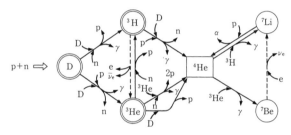

図2.12 宇宙初期における中心的な合成反応

すでに2.2節で触れたように，鉄族の元素より軽い原子核は質量数の大きなものほど安定で，化学平衡から予想される形成温度は高くなる．それにもかかわらず，T_D まで形成が起らないのは，上に述べたように2体反応しか起らないためである．このため，いったん重水素が形成されてしまうと，それからの重い原子核の形成はほぼ瞬時に起り，重水素はただちに消費され，最終的に ^{4}He になってしまう．ただし，重水素および中間生成物の ^{3}H や ^{3}He もわずかに残される．

2.3.2 p/n 比

前項の議論より明らかなように，宇宙初期の元素合成の主生成物は ^{4}He であるが，その生成量は最初に作られる重水素の量，

したがって $T \simeq T_D$ 時点での p/n 比で決ってしまう.

p/n 比が決定されるメカニズムの概要はすでに，2.2 節で述べたが，ここではこの問題をもう少し詳しく見てみよう．陽子数および中性子数と全バリオン数の比，$X_p, X_n (X_p + X_n = 1)$ の時間変化は，p→n および n→p の反応率を Γ_p, Γ_n とおくとき，一般に，

$$\frac{d}{dt}X_n = \Gamma_p X_p - \Gamma_n X_n = \Gamma_p - (\Gamma_p + \Gamma_n)X_n \tag{2.179}$$

で与えられる．中性子と陽子が入れ替る反応は，

$$\begin{array}{rcl}
p \rightleftarrows n: & p + e \rightleftarrows n + \nu_e \\
& p + \bar{\nu}_e \rightleftarrows n + e^+ \\
& p + e + \bar{\nu}_e \rightleftarrows n
\end{array} \tag{2.180}$$

となるので，Γ_p と Γ_n は，

$$\Gamma_p = \Gamma(p + e \to n + \nu_e) + \Gamma(p + \bar{\nu}_e \to n + e^+) \\
+ \Gamma(p + e + \bar{\nu}_e \to n) \tag{2.181}$$

$$\Gamma_n = \Gamma(n + e^+ \to p + \bar{\nu}_e) + \Gamma(n + \nu_e \to p + e) \\
+ \Gamma(n \to p + e + \bar{\nu}_e) \tag{2.182}$$

と表される.

これらのうち，Γ_n を構成する反応率は具体的には，

$$\Gamma(n + e^+ \to p + \bar{\nu}_e) = A \int_0^\infty dp_e \, p_e^2 p_\nu E_\nu (1 - F_\nu) F_e \tag{2.183}$$

$$(E_\nu = E_e + Q_n)$$

$$\Gamma(n + \nu_e \to p + e) = A \int_{p_0}^\infty dp_e \, p_e^2 p_\nu E_\nu (1 - F_e) F_\nu \tag{2.184}$$

$$(E_e = E_\nu + Q_n)$$

$$\Gamma(n \to p + e + \bar{\nu}_e) = A \int_0^{p_0} dp_e \, p_e^2 p_\nu E_\nu (1 - F_\nu)(1 - F_e) \tag{2.185}$$

$$(E_\nu + E_e = Q_n)$$

で与えられる ($P_0^2 C^2 + m_e^2 C^4 = Q_n^2$). ここで，$F_e$ と F_ν は電子とニュートリノの分布関数である．また，A は相互作用の強さを表す定数であるが，現時点ではその計算に扱いの困難な強い相互作用が関与するために，理論的に計算することはできていない．しかし，

中性子の β 崩壊の反応率 (2.185) は,$F_\nu = F_e = 0$ のとき中性子の寿命 τ_n ($1/e$ 時間) の逆数に等しいことに着目すると,τ_n が,

$$\frac{1}{\tau_n} \simeq 0.0157 A Q_n^5 \tag{2.186}$$

と A で表されることになるので,τ_n の実験値を用いて A を決定することができる[25]. 現在,τ_n の値は,

$$\tau_n = 888.6 \pm 3.5 \text{ s} \tag{2.187}$$

と比較的よい精度で決っている[26].

一方,統計物理学の詳細つりあいの原理より上記三つのすべてのプロセスに対して $\Gamma(\text{p} \to \text{n}) = e^{-Q_n/T} \Gamma(\text{n} \to \text{p})$ が成立するので,Γ_p は Γ_n を用いて簡単に,

$$\Gamma_p = e^{-Q_n/T} \Gamma_n \tag{2.188}$$

と表される.

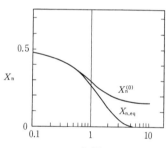

図 2.13 β 崩壊を無視した場合の X_n の時間変化

以上より,X_n の時間発展の方程式は,$x := Q_n/T$ として,

$$\frac{dX_n}{dx} = R_n[e^{-x} - (1+e^{-x})X_n] \tag{2.189}$$

と表される.ここで R_n は,全統計的重み N および τ_n, Q_n を用いて,

$$R_n \simeq \left(\frac{2.97}{x^4} + \frac{1.44}{x^3} + \frac{0.299}{x^2} + 0.01\right)\left(\frac{10.75}{N}\right)^{1/2}\left(\frac{888 \text{ s}}{\tau_n}\right)\left(\frac{1.29 \text{ MeV}}{Q_n}\right)^2 \tag{2.190}$$

で与えられる.この式の最初のかっこの中の最後の項は中性子の β 崩壊に対応する.この項を無視した場合の X_n の値 $X_n^{(0)}$

および単純に熱化学平衡が成立するとして得られる値 $X_{n,eq}$ のふるまいを図 2.13 に示す．2.2.3 項の一般論から期待されるように，$X_n^{(0)}$ は $T \ll T_n \sim Q_n$ では一定となっている．T_n は $\tau_n \simeq 889\,\text{s}$, $N_\nu = 3$ のとき，

$$T_n \simeq \frac{Q_n}{1.75} \simeq 0.74\,\text{MeV} \simeq 8.6 \times 10^9\,\text{K} \tag{2.191}$$

で与えられる．ただし，この値は τ_n や N_ν が変ると変化し，式 (2.190) より，一般に τ_n や N_ν が増加すると増加する．

もちろん，実際には $T < T_n$ でも β 崩壊により中性子は減少する．ただし，T_n 時点での宇宙時間 $t_n \sim 1\,\text{s}$ と比べて τ_n はずっと長いために，T_n の決定には影響を与えない．したがって，t_n が重水素の形成時刻 $t_b \sim 280\,\text{s}$ と比べて十分小さいことを考慮すると，β 崩壊を無視して得られる X_n の $t \to \infty$ での極限値 $X_n^{(0)}(\infty)$ を用いて，元素合成が始まる前での X_n は，

$$X_n(t) \simeq e^{-t/\tau_n} X_n^{(0)}(\infty) \tag{2.192}$$

と表される．

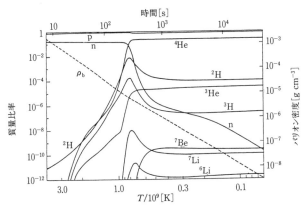

図 2.14 各原子核の生成量の時間変化

2.3.3 生成物の残存量

実際の元素合成の計算はかなり複雑で，現在では計算機による数値計算によって行われる．各原子核の量の時間変化および最

終的な生成量の例を図 2.14 および図 2.15 に示す[27]. 定量的な値を正確に求めるためには, このような数値計算に頼らざるをえないが, その結果の定性的な特徴は次のように比較的簡単に理解できる.

これまでの議論より, 元素合成が始まる時点での p/n 比, したがって生成される ^{4}He の量は主に, 中性子の寿命 τ_n, その時点での温度より小さな質量をもつニュートリノの種類の数 N_ν, および T_D を左右するバリオン数/光子数比 $\eta := n_b/n_\gamma$ によって決定されることがわかる. これらのうち, τ_n および N_ν への依存性は単純で, 前項の議論から容易にわかるように, それらが増加すると最初に作られる重水素, したがって ^{4}He の量は単調に増加する. これに対してエントロピーへの依存性は少し複雑である. まず, 2.2 節の熱化学平衡の議論より, T_D は η が増加すると対数的にゆるやかに増加する. これは D と ^{4}He の量を増加させる. ところが, η の増加は t_D 時点でのバリオン密度の増加を意味するので, D+D → ^{3}H, ^{3}He の反応率も同時に増加させる. この結果, 生成された D の消費が速くなり, p+n → D の

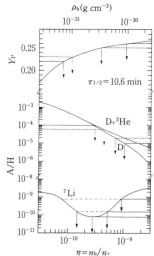

図 2.15 最終的な生成量

反応は化学平衡が成り立つ場合より速く進行するため，中性子が実際に重水素に取り込まれる時間 t_{PN} が t_n より短くなる．これは，^{4}He を増加させる．一方，核反応率の増加は中間生成物の消費を促進するので，D, ^{3}H, ^{3}He を減少させる．同様に，^{7}Li は η が増加すると，大きな反応率をもつ崩壊反応 ^{7}Li+p $\to 2\,^4$He の反応率が増加するために，生成量は減少する．一方，^{7}Be は非常に反応率の小さい電子捕獲により ^{7}Li を経由してのみ崩壊するので，η とともに生成量は増加する．

ここで注意すべき点が一つある．それは，^{3}H および ^{7}Be がそれぞれ β 崩壊，電子捕獲反応に対して不安定で，それぞれ 53.3 day, 12.33 yr の寿命で ^{3}He, ^{7}Li に崩壊することである．したがって，現在の宇宙では ^{3}H および ^{7}Be はすべて ^{3}He, ^{7}Li に変化していることになる．図 2.15 にはこの現在の量が記されている．特に，^{7}Li の残存量が η の大きい側で増加しているのは，^{7}Be の寄与による．

2.3.4 観測との対比

前項で見たように，宇宙初期の元素合成で生成される元素の量は，一般に，中性子の寿命，軽いニュートリノの種類の数および宇宙のエントロピーに依存する．ただし，主生成物である ^{4}He の量のこれらのパラメーターへの依存性はゆるやかで，すでに 2.2.3 項で触れたように，現在の観測と符合する $Y\sim 0.24$ 程度の値を与える．このように，現在のヘリウムの起源と存在量を定量的に説明できたことは，現代の熱い膨張宇宙モデルの最大の成果であるが，微量軽元素の量に着目することによりさらに興味深い結果が得られる．その理由は，それらの量が，特に η の変化に対して非常に敏感なことである．このため，現在の宇宙におけるこれら軽元素の存在量の観測から，逆に η に対する強い制限を得ることができる．

もっとも，^{4}He を含めて，軽元素の存在量を観測から決定することはかなり困難な作業である．その主な原因は，^{4}He 以外の軽

元素の存在量は微量であるために，比較的近傍の星間ガス雲ないし星しか利用できずサンプル数が少ないこと，もう一つは，星の内部での核反応や宇宙線その他の影響で，現在の量が宇宙初期と異なっていることである．このため，観測結果にはかなり幅がある[24, 28]．

$$^4\text{He} \quad : Y_p = 0.239 \pm 0.015 \tag{2.193}$$

$$\text{D} \quad : 1.6 \times 10^{-5} < (\text{D/H})_p \tag{2.194}$$

$$\text{D}+{}^3\text{He} : [(\text{D}+{}^3\text{He})/\text{H}]_p < (6\sim10) \times 10^{-5} \tag{2.195}$$

$$^7\text{Li} \quad : 1.1 \times 10^{-10} < ({}^7\text{Li/H})_p < 2.29 \times 10^{-10} \tag{2.196}$$

これらの観測を理論計算で得られた生成量と比較することにより，$\eta_{10} := 10^{10}\eta$ に対して，

$$3\sim4 \leq \eta_{10} \leq 5.5 \tag{2.197}$$

という制限が得られる[29]．ここで，左辺は$(\text{D}+{}^3\text{He})$からの制限，右辺は^7Liからの制限である．ηとバリオンの密度パラメーターの間には，

$$h^2 \Omega_{b0} = 3.57 \times 10^{-3} \eta_{10} (T_0/2.7\,\text{K})^3 \tag{2.198}$$

の関係があるので，これより現在の宇宙のバリオン密度に対して，

$$0.01 \lesssim h^2 \Omega_{b0} \lesssim 0.02 \tag{2.199}$$

という制限が得られる．この結果は，少なくとも標準的な宇宙モデルではバリオンがダークマターとなる可能性はかなり低いことを意味している．

参 考 文 献

[1] Halzen, F. and Martin, A. D.: *Quarks and Leptons* (John Wiley & Sons, 1984).

[2] Shapiro, M. M., editor: *Composition and Origin of Cosmic Rays* (Reidel, Dordrecht, 1983).

[3] Trimble, V.: Rev. Mod. Phys., **47**, 877 (1975).

[4] Mihalas, D. and Binney, J.: *Galactic Astronomy* (W. H. Freeman and Com-

pany, 1981).

[5] Trimble, V.: Rev. Mod. Phys., **54**, 1183 (1982).
[6] Wilson, J. R.: *Numerical Astrophysics* (Jones and Bartlett, Boston, 1985).
[7] Baron, E. et al.: Phys. Rev. Lett., **59**, 736 (1987).
[8] Faber, S. M. and Gallagher, J. S.: Ann. Rev. Astron. Astrophys., **17**, 135 (1979).
[9] Trimble, V.: Ann. Rev. Astron. Astrophys., **25**, 425 (1987).
[10] 小玉英雄：宇宙のダークマター (サイエンス社, 1992).
[11] Sargent, W. L. W.: in *IAU Symposium* No. 124 (Reidel, Dordrecht, 1987) p. 777.
[12] Boldt, H. R.: in *IAU Symposium* No. 117 (Reidel, Dordrecht, 1987) p. 611.
[13] Mather, J. C, et al: Astrophys. J., **354**, L 37 (1990).
[14] Rood, H. J.: Rep. Prog. Phys. **44**, 1077 (1981).
[15] Kormendy, J. and Knapp. O. R., editors: IAU Symp. 117 (Reidel, 1987).
[16] Bahcall, J., Piran, T. and Weinberg, S., editors: Proc. Jeruralem Winter School for Theor. Phys. (World Scientific, 1987).
[17] Sato, H. and Kodama, H.: Dark Matter in the Universe (Springer, 1990).
[18] Gunn, J. E., Knapp, G. R. and Tremaine, S. D.: Astrophys. J., **84**, 1181 (1979).
[19] Sancisi, R and van Albada, T. S.: in *IAU Symposium* No. 117 (Reidel, Dordrecht, 1987) p. 69.
[20] Peebles, P. J. E.: Nature, **371**, 27 (1986).
[21] Landau, L. D. and Lifshits, E. M.: 統計物理学 (岩波書店, 1972).
[22] Particle Data Group: Phys. Lett, **B 204**, 1 (1988).
[23] Schramm, D. N. and Wagoner, R. V.: Ann. Rev. Nucl. Part. Sci., **27**, 37 (1977).
[24] Boesgaard, A. M. and Steigman, G.: Ann. Rev. Astron. Astrophys., **23**, 319 (1985).
[25] Bernstein, J., Brown, S. L. and Feinberg, G.: Rev. Mod. Phys., **61**, 25 (1988).
[26] Particle Data Group: Phys. Lett., **B 239**, 1 (1990).
[27] Yang, J. et al.: Astrophys. J., **281**, 493 (1984).
[28] Deliyannis, C. P. et al.: Phys. Rev. Lett., **62**, 1583 (1989).
[29] Krauss, L. M. and Romanelli, P.: Astrophys. J., **358**, 47 (1990).

3 構造の進化

現在の宇宙はホライズンスケールで見ると一様等方であるが,局所的には決して均一ではなく,物質は複雑で豊かな階層構造を作って分布している.この階層構造の形成過程を明らかにすることは,物質の進化の問題と並んで宇宙論の基本問題の一つである.本章では,特に詳しい研究のなされている大きなスケールでの物質分布に焦点をあてて,膨張宇宙における宇宙の構造進化の研究の現状を,重力不安定理論を中心として紹介する.

3.1 現在の宇宙の構造

3.1.1 宇宙の階層構造

宇宙における天体というと,われわれになじみの深いのは星や惑星であるが,宇宙全体のスケールで見たとき,基本となる天体は銀河である.銀河にはおおまかに分けてだ円銀河,渦巻銀河,不規則銀河があるが,これらはかなり性質の異なったものである[1].まず,だ円銀河は,比較的大きな年齢をもち重元素(炭素より重い元素)が少ない星からなるだ円体状の集団で,星間ガスをあまり含んでいない.これに対して,渦巻銀河は重元素の量の多い若い星と大量の星間ガスからなる円盤状の集団である.すでにダークマターのところで触れたように,この円盤は

微分回転をしており,星やガスの密度の高い部分は回転する渦巻状のパターンを描いている.ただし,多くの渦巻銀河はこの円盤成分以外に,球対称に分布した古い星からなるもう一つの成分(ハロー成分)をもつことが多い.この球状成分に属する大部分の星は,連続的に分布しているのではなく,50 pc 程度の半径の領域に数万個から 100 万個ほどの星が球対称に密集したいくつかの球状星団に局在している.この球状成分はだ円銀河と同様にほとんど回転していない.われわれの銀河系はこの渦巻銀河の一つである.最後に,不規則銀河は渦巻銀河と同様に若い星の集団であるが,さらにガスが多く,渦巻銀河やだ円銀河のように規則的な形態をとっていないものである.

表 3.1 階層構造と特徴的なスケール

	明るさ	質量	広がり	平均間隔	$\rho/\bar{\rho}$
銀河	$10^{10}L_\odot$	$10^{12}M_\odot$	$10h^{-1}$ kpc	$3h^{-1}$ Mpc	$\sim 10^5$
銀河団	$10^{12}L_\odot$	$10^{14}M_\odot$	$2h^{-1}$ Mpc	$45h^{-1}$ Mpc	$2\sim 100$
大構造 { 超銀河団 / ボイド	$10^{13}L_\odot$	$10^{15}M_\odot$	$50h^{-1}$ Mpc / $25h^{-1}$ Mpc	$50h^{-1}$ Mpc	~ 2
超大構造?		$10^{16}M_\odot$	$50h^{-1}$ Mpc	$100h^{-1}$ Mpc	

われわれの銀河系は,渦巻銀河の中では典型的なもので,その光度は $L=1.4\times 10^{10}L_\odot$,質量は $M=(3\sim 10)\times 10^{11}M_\odot$,輝く円盤の半径は約 15 kpc,ハローの広がりは約 100 kpc である.ただし,$10^{10}L_\odot$ という光度は比較的明るい部類に属し,一般の銀河の光度は $4\times 10^8L_\odot$ から $6\times 10^{10}L_\odot$ とかなり広い範囲に分布する.さらに最近の観測では,これらの標準的銀河以外に,わい銀河(dwarf galaxies)とよばれるひとまわり小さい銀河が大量に存在することが明らかになってきている.

これまでに詳しい観測のなされた領域における銀河の平均間隔は $3h^{-1}$ Mpc 程度である[2].これと,銀河の典型的なハローサイズ 50 kpc を比較すると,宇宙全体のスケールから見て銀河がかなりコンパクトで高密度の集団であることがわかる.実際,銀河内の平均密度は宇宙全体の平均密度の 10^5 以上になる.

これらの銀河は宇宙空間に一様に分布しているのではなく,

その多くは,互いの重力で引き合った大小の集団を形成している.これらの集団のうち最も小さい2ないし3個の銀河からなるものは連銀河,数個〜数十個からなる集団は銀河群,さらに大きく1000個程度までものは銀河団,さらに大きいものは超銀河団とよばれる.これらの集団はそれぞれが大きな別の集団の一部となっていることが多く,一種の階層構造をもっている.例えば,われわれの銀河系は,アンドロメダ銀河(M31)および他の20個程の小さい銀河とともに局所銀河群(Local Group)を形成している.この局所銀河群はさらに,おとめ座銀河団(Virgo cluster)を中心とした局所超銀河団(Local Supercluster)に属している.

ただし,これらの銀河集団は銀河自体に比べると,ずっと密度の低いゆるやかに結合した集団で,明確な天体というよりも,平均より特に銀河密度の高い部分と見る方が自然である.実際,アーベル(Abel)銀河団とよばれる密度の高い銀河団でも,中心から半径 $1.5h^{-1}$ Mpc 内に含まれる銀河は 100 個程度なので,宇宙の平均密度 $0.1\rho_{c0} \simeq 3\times 10^{10} h^2 M_\odot \mathrm{Mpc}^{-3}$ と比較して,密度のコントラストは 100 程度にしかならない[3].さらに,半径 R,全質量 M の球形の銀河集団のビリアル(virial)速度 v は,

$$v = \sqrt{\frac{GM}{r}} \simeq 200 \left(\frac{M}{10^{12} M_\odot}\right)^{1/2} \left(\frac{100 \text{ kpc}}{r}\right)^{1/2} \text{ km/s} \quad (3.1)$$

で与えられるので,銀河団の半径を 7 Mpc,銀河の数を 1000 個,銀河の平均質量を $10^{12} M_\odot$ として,銀河の平均速度は $v \simeq 760$ km/s となる.したがって,銀河が銀河団の半径を横切る時間(crossing time)は 90 億年以上となり,宇宙年齢と同程度の値を与える.これは,銀河団の形成に宇宙年齢程度の時間がかかることを意味している.さらに,密度の低い銀河団ではこの横断時間が宇宙年齢を優に越えるものも存在する.このような銀河団は,宇宙膨張からまだ完全に分離できていない,重力的に緩和していない集団で,明らかに宇宙初期の不均一さの情報をとどめているものである.

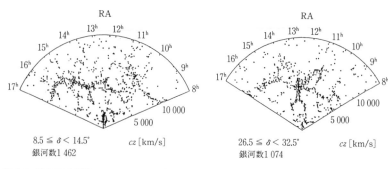

図 3.1 宇宙の大構造

　　　銀河団や超銀河団のスケールを越えた領域における銀河分布は長い間不明であったが，ハーバード-スミソニアン(Harvard-Smithsonian) 研究所の研究者によって最近数年間に行われた，われわれからの距離が $100h^{-1}$ Mpc 程度以内の銀河の赤方偏移の観測 (CfA survey) により，次第にそのようすがわかってきた．その結果は実に興味深いもので，図 3.1 に示したように，宇宙には銀河のほとんど存在しないボイド (void) とよばれる $30h^{-1}$ Mpc 前後の大きさの領域がたくさんあり，銀河は閉じた集団に局在しているのではなく，むしろ，このボイドとボイドの接する細いフィラメント状ないし薄い面状の狭い領域に分布し，全体としてはちの巣のようなパターンを描いて分布しているのである[4, 5]．この大きなスケールの銀河分布のパターンは宇宙の大構造とよばれている．この大構造の視点から見ると，大きな銀河団や超銀河団は単にフィラメントや面が交わった密度の高い部分に相当している．

　CfA サーベイではさらに，観測の限界に近い部分に観測領域を横断する $100h^{-1}$ Mpc を越えるサイズの巨大な面状の銀河集団が存在することが発見されている．この構造は宇宙の万里の長城 (Great Wall) とよばれ，$100h^{-1}$ Mpc を越えた領域にさらに大きなスケールの構造が存在することを示唆している．この点に関して，クー (Koo) らにより最近非常に興味深い観測結果

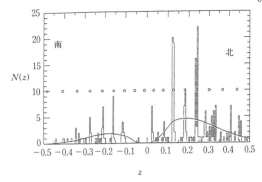

図3.2 ホライズンスケールでの銀河分布

が得られている[6]．彼らは，銀河の北極方向の非常に狭い領域に対して $z \simeq 0.5$ までの銀河の赤方偏移を観測し，それと銀河の南極方向の同様の観測を合せることにより，宇宙のホライズンサイズに相当する領域での銀河分布についての情報を得ようと試みた．その結果，図 3.2 に示したように，この狭い角度領域では，銀河が約 $128h^{-1}$ Mpc の周期で並んだスパイク状の狭い部分に局在していることが判明したのである．現在のところ，この結果の信頼性は明らかでないが，ずっと小さなスケールではあるが信頼性の高い CfA survey で見いだされた Great Wall とうまく対応している点は興味深い．いずれにしても，このような規則的な周期構造がホライズンスケールで存在しているとすると，驚異的なことである．

3.1.2 2体相関関数

銀河の大域的分布についての観測と理論を比較しようとする際に，観測結果をどのように定量的に表現するかが問題となる．最も単純な方法としては，構造を特徴づけるいくつかの典型的スケールを用いることが考えられるが，これは情報量が少ないうえに，例えば銀河団の大きさ一つをとってみても実際には大きな散らばりがあるので，典型的なスケールといってもかなりのあいまいさがある．これに対して，実際に観測された分布パターンそのものを用いれば最も精密なものとなるが，現実のパ

ターンには理論では予言できない偶然的な要素によって決る情報も多く含まれているためにそのままでは理論と比較できない．なんらかの方法でこれらの偶然的な情報を分離しなければならない．そこで考え出されたのが統計的記述法である[7]．

いま，宇宙空間から，ある十分大きい体積Vの領域をとり出し，その領域を体積$\Delta V_j (j=1,\cdots,J)$の十分小さな$J$個のセルに分割する．セル$\Delta V_j$に含まれる銀河の数を$\Delta N_j$とすると，$n_j := \Delta N_j / \Delta V_j$は領域$V$内の密度分布を表す情報となる．このようにして，宇宙空間からとり出した体積Vのサンプル領域ごとに密度分布が決るが，それらは当然サンプルごとに異なる．また，たとえ宇宙の初期条件が完全にわかっていたとしても，各サンプル領域の位置を絶対的に指定することができないので，各サンプル領域の密度分布そのものを理論から予言することは不可能である．しかし，十分たくさんのサンプル領域を重ねることによって得られる密度分布$\{n_j\}$のアンサンブルを考えると，このアンサンブル内では各セルの密度n_jはある一定の確率分布に従う確率変数としてふるまうことが期待される．このようにして得られる確率分布密度関数を$F(n_1, n_2, \cdots, n_J)$とする．すなわち，n_jがn_jと$n_j+\mathrm{d}n_j$の間にあるようなサンプル領域の割合が$F(n_1, \cdots, n_J)\mathrm{d}n_1\cdots\mathrm{d}n_J$で与えられるとする．この分布関数は，サンプル領域のとり方によらない情報となっているので，理論との比較がしやすいものとなる．

ただし，現実の観測では十分たくさんのサンプル領域の情報を得ることは困難であるので，分布関数そのものをよい精度で決定することはできない．そこで，分布関数自体ではなくその部分的情報を記述する量を用いることが多い．最も単純な情報は，各セルの密度の平均$\langle n_j \rangle$である．アンサンブルを作る際に，各サンプル領域から回転やセルサイズ程度の距離の平行移動により得られる領域をすべて含めておけば，$\langle n_j \rangle$はセルによらなくなり，いま対象となっている全領域での平均密度$\bar{n}$に相当する一定の値をとる（一様等方なアンサンブル）．

$$\langle n_j \rangle := \int dn_1 \cdots dn_J \, n_j F(n_1, \cdots, n_J) = \bar{n} \qquad (3.2)$$

次に単純な情報は二つのセルの密度の相関を表す量,

$$\xi_{jk} := \frac{1}{\bar{n}^2} \langle (n_j - \bar{n})(n_k - \bar{n}) \rangle$$

$$:= \frac{1}{\bar{n}^2} \int dn_1 \cdots dn_J \, (n_j - \bar{n})(n_k - \bar{n}) F(n_1, \cdots, n_J)$$

$$(3.3)$$

である. r_j を各セルの位置ベクトルとすると,一様等方なアンサンブルに対しては,この量は二つのセルの間の距離だけによることになる.

$$\xi_{jk} = \xi(|r_j - r_k|) \qquad (3.4)$$

$\xi(r)$ は2体相関関数とよばれる.

もし,各銀河の位置が互いに相関をもたず, $j \neq k$ に対して n_j と n_k が独立な確率変数ならば, $\xi(r) = 0$ となる.銀河をまったくランダムにばらまいてできるアンサンブル(ポアッソン分布)がその例である.これに対して,もし銀河がいくつかの集団に局在していて,各集団の広がりがすべて l 程度であるとすると, $r_{jk} := |r_j - r_k| < l$ となるセルの組に対しては, n_j, n_k はともに平均より大きいか,ともに平均より小さいかいずれかの場合が起る可能性が高い.したがって, $\xi(r_{jk})$ は正となることが期待される.一方, $r_{jk} > l$ の組に対しては $\xi(r_{jk})$ は負となる傾向にある.もちろん実際には,銀河集団のサイズは一定でないためにこれほど単純ではないが,そのような場合でも2体相関関数は銀河の集まり方についての情報を記述していると考えられる.

実際,あるセル j に銀河が存在するという条件のもとで別のセル k に銀河がある確率 $P(r_{jk}) \Delta V_k$ を F で表すと,

$$P(r_{jk}) \Delta V_k = \frac{\int_{n_j \Delta V_j \geq 1, \, n_k \Delta V_k \geq 1} dn_1 \cdots dn_J \, F(n_1, \cdots, n_J)}{\int_{n_j \Delta V_j \geq 1} dn_1 \cdots dn_J \, F(n_1, \cdots, n_J)}$$

$$(3.5)$$

となる.ところがセルの大きさを十分小さくとると ΔN_j は実際

上 0 か 1 しかとらないので, この式の右辺は,

$$P(r_{jk})\Delta V_k \simeq \frac{\int dn_1 \cdots dn_J\, n_j\Delta V_j\, n_k\Delta V_k\, F(n_1,\cdots,n_J)}{\int dn_1 \cdots dn_J\, n_j\Delta V_j\, F(n_1,\cdots,n_J)}$$

$$= \frac{1}{\bar{n}} \langle n(\boldsymbol{r}_j)n(\boldsymbol{r}_k)\rangle \Delta V_k \tag{3.6}$$

と表される. これより,

$$P(r) = \bar{n}[1+\xi(r)] \tag{3.7}$$

を得る. したがって, $\xi(r)$ は勝手な銀河を基準としてそれから r の距離にある領域に別の銀河が存在する確率が, 一様な場合と比べてどの程度ずれているかを表すことがわかる. 特に, $\xi=1$ となる距離 r は銀河集団の平均的な広がりを表すと考えられる.

さらに, 2 体相関関数は銀河分布の不均一さ(密度ゆらぎの大きさ)とも密接に結びついている. まず, $W(\boldsymbol{r})$ を規格化条件,

$$\int d\boldsymbol{r}\, W(\boldsymbol{r}) = 1 \tag{3.8}$$

を満たし, 原点を中心として半径が R 程度の領域でのみ大きな値をとる非負の関数とする. この関数をウインドー関数として, 半径 R の領域の平均密度 $n(R)$ を,

$$n(R) := \sum_j W(\boldsymbol{r}_j)n_j\Delta V_j \simeq \int d\boldsymbol{r}\, W(\boldsymbol{r})n(\boldsymbol{r}) \tag{3.9}$$

で定義する. $n(R)$ の統計的平均 $\langle n(R)\rangle$ は当然 $\bar{n}$ と一致する. これに対して, その分散は,

$$\langle [n(R)-\bar{n}]^2\rangle = \bar{n}^2\int d\boldsymbol{r}\, W_2(\boldsymbol{r})\xi(r) \tag{3.10}$$

$$W_2(\boldsymbol{r}) = \int d\boldsymbol{r}'\, W(\boldsymbol{r}')W(\boldsymbol{r}-\boldsymbol{r}') \tag{3.11}$$

と表される. この式は $\xi(r)$ が半径 r の領域の密度ゆらぎの振幅の 2 乗に対応していることを示している. 例えば, ガウス型のウインドー関数,

$$W(\boldsymbol{r}) = \frac{1}{(\pi R^2)^{3/2}}e^{-r^2/R^2} \tag{3.12}$$

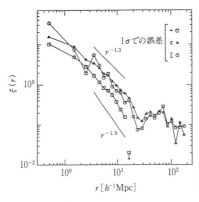

図 3.3 CfA サーベイにより得られた 2 体相関関数

に対しては,半径 R の領域の密度ゆらぎの振幅は,

$$\frac{1}{\bar{n}^2}\langle[n(R)-\bar{n}]^2\rangle = \frac{2}{\sqrt{2\pi}}\frac{1}{R^3}\int_0^\infty dr\, r^2 e^{-r^2/(2R^2)}\xi(r) \tag{3.13}$$

となる.

これまでに行われた 2 体相関関数の観測で最も広い領域をカバーし,かつ信頼性の高いものは CfA サーベイに基づくもので,図 3.3 に示したように,北天の RA (赤経) = 8h〜17h, δ (赤緯) = 26°.5〜38°.5,距離 $r \lesssim 150h^{-1}$ Mpc の領域内の 1 761 個の銀河の赤方偏移観測より,

$$\xi(r) \simeq (r/r_0)^{-\gamma} \quad (r = (3.5\text{〜}13.7)h^{-1}\text{Mpc}) \tag{3.14}$$
$$r_0 = (5\text{〜}12)h^{-1}\text{Mpc} \quad (最適値\ 7.5h^{-1}\text{Mpc}) \tag{3.15}$$
$$\gamma = 1.3\text{〜}1.9 \quad (最適値\ 1.6) \tag{3.16}$$

と,かなり広い範囲の r に対して 2 体相関関数が r のべき関数で近似されるという結果が得られている[2]. また,上で述べたように,2 体相関関数の体積積分は密度ゆらぎの振幅に関する情報を与えるが,これに関しては,

$$J_3(R) := \int_0^R \xi(r) r^2 dr \tag{3.17}$$

に対して,

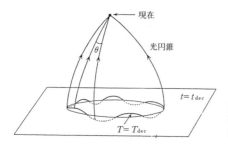

図 3.4　$T = T_{\mathrm{dec}}$ 面のゆらぎによる CMB の非等方性（文献[39]より引用）

$R(h^{-1}\,\mathrm{Mpc})$	5	7.5	10
$J_3(h^{-3}\,\mathrm{Mpc}^3)$	150	280	430

が得られている．ただし，前項で述べたように CfA サーベイは宇宙の大域的な構造の統計的な性質を十分とらえるには少し狭すぎる可能性があり，相関関数の有意性については注意を要する[5]．また，J_3 にはファクター 2 程度の不定性がある．

3.1.3　宇宙マイクロ波背景輻射の非等方性

2 章で触れたように，現在観測される宇宙マイクロ波背景輻射（以下 CMB とよぶ）は，宇宙の温度が $T_{\mathrm{dec}} \sim 2\,700\,\mathrm{K}$ の頃物質との相互作用が切れ，以後自由に宇宙空間を伝播する．したがって，CMB は t_{dec} の頃の宇宙の構造についての情報を直接もたらしてくれることが期待される．実際，図 3.4 に示したように，もし，t_{dec} の頃の宇宙の温度が空間的にゆらいでいると，現在われわれが観測する光子と物質の相互作用が切れる時刻は光子の方向により異なっていることになる．この時刻の違いは光子が現在までに受ける赤方偏移の違いを生み出すので，結局，CMB の温度が方向によって異なることになる．もちろん，光子は宇宙膨張以外に，重力場のゆらぎによっても赤方偏移を受けるので，現実にはもう少し複雑になる．この問題の理論的な取り扱いは 3.3.1 項で行うことにして，ここでは CMB の非等方性に関する観測結果を整理しておく．

(1) 天球上での温度パターン

30°程度の角度をなす一対のアンテナを東西方向に向け，その受ける CMB の強度の差が方向とともにどのように変化するかを観測すると，図 3.5 に示したように正弦曲線に沿って変化することがわかる[8]．このことから予想されるように，大きな角度スケールでの CMB の非等方性の主成分は双極型，

$$T(\mathbf{\Omega}) \simeq T_0 + \mathbf{T}_1 \cdot \mathbf{\Omega} \tag{3.18}$$

でよく近似される．ここで $\mathbf{\Omega}$ は観測する方向を表す単位ベクトルである．$\mathbf{T}_1$ は双極型非等方性の大きさと方向を表すベクトルで，宇宙背景輻射探査衛星 COBE の観測によりその大きさは，

$$|\mathbf{T}_1| = 3.36 \pm 0.1 \quad [\text{mk}] \tag{3.19}$$

方向は，

$$\mathbf{T}_1 : l = 264°.7 \pm 0.8, \quad b = 48°.2 \pm 0.5 \tag{3.20}$$

と非常によい精度で決定されている．

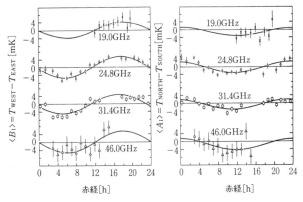

図 3.5 CMB の双極型非等方性

現在，この双極型非等方性は地球の CMB に対する運動によって生じるドップラー効果が原因と考えられている．ある慣性系で運動量 $\mathbf{p}_0$ をもつ光子は，この慣性系に対して速度 v で運動する観測者に対しては，

$$|\mathbf{p}_0| = \gamma(1 - \beta \cos\theta)|\mathbf{p}| \quad (\gamma = 1/\sqrt{1-\beta^2},\ \beta = v/c) \tag{3.21}$$

で与えられる運動量 $\boldsymbol{p}$ をもつ．ここで，θ は運動する観測者に対する光子のやってくる方向（v を基準として）である．いま，CMB がその静止系 S_{CMB} で分布関数，

$$F(|\boldsymbol{p}_0|) = \frac{1}{e^{|\boldsymbol{p}_0|/T_0}-1} \tag{3.22}$$

で記述される一様等方な温度 T_0 の熱平衡にあるとすると，運動する観測者に対する分布関数は，

$$F(\boldsymbol{p}) = \frac{1}{e^{|\boldsymbol{p}|/T(\theta)}-1} \tag{3.23}$$

$$T(\theta) = T_0/[\gamma(1-\boldsymbol{\beta}\cdot\boldsymbol{\Omega})] \tag{3.24}$$

となり，温度は異方性をもつ．これより，$|\boldsymbol{\beta}|\ll 1$ のとき，

$$\boldsymbol{T}_1 = T_0\boldsymbol{\beta} \tag{3.25}$$

を得る．したがって，上記の T_1 の観測値を用いると，

地球の CMB に対する速度： $v = 369\pm 19$ km/s (3.26)

となる．

素朴に考えると，地球の運動速度は宇宙論的に重要でないように思われるが，実はこれから興味深い結果が得られる．地球（正確には太陽系）は局所銀河群に対して銀経 $l = 105°\pm 5°$，銀緯 $b = -7°\pm 4°$ の方向に速度 308 ± 23 km/s で運動している．この速度ベクトルと上で求めた地球の CMB に対する速度ベクトルの差をとると，局所銀河群は CMB に対して，$l\simeq 276°$，$b\simeq 29°$ の方向に速度約 627 km/s で運動していることになる．これは，局所銀河群が何かさらに大きなスケールの質量により重力的に引かれて運動していることを示唆している．実際，デーヴィス（Davies）らの観測によると[10]，後退速度が 6 000 km/s 以下のだ円銀河全体の重心に対して局所銀河群は $l\simeq 193°$，$b\simeq 28°$ の方向に 480 km/s で運動している．ここで興味深いことは，この速度ベクトルと，局所銀河群の CBM に対する速度ベクトルが一致しないことである．このずれは，われわれからの距離が $60h^{-1}$ Mpc 以内のだ円銀河の系が CMB に対して約 650 km/s もの速度で運動していることを意味する．もし，これが重

力によるものとすると，超銀河団のスケールを越えるサイズの質量の塊（Great Attractor）が存在することになる[11, 12]。

最近，これらの解析から重力源が存在すると予想される領域にある銀河の速度分布について詳しい観測が行われ，われわれから約 $45h^{-1}$ Mpc の距離のケンタウルス座の方向に実際に巨大な重力源が存在する可能性が高いことが示されている[11~13]。観測された銀河の後退速度は $100h^{-1}$ Mpc 程度の領域にわたって 1 000 km/s 程度も一様膨張からずれており，これがもし重力によるものとすると $10^{16}M_\odot$ 以上の質量の塊が存在することになる．光学的な観測では対応する領域に大きな銀河団が存在しないことを考慮すると，この巨大な重力源の存在が確かになれば，ダークマターの実体や宇宙の構造形成の議論に重大な影響をもたらすことになる．

双極成分が地球の運動によるものであるとすると，CMB から宇宙初期の大きなスケールの構造に関する情報を得るには，さらに高次の非等方成分を観測しなければならない．最近この高次成分の精密な観測が COBE によりなされ，有意な非等方性が見いだされている．具体的には，天球上の CMB の温度分布を球面調和関数で，

$$T(\boldsymbol{\Omega}) = T_0 + \boldsymbol{T}_1 \cdot \boldsymbol{\Omega} + T_0 \sum_{l=2} \sum_{m=-l}^{l} a_{2m} Y_l^m(\boldsymbol{\Omega}) \tag{3.27}$$

と展開したとき，4 重極成分の大きさに対して，

$$a_2 := \sqrt{\sum_{m=-2}^{2} |a_{2m}|^2} = (4.8 \pm 1.5) \times 10^{-6} \tag{3.28}$$

という値が得られている[9, 14]。

(2) 非等方性に対する統計的情報

(1)で述べたような天球上の温度パターンを直接対象とするアプローチでは，高次の細かいパターンについての情報を観測から得ようとすると，要求される情報の精度や量がどんどん増大し，実際上実行不可能となる．また，3.1.2 項で述べたのと同じ理由で，理論と観測との対比という視点からは，このような全天に

比べて小さい領域での温度ゆらぎに関する完全な情報は役に立たない.そこで,90°より十分小さい角度スケールでのCMBの温度の非等方性に関しては,統計的な情報のみを問題とすることが多い.

例えば,角度スケール θ での温度の非等方性を表現するために,通常,2方向 Ω_1, Ω_2 の温度差の2乗を, $\Omega_1 \cdot \Omega_2 = \cos\theta$ という条件のもとですべての可能な Ω_1, Ω_2 について平均した量,

$$\left[\left(\frac{\delta T}{T}\right)_2(\theta)\right]^2 := \frac{1}{T_0^2}\langle |T(\Omega_1)-T(\Omega_2)|^2\rangle_{\Omega_1\cdot\Omega_2=\cos\theta} \quad (3.29)$$

を用いる.ここで,銀河分布の2体相関関数と同様に,

$$C(\theta) := \frac{1}{T_0^2}\langle T(\Omega_1)T(\Omega_2)\rangle_{\Omega_1\cdot\Omega_2=\cos\theta} \quad (3.30)$$

で定義される温度の角度相関関数 $C(\theta)$ を導入すると, $(\delta T/T)_2(\theta)$ は,

$$\left[\left(\frac{\delta T}{T}\right)_2(\theta)\right]^2 = 2[C(0)-C(\theta)] \quad (3.31)$$

と表される.ただし,現実の観測では電波望遠鏡が有限な方向解像度(ビーム幅 σ)をもつために, $T(\Omega)$ をこのビーム幅の広がりで平均した温度の非等方性が観測される.ビーム幅の効果は3.1.2項のウインドー関数と同じ役割を果し, $(\delta T/T)(\theta)$ を小さくする傾向に働く.ビーム幅を考慮した場合, $(\delta T/T)(\theta)$ と $C(\theta)$ の間の正確な関係はかなり複雑になる[15].

1°程度以上の中程度の角度スケールでは,つい最近まで,

$$(\delta T/T)_2 \leqq 3.7\times 10^{-5}: \quad \theta=8°, \quad \sigma=8° \quad (3.32)$$

(Davies et al., 1987)

という上限しか得られていなかったが,現在ではCOBEによる観測で10°スケールの単一ビームによる温度ゆらぎとして,

$$(\delta T/T) = (1.1\pm 0.18)\times 10^{-5}, \quad \sigma=10° \quad (3.33)$$

(Smoot et al., 1992)

という値が得られている[9,16,17].

これに対して1°より小さな角度スケールでは上限しか得られていない.このような小さな角度スケールでは大気のゆらぎ

3.1 現在の宇宙の構造

などノイズの影響が大きくなるので,それを除去するために角度 θ をなす二つの望遠鏡の一方を軸として $180°$ 回転し,回転前の温度差と回転後の温度差を観測することが多い.この観測方法は,上で述べた 2 ビーム法に対して,3 ビーム法とよばれる.3 ビーム法により観測される温度の非等方性は $C(\theta)$ を用いて,

$$\left[\left(\frac{\delta T}{T}\right)_3(\theta)\right]^2 := \frac{1}{4T_0^2} \langle [2T(\boldsymbol{\Omega}_2) - T(\boldsymbol{\Omega}_1) - T(\boldsymbol{\Omega}_3)]^2 \rangle$$
$$= 2[C(0) - C(\theta)] - \frac{1}{2}[C(0) - C(2\theta)] \quad (3.34)$$

と表されるので,2 ビーム法の結果より小さめの値を与える.これまでに観測により得られた,小さなスケールでの非等方性に対する最もきびしい上限は,次のように与えられる[18].

$$(\delta T/T)_3 < 1.7 \times 10^{-5}: \quad \theta = 7'.15, \quad \sigma = 1'.8 \quad (3.35)$$

(Readhead et al., 1989)

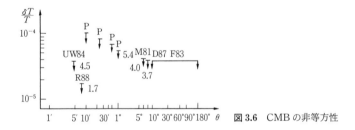

図 3.6 CMB の非等方性

図 3.6 は,これまでに得られたさまざまな角度スケールに対する CMB の非等方性に対する観測からの上限のうち,最もきびしいものをまとめたものである.この図を見るとわかるように,$1'$ から $180°$ のすべての角度スケールにわたって,温度の非等方性 $\delta T/T$ は 5×10^{-5} 以下という非常に小さいものであることがわかる.これは CMB と物質との相互作用が切れる t_{dec} 時での宇宙が非常によい精度で一様等方であったことを示唆している.

3.2 ゆらぎの進化

3.2.1 構造形成のさまざまなシナリオ

前節で見たように，CMB の非等方性の観測より，$t_{\rm dec}$ 以前の宇宙は，非常によい精度で一様等方であったと考えられる．したがって，非常に大きな密度のコントラストをもつ銀河やその大域的な分布は，$t_{\rm dec}$ 以降に作られたことになる．ただし，通常の物質で満たされた厳密に一様等方な宇宙からはどう頑張っても構造が生れるはずはないので，きっかけとなるなんらかの種がすでに $t_{\rm dec}$ の時点で存在する必要がある．

このような考察に基づいて，現在，宇宙の構造は次のような手順で作られたと考えられている．これはこれまでに提案されたすべての構造形成のシナリオに共通している．

(i) 種の生成： 構造形成のきっかけとなる種が宇宙創生時ないし宇宙初期における相転移の結果として作られる．

(ii) 種の進化： 種の構造や性質が宇宙進化とともに変化する．多くのシナリオでは，この過程で現在の宇宙の構造を特徴づけるさまざまなスケールが種の構造に組み込まれていく．

(iii) 大きな密度ゆらぎの生成： 種からなんらかのメカニズムでいくつかの特徴的スケールをもつ大きな振幅の密度ゆらぎが生成される．

(iv) 天体の形成： 密度ゆらぎから，実際に現在観測されるパターンで分布する，星の集団としての銀河が作られる．

ただし，具体的なシナリオとしては，種の種類や性格，種から密度ゆらぎを生み出すメカニズムなどの大きく異なったさまざまなものが存在する[19, 20]．現在最もさかんに研究されている主な三つのシナリオの概要を表3.2にまとめておく．この表では，(iv)の段階については触れていないが，これはこの段階の詳しいプロセスがほとんど解明されていないためである．

この表にある第1の重力不安定説は，宇宙誕生時ないし4章

表 3.2　構造形成の主なシナリオ

シナリオ	種	形成時期	種の進化	構造形成
重力不安定説	微小密度ゆらぎ	宇宙創生時インフレーション	重力による成長と散逸的減衰	重力不安定
宇宙ひも説	宇宙ひも	GUT 相転移	閉じたひもの形成と消滅	閉じたひもへの重力による降り積り
爆発説	初期天体 超伝導ひも	? GUT 相転移	? 宇宙ひもと同じ	連鎖的爆発による圧縮

で触れる宇宙誕生直後に起るインフレーション時に生み出された非常に小さな振幅の密度ゆらぎが,宇宙膨張とともに重力だけの効果で成長して現在の構造が生み出されたとする単純なシナリオである.これに対して,第2のシナリオは,素粒子の統一理論の予言する宇宙初期での相転移により,非常に高密度の無限に長く細いひも(宇宙ひも)のネットワークが生成され,そのネットワークが切れてできるループ状のひもが重力源となって t_{dec} 以降に密度のゆらぎが生み出されるとする説である[21].

これら二つのシナリオでは,種の違いを別にすればいずれも最終的に重力の作用で密度の大きなゆらぎが作られるとするのに対して,第3のシナリオではまったく異なったメカニズムで大域的な構造が作られると考える.このシナリオは現在の銀河内部で星の爆発がきっかけとなって大量の星が生成される現象を宇宙全体に拡大したもので,t_{dec} 時にすでに小数の巨大な星ないし銀河が存在し,それが t_{dec} 以降に爆発を起すとする.このときの爆風によりまわりのガスが押されてそのまわりに密度の高い大きなシェルを作る.このシェルが分裂してできるあらたな銀河が再び爆発を起し,最初と同じメカニズムでさらに大きなスケールの高密度シェルを作る.このプロセスが繰り返されて,現在観測されるような大構造が作られると考える[22, 23].このシナリオには,最初の種を星や銀河の代りに超伝導性をもつ宇宙ひもにおき換えたものも存在する[24].

これらのシナリオはいずれも,(iii)のステージまでに限定し

ても、残念ながらすべての観測を整合的に説明する定量化された理論を与えることには成功していない[19, 20]. 特に、爆発説は非常に魅力的な側面もあるが、全体として定性的なシナリオの域を脱しておらず、また、実際に観測されたスケールの大構造をこのシナリオで作ろうとすると、爆発によって作られる高温のガスによりCMBが大きく乱され観測と合わないなど、定量的には多くの困難を抱えている。また、宇宙ひも説は非常に優れた特徴を多く備え、決定的な欠陥はないものの、非常に複雑なふるまいをするひもが中心的な役割をするために精密な議論ができるまでには至っていない。そこで、以下では最も詳しく研究され、その単純さのゆえに精密な計算と観測との対比が行われている重力不安定説に話を限ることにする.

3.2.2 特徴的なスケール

重力不安定説に限らずすべてのシナリオで重要となるのが、重力の万有引力的性格の引き起こす不安定性である。ガス雲中の半径Rの領域の密度ρが平均より$\delta\rho$だけ大きくなったとすると、この領域内のガスには単位体積あたり$GM\delta\rho/R^2$程度の大きさの余分な重力が領域の中心方向に働くことになる。一方、密度の変化は圧力Pの変化δPを生み出すので、この領域内には圧力こう配が生じ、物質は$\delta P/R$程度の大きさの力で外向きに押されることになる。したがって、二つの力の比、

$$\frac{重力}{圧力こう配} \simeq \frac{GM}{c_s^2 R} \simeq \frac{G\rho R^2}{c_s^2} \tag{3.36}$$

が1より大きくなると重力が圧力に打ち勝ち、ガス雲の高密度領域は収縮を始める。ここで、Mはこの領域内のガスの質量、c_sは音速で、

$$c_s^2 = \delta\rho/\delta P \tag{3.37}$$

で与えられる。ところが、収縮してRが減少するとこの比はさらに大きくなるために、音速が急速に大きくならない限り収縮は限りなく続き、この領域の密度はどんどん大きくなる。この

現象はジーンズ不安定とよばれる.一方,力の比が1より小さい場合はガス雲は最初膨張するが,ある程度膨張するとこの領域の密度は平均より下がり圧力こう配の向きが反転するため,膨張は止って今度は収縮を始める.したがって,不安定性は生じず,安定に振動を続けることになる.もちろん,正確にはこの振動は音波としてまわりの領域に伝播していく.この摂動に対する安定,不安定の境目となる領域のサイズ l_J,およびその領域の質量 M_J,

$$l_J := c_s/\sqrt{G\rho} \tag{3.38}$$
$$M_J := c_s^3/G\sqrt{G\rho} \tag{3.39}$$

はそれぞれ,ジーンズ長,ジーンズ質量とよばれる.もちろん,これらの量はあくまで目安にすぎず,正確な臨界値は領域の形状や密度分布などに依存する.

宇宙の大域的な構造の進化を議論する際には,局所的な天体物理学の問題と異なり,宇宙が膨張していることを考慮することが必要となる.その際重要な役割を果すのがホライズンの大きさである.1.3.1項で述べたように,ホライズンサイズは宇宙が生れてから各時刻までに因果的な相関をもち得る領域の大きさを表す.したがって,宇宙の構造がこのサイズより大きなスケールで変化することはありえないことになる.ただし,ゆらぎの時間発展にとっては,宇宙誕生時からその時刻まで全時刻でのスケール因子のふるまいに依存する,1.3.1項で導入したホライズン半径(particle horizon radius)よりは,各時刻での宇宙膨張の時間スケールの間に光の伝播する距離の方が直接的な重要性をもつ.そこで,以下ではホライズンサイズとして,本来のホライズン半径の代りに,

$$l_H := c/H \tag{3.40}$$

で定義されるハッブルホライズン半径,ないし,それをスケール因子で割ることにより得られる共動座標での長さ,

$$L_H := c/(aH) \tag{3.41}$$

を用いることにする.フリードマンモデル,ないしそれに小さ

な宇宙項を加えたモデルでは,ハッブルホライズン半径と本来のホライズン半径は同程度の大きさとなる.しかし,4章で述べるインフレーションモデルではまったく異なった大きさを与える.

時刻 t で密度ゆらぎにその時点でのハッブルホライズン半径 $l_H(t)$ に相当するスケールの構造の変化が起ったとすると,その構造は現在の宇宙では $L_H(t)$ のスケールの構造として観測されることになる.このため,各時刻でのホライズンサイズの現在の宇宙への影響を議論する際には $l_H(t)$ よりは $L_H(t)$ の方が便利な量となる.

ホライズンサイズの興味深い点は,それがジーンズ長と密接な関係にあることである.実際,曲率や宇宙項が重要でなくなる宇宙初期 ($z \gg 10$) では $H^2 \simeq 8\pi G\rho/3$ がよい精度で成り立つので,ジーンズ長は,

$$l_J = 2\sqrt{\frac{2\pi}{3}} \frac{c_s}{c} l_H \tag{3.42}$$

と表される.音速 c_s は相対論的な物質の音速 $c/\sqrt{3}$ を越えないので,一般に $l_J/2 < l_H$ となる.特に,宇宙が輻射優勢の時期には $c_s = c/\sqrt{3}$ となるので,ジーンズ長はハッブルホライズン半径とほぼ等しくなる.これに対して,物質優勢の時期には,3.3節で見るようにジーンズ長はずっと小さくなる.

$L_H(t)$ の時間変化は,一般に,

$$L_H = \frac{c}{H_0} \frac{a}{[\Omega_{R0} + \Omega_{N0}a + (1-\lambda_0 - \Omega_0)a^2 + \lambda_0 a^4]^{1/2}} \tag{3.43}$$

で与えられ,輻射優勢の時期には a に比例して,物質優勢の時期には $a^{1/2}$ に比例して増大する.時間依存性が変化する $a = a_{eq}$,

$$a_{eq} = \Omega_{R0}/\Omega_{N0} = 2.39 \times 10^{-5} (h^2 \Omega_{N0})^{-1} (T_0/2.7\,\text{K})^4 \tag{3.44}$$

時点での L_H の値 $L_{H,eq}$,および宇宙の晴れ上がり時での値 $L_{H,dec}$ は,上で述べたジーンズ長との関係からも予想されるように構造形成の問題では重要な役割を果す.それらの値は,

$$L_{\text{H,eq}} \simeq 10.4(h^2\Omega_{\text{N0}})^{-1}(T_0/2.7\text{ K})^2 \text{ Mpc} \tag{3.45}$$

$$L_{\text{H,dec}} \simeq 95(h^2\Omega_{\text{N0}})^{1/2} \text{ Mpc} \tag{3.46}$$

で与えられる.

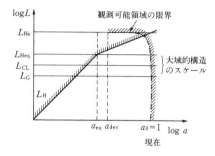

図 3.7 ホライズンサイズと現在の構造の関係

図 3.7 に示したように,現在のサイズが L の領域は宇宙の十分初期にはホライズンサイズよりずっと大きくなり因果的に相関をもたない.このため,この時期にはゆらぎの振幅と波長の関係(スペクトル)など構造の種の性格やパターンは変化しない.構造の変化や生成は $L < L_{\text{H}}$ となって以降に起ることになる.このため,CMB の観測では,大きな角度スケールの非等方性からは宇宙初期の種の構造に関する情報が,小さなスケールの非等方性からは,直接現在の構造と対応するスケールを含めて,t_{dec} までに種から生み出された密度ゆらぎについての情報が得られる.実際,CMB で観測される全領域の(現在の)半径は,1.3.1 項より,

$$L_{\text{CMB}} = \frac{c}{H_0}\tilde{r}(\tilde{\chi}), \qquad \tilde{\chi} = \int_0^{z_{\text{dec}}} \frac{dz}{H} \tag{3.47}$$

で与えられるが,$z_{\text{dec}} \gg 1$ のため,χ は実質的に $z = \infty$ の値 $\chi_\infty(\Omega_{\text{R},0}, \Omega_{\text{N},0}, \lambda_0)$ に等しい.したがって,L_{CMB} は現在のホライズンサイズ程度となり,$L_{\text{H,dec}}$ の数十倍となる.

CMB の非等方性の情報を構造形成の理論で用いる際には,天球上で θ の角度をなす二つの方向に対応する $T = T_{\text{dec}}$ 面上の 2 点の距離が必要となる.この 2 点の現在の宇宙での距離 L は,L_{CMB} を用いて一般に $L = \theta L_{\text{CMB}}$ と表される.$\Omega_{\text{R},0} \ll \Omega_{\text{N},0}$

のフリードマン宇宙に対しては $\tilde{r}_\infty = 2/\Omega_0$ となるので, $L(\theta)$ は次のように表される.

$$\begin{aligned}L(\theta) &= \theta \frac{c}{H_0}\frac{2}{\Omega_0} = 6\,000\ \theta(h\Omega_0)^{-1}\ \text{Mpc} \\ &= 105(\theta/1°)(h\Omega_0)^{-1}\ \text{Mpc} \\ &= 1.75(\theta/1')(h\Omega_0)^{-1}\ \text{Mpc}\end{aligned} \quad (3.48)$$

3.2.3 ゲージ不変摂動論

前項で見たように,現在の大域的な構造に関連のあるスケールはすべて,宇宙の十分初期にはホライズンサイズを大きく越えた領域に対応する.さらに,輻射優勢の時代では音速が光速に近くなるため, t_{dec} 以前での物質密度や時空構造のゆらぎの進化を調べるには,一般相対論的な記述が必要となる.また, t_{dec} 以降でも空間の曲率や宇宙項が重要となる時期におけるゆらぎのふるまいを調べるには一般相対論的な取り扱いが必要となる.そこで,この項では,物質分布や時空構造の一様等方宇宙からのずれが小さいという近似のもとで,そのずれ(摂動)の時間発展を記述する一般相対論的な方程式を導き,次の項で,それを用いて膨張宇宙におけるゆらぎの進化の基本的な特徴を調べることにする.

(1) 時空計量とエネルギー運動量テンソルのゆらぎ

ロバートソン-ウォーカー時空からのずれが小さいという仮定のもとで,宇宙の計量 $\tilde{g}_{\mu\nu}$ は一般に,

$$\tilde{g}_{00} = -(1+2\alpha) \quad (3.49)$$

$$\tilde{g}_{0j} = -a\beta_j \quad (3.50)$$

$$\tilde{g}_{jk} = a^2(\gamma_{jk} + 2h_L\gamma_{jk} + 2h_{Tjk}) \quad (3.51)$$

と表される(本書では一様等方からずれた4次元量には記号 $\tilde{}$ をつけることにする).ここで, $a = a(t)$ は宇宙のスケール因子, γ_{jk} はスケール因子を分離した,時間によらない3次元定曲率空間 Σ_0 の計量である.また, $\alpha, \beta_j, h_L, h_{Tjk}$ は一様等方宇宙からのずれを表す時空上の関数で,時間によらない空間の座標変

換に対して3次元テンソルとしてふるまう．そこで，以下ではこれらの量を時間をパラメーターとしてもつ不変3次元定曲率空間 Σ_0 上の3次元テンソルとして扱い，添字の上げ下げはその不変計量 γ_{jk}, γ^{jk} を用いて行う．ただし，4次元的な量に関しては空間的な添字の上げ下げも $\tilde{g}_{\mu\nu}$ を用いるので，混同しないように注意してほしい．この約束のもとで，$h_{\mathrm{T}jk}$ は時空計量の空間部分のゆらぎのうち，γ_{jk} に比例した部分 $h_{\mathrm{L}}\gamma_{jk}$ を分離した残りを表し，次のゼロトレース条件を満たす．

$$h_{\mathrm{T}}{}^l{}_l = 0 \tag{3.52}$$

時空計量と同様に，物質のエネルギー運動量テンソルのゆらぎも Σ_0 上のテンソル量を用いて記述される．まず，一般のエネルギー運動量テンソル $\tilde{T}^\mu{}_\nu$ に対して，対応する物質の4元速度ベクトル $\tilde{u}^\mu$ とエネルギー密度 $\tilde{\rho}$ をその時間的な固有ベクトルと固有値として定義する．

$$\tilde{T}^\mu{}_\nu \tilde{u}^\nu = -\tilde{\rho}\tilde{u}^\mu \tag{3.53}$$

もちろん $\tilde{u}^\mu$ は規格化条件 $\tilde{u}_\mu \tilde{u}^\mu = -1$ を満足するものとする．この4元速度ベクトルに平行な成分と垂直な成分に分解することにより，$\tilde{T}^\mu{}_\nu$ は一般に，

$$\tilde{T}^\mu{}_\nu = \tilde{\rho}\tilde{u}^\mu \tilde{u}_\nu + \tilde{\tau}^\mu{}_\nu \tag{3.54}$$

$$\tilde{\tau}^\mu{}_\nu = \tilde{P}^\mu{}_\alpha \tilde{P}^\beta{}_\nu \tilde{T}^\alpha{}_\beta \tag{3.55}$$

と，運動学的な部分とストレスの和として表される．ここで $\tilde{P}^\mu{}_\nu$ は，

$$\tilde{P}^\mu{}_\nu = \delta^\mu{}_\nu + \tilde{u}^\mu \tilde{u}_\nu \tag{3.56}$$

で定義される $\tilde{u}^\mu$ の垂直方向への射影演算子である．

これらの量を一様等方宇宙からのずれを記述する量で表すために，まず，密度ゆらぎのコントラスト δ を，

$$\tilde{\rho} =: \rho(1+\delta) \tag{3.57}$$

により導入する．ここで ρ は，基準となる一様等方宇宙のエネルギー密度である．次に，3次元的な速度ベクトルを，

$$v^j := a\tilde{u}^j/\tilde{u}^0 \tag{3.58}$$

で定義すると，規格化条件より $\tilde{u}^\mu$ は，

$$\tilde{u}^0 = 1-\alpha, \qquad \tilde{u}^j = (1/a)v^j \tag{3.59}$$

$$\tilde{u}_0 = -(1+\alpha), \qquad \tilde{u}_j = a(v_j - \beta_j) \tag{3.60}$$

と表される.これを式 (3.54) に代入することにより,$\tilde{T}^\mu{}_\nu$ は,基準となる一様等方宇宙のエネルギー密度 ρ,圧力 P,ゆらぎを表す 3 次元テンソル量 β_j, δ, v^j,およびストレステンソル $\tilde{\tau}^j{}_k$ のゆらぎ $\pi^j{}_k = \pi_L \delta^j{}_k + \pi_T{}^j{}_k$ を用いて,

$$\tilde{T}^0{}_0 = -\rho(1+\delta) \tag{3.61}$$

$$(1/a)\tilde{T}^0{}_j = (\rho+P)(v_j - \beta_j) \tag{3.62}$$

$$a\tilde{T}^j{}_0 = -(\rho+P)v^j \tag{3.63}$$

$$\tilde{T}^j{}_k = P(\delta^j{}_k + \pi_L \delta^j{}_k + \pi_T{}^j{}_k) \tag{3.64}$$

と表される.ここで,$\pi_T{}^j{}_k$ は h_{Tjk} と同様にゼロトレース条件 $\pi_T{}^l{}_l = 0$ を満たすものとする.

(2) ゲージ変換とゆらぎのテンソルタイプ

(1)では,実際の宇宙の物質分布や時空構造が一様等方宇宙からわずかにずれているとして,そのずれ(摂動)を記述する量を導入したが,ここでこの記述に付随する不定性について少し詳しく見てみよう.

現実の宇宙の構造が一様等方な宇宙からどれだけずれているかを見ようとすると,厳密にはまず仮想的な一様等方宇宙 M^0 を用意し,それと現実の宇宙Mとの対応づけをしなければならない.この対応づけの最も自然な方法は,仮想的な宇宙 M^0 には 1 章で説明したような一様等方性から自然に決まる時間座標と共動空間座標を導入し,現実の宇宙の方には適当な時空座標を導入して,両者の時空座標の値が一致する 2 点での物理量を比較すればよい.この場合,ある物理量のそれぞれの宇宙における値を $Q(x), \tilde{Q}(x)$ とすると,現実の宇宙の一様性からのずれは,

$$\delta Q(x) = \tilde{Q}(x) - Q(x) \tag{3.65}$$

により記述される.ところが,明らかにこの量は,Mの時空座標をとり替える,すなわち一様等方宇宙との対応関係を変えると変化してしまう.この変化は,直接的には座標変換に相当するが,通常の観測と結びついた座標変換と異なり単に時空の比

較の際の理論的な対応関係の変更を表すにすぎないので,ゲージ変換とよばれる.

この摂動記述のゲージ自由度のため,摂動量の時間的なふるまいは,まったく同じ宇宙を記述している場合でも,どのゲージを用いるかにより大きく異なって見えることになる.しかし,この違いは明らかに実際の宇宙の構造の違いとは何の関係もない見かけのものである.例えば,完全に一様等方な宇宙でさえ,標準的でない一般の時空座標を用いれば,エネルギー密度などすべての物理量が空間的にゆらいで見えることになる.したがって,このゲージ自由度を正しく処理しないと,まったく間違った結論に導かれることになる.実際,歴史的には,比較的最近までこの事実が正しく認識されず,専門家の間でもさまざまな間違った議論や混乱が横行していた.本書では,この問題を正しく扱う方法として,バーディーン(Bardeen)により導入された,ゲージ不変摂動論とよばれるゲージ自由度をもたない量のみによる記述法を採用することにする[25, 26].ここでは,その準備として,摂動量のゲージ変換に対するふるまいを調べておく.

時空計量 $\tilde{g}_{\mu\nu}$ とエネルギー運動量テンソル $\tilde{T}^{\mu}{}_{\nu}$ は一般の座標変換 $x^{\mu} \to x'^{\mu} = \bar{x}'^{\mu}(x)$ に対して,

$$\tilde{g}'_{\mu\nu}(x') = \frac{\partial x^{\alpha}}{\partial x'^{\mu}}\frac{\partial x^{\beta}}{\partial x'^{\nu}}\tilde{g}_{\alpha\beta}(x), \qquad \tilde{T}'^{\mu}{}_{\nu}(x') = \frac{\partial x'^{\mu}}{\partial x^{\alpha}}\frac{\partial x^{\beta}}{\partial x'^{\nu}}\tilde{T}^{\alpha}{}_{\beta}(x) \tag{3.66}$$

と変換する.これより,微小量 $T(x), L^j(x)$ で記述されるゲージ変換,

$$t' = t + T, \qquad x'^j = x^j + L^j \tag{3.67}$$

に対して,(1)で導入した計量の摂動変数は,

$$\alpha' = \alpha - \dot{T} \tag{3.68}$$

$$\beta'_j = \beta_j + a\dot{L}_j - (1/a)D_j T \tag{3.69}$$

$$h'_\mathrm{L} = h_\mathrm{L} - D_j L^j/3 - (\dot{a}/a)T \tag{3.70}$$

$$h'_{\mathrm{T}jk} = h_{\mathrm{T}jk} - [D_j L_k + D_k L_j - (2/3)\gamma_{jk} D_l L^l]/2 \tag{3.71}$$

と変換し，また，エネルギー運動量の摂動変数は，

$$\delta' = \delta + 3(1+w)(\dot{a}/a)T, \qquad w = P/\rho \tag{3.72}$$

$$v'_j = v_j + a\dot{L}_j \tag{3.73}$$

$$\pi'_{\mathrm{L}} = \pi_{\mathrm{L}} + 3c_s^2 \frac{1+w}{w} \frac{\dot{a}}{a} T \tag{3.74}$$

$$\pi'_{\mathrm{T}jk} = \pi_{\mathrm{T}jk} \tag{3.75}$$

と変換することが導かれる．ここで，D_j は定曲率空間 Σ_0 上の不変計量 γ_{jk} に関する3次元共変微分である．

この摂動量のゲージ変換に対するふるまいは，特に，ベクトル量やテンソル量に対してはかなり複雑である．ところが，幸いなことに，これらの量を適当に分解することにより，変換則は大幅に単純化される．まず，v^j, β_j などの3次元ベクトル量を，

$$v_j = D_j v_{\mathrm{L}} + v_{\mathrm{T}j}, \qquad D_j v_{\mathrm{T}}{}^j = 0 \tag{3.76}$$

のようにスカラー成分 v_{L} とゼロ発散ベクトル成分 $v_{\mathrm{T}}{}^j$ に分解する．v_{L} はポアッソン型の方程式，

$$D^2 v_{\mathrm{L}} = D_j v^j \tag{3.77}$$

の解として（境界条件を与えれば）一意的に決るので，この分解は一意的である．同様に，3次元テンソル量を，

$$t_{jk} = \gamma_{jk} t_{\mathrm{L}}/3 + (D_j D_k - \gamma_{jk} D^2/3) t_{\mathrm{T}} + (D_j t_{\mathrm{T}k} + D_k t_{\mathrm{T}j})/2 + t_{\mathrm{TT}jk} \tag{3.78}$$

$$D_j t_{\mathrm{T}}{}^j = 0, \qquad D_l t_{\mathrm{TT}}{}^l{}_j = 0, \qquad t_{\mathrm{TT}}{}^l{}_l = 0 \tag{3.79}$$

とトレース成分 t_{L}，非トレーススカラー成分 t_{T}，ゼロ発散ベクトル成分 $t_{\mathrm{T}}{}^j$，ゼロ発散ゼロトレーステンソル成分 $t_{\mathrm{TT}jk}$ に分解する．これらの成分は，

$$t_{\mathrm{L}} = t^l{}_l \tag{3.80}$$

$$D^2(D^2 + 3K) t_{\mathrm{T}} = (3/2) D^l D^m t_{lm} - (1/2) D^2 t_{\mathrm{L}} \tag{3.81}$$

$$(D^2 + 2K) t_{\mathrm{T}j} = 2D^l t_{jl} - (2/3) D_j t_{\mathrm{L}} - (4/3) D_j (D^2 + 3K) t_{\mathrm{T}} \tag{3.82}$$

に従うので，やはり分解は一意的である（これらの式の証明には付録 A.2 の関係式を用いる）．

ゲージ変換を含めてすべての摂動量をこの方法で分解する

と，次のように，スカラー成分，ベクトル成分，テンソル成分はお互いに独立に変換する．

スカラー成分：
$$\alpha' = \alpha - \dot{T} \tag{3.83}$$
$$\beta'_\mathrm{L} = \beta_\mathrm{L} + a\dot{L}_\mathrm{L} - T/a \tag{3.84}$$
$$h'_\mathrm{L} = h_\mathrm{L} - D^2 L_\mathrm{L}/3 - (\dot{a}/a)T \tag{3.85}$$
$$h'_\mathrm{T} = h_\mathrm{T} - L_\mathrm{L} \tag{3.86}$$
$$\delta' = \delta + 3(1+w)(\dot{a}/a)T \tag{3.87}$$
$$v'_\mathrm{L} = v_\mathrm{L} + a\dot{L}_\mathrm{L} \tag{3.88}$$
$$\pi'_\mathrm{L} = \pi_\mathrm{L} + 3c_\mathrm{s}^2 \frac{1+w}{w} \frac{\dot{a}}{a} T \tag{3.89}$$
$$\pi'_\mathrm{T} = \pi_\mathrm{T} \tag{3.90}$$

ベクトル成分：
$$\beta'_{\mathrm{T}j} = \beta_{\mathrm{T}j} + a\dot{L}_{\mathrm{T}j} \tag{3.91}$$
$$h'_{\mathrm{T}j} = h_{\mathrm{T}j} - L_{\mathrm{T}j} \tag{3.92}$$
$$v'_{\mathrm{T}j} = v_{\mathrm{T}j} + a\dot{L}_{\mathrm{T}j} \tag{3.93}$$
$$\pi'_{\mathrm{T}j} = \pi_{\mathrm{T}j} \tag{3.94}$$

テンソル成分：
$$h'_{\mathrm{TT}jk} = h_{\mathrm{TT}jk} \tag{3.95}$$
$$\pi'_{\mathrm{TT}jk} = \pi_{\mathrm{TT}jk} \tag{3.96}$$

この分解の重要な点は，次に具体的に見るように，ゲージ変換のみでなく，アインシュタイン方程式，
$$\bar{G}^\mu{}_\nu + \Lambda \delta^\mu{}_\nu = \chi^2 \bar{T}^\mu{}_\nu \quad (\chi^2 = 8\pi G) \tag{3.97}$$
から導かれる摂動量に対する線形微分方程式，
$$\delta G^\mu{}_\nu = \chi^2 \delta T^\mu{}_\nu \tag{3.98}$$
がやはり各成分ごとの互いに独立な方程式に分解することである．したがって，摂動量の各成分は力学的にも互いに独立にふるまい，それらを個別に議論することができる．スカラー成分，ベクトル成分，テンソル成分に対応する摂動は，それぞれ，スカラー型摂動，ベクトル型摂動，テンソル型摂動とよばれる．ただし，このような異なるタイプの摂動の分離が起るのは一様等方宇宙を背景とする摂動の特殊性で，背景宇宙が非等方な場合にはたとえ空間的に一様でも，アインシュタイン方程式では異なる型の摂動量の混合が起ることを注意しておく．

(3) ゲージ不変な摂動方程式

(a) **テンソル型摂動** この型の摂動では式 (3.98) の $(^j{}_k)$ 成分のみが残る。付録 A.2 節の式 (A.26) よりこの成分は,

$$\ddot{h}_{{\rm TT}jk} + 3(\dot{a}/a)\dot{h}_{{\rm TT}jk} - (D^2 - 2K)h_{{\rm TT}jk}/a^2 = \chi^2 P \pi_{{\rm TT}jk} \quad (3.99)$$

を与える。$h_{{\rm TT}jk}$ はミンコフスキー時空を背景とする摂動論では重力波の自由度に相当するので, この方程式は膨張宇宙における重力波に対する波動方程式と見なすことができる。$h_{{\rm TT}jk}$ と $\pi_{{\rm TT}jk}$ はゲージ変換に対して変化しないので, この方程式はそのままでゲージ不変な量 (ゲージ不変量) のみで書かれた方程式となっている。

(b) **ベクトル型摂動** この型の摂動には $\beta_{{\rm T}j}, v_{{\rm T}j}, h_{{\rm T}j}, \pi_{{\rm T}j}$ の 4 個の量が関与するが, これらのうち $\pi_{{\rm T}j}$ はそれ自体でゲージ不変であるが, 残りの三つはゲージ変換に対して式 (3.91) ~ (3.93) に従って変化する。このゲージ変換の自由度は $L_{{\rm T}j}$ で表される 1 個のみであるので, これら 3 個の量から 2 個のゲージ不変量,

$$\sigma_{{\rm gT}}{}^j := a\beta_{{\rm T}}{}^j + a^2 \dot{h}_{{\rm T}}{}^j \quad (3.100)$$

$$V_{{\rm T}}{}^j := v_{{\rm T}}{}^j - \beta_{{\rm T}}{}^j \quad (3.101)$$

を作ることができる。アインシュタイン方程式はゲージ変換に対して不変であるので, 摂動量に対する方程式は, これらのゲージ不変量のみで書かれるはずである。実際, いまの場合, 式 (3.98) の $(^0{}_0)$ 成分は現れず, また $(^0{}_j)$ 成分と $(^j{}_0)$ 成分は同値な方程式を与えることを考慮すると,

$$(D^2 + 2K)\sigma_{{\rm gT}}{}^j = -2\chi^2 a^3 (\rho + P) V_{{\rm T}}{}^j \quad (3.102)$$

$$(a\sigma_{{\rm gT}}{}^j)^{\cdot} = \chi^2 a^3 P \pi_{{\rm T}}{}^j \quad (3.103)$$

の 2 式を得る。たしかに, これらはゲージ不変量 $\sigma_{{\rm gT}}{}^j, V_{{\rm T}}{}^j, \pi_{{\rm T}}{}^j$ のみで書かれた方程式となっている。

ここで, ゲージ不変量 $\sigma_{{\rm gT}}{}^j, V_{{\rm T}}{}^j$ の意味を調べてみよう。そのために, 一般に時間的単位 4 元ベクトル $W^\mu (W_\mu W^\mu = -1)$ が,

$$\nabla_\mu W_\nu = \omega_{\mu\nu} + \sigma_{\mu\nu} + \theta P_{\mu\nu}/3 - a_\nu W_\mu \quad (3.104)$$

と分解できることを用いる。ここで右辺の各量は,

$$P_{\mu\nu} := g_{\mu\nu} + W_\mu W_\nu \quad (3.105)$$

$$\omega_{\mu\nu} := P^{\alpha}{}_{\mu}P^{\beta}{}_{\nu}(\nabla_{\alpha}W_{\beta}-\nabla_{\beta}W_{\alpha})/2 \tag{3.106}$$

$$\theta := P^{\mu\nu}\nabla_{\mu}W_{\nu} = \nabla_{\mu}W^{\mu} \tag{3.107}$$

$$\sigma_{\mu\nu} := P^{\alpha}{}_{\mu}P^{\beta}{}_{\nu}(\nabla_{\alpha}W_{\beta}+\nabla_{\beta}W_{\alpha})/2 - \theta P_{\mu\nu}/3 \tag{3.108}$$

$$a_{\mu} := W^{\nu}\nabla_{\nu}W_{\mu} \tag{3.109}$$

で定義される.

この中で, まず a_{μ} は明らかに W^{μ} を速度ベクトルと見たときの4次元的加速度を表す. 以下, $a_{\mu}=0$ とおく. 残りの量の意味を見るために W^{μ} に接する曲線Cを一つとり, それに沿って互いに垂直な空間的な3本の単位ベクトル $E^{\mu}_{(j)}$ を $W^{\nu}\nabla_{\nu}E^{\mu}_{(j)}=0$ となるようにとる. 次に, Cの近傍を通り同じく W^{μ} に接する曲線 C' をとり, 二つの曲線を結びCに垂直なベクトル場を Z^{μ} とする. Z^{μ} は,

$$Z^{\mu} = \xi^{j}E^{\mu}_{(j)} \tag{3.110}$$

と $E^{\mu}_{(j)}$ の一次結合で書かれる. W^{μ} と Z^{μ} はそれらで張られる2次元面内の適当な内部座標 t, s を用いて $W^{\mu}=\partial x^{\mu}(t,s)/\partial t, Z^{\mu}=\partial x^{\mu}(t,s)/\partial s$ と表されるので, $\mathscr{L}_{W}Z^{\mu}:=W^{\nu}\nabla_{\nu}Z^{\mu}-Z^{\nu}\nabla_{\nu}W^{\mu}=W^{\nu}\partial_{\nu}Z^{\mu}-Z^{\nu}\partial_{\nu}W^{\mu}=\partial^{2}x^{\mu}/\partial t\partial s-\partial^{2}x^{\mu}/\partial s\,\partial t=0$ を満たす ($\mathscr{L}_{W}$ はリー (Lie) 微分とよばれる). これより, $a_{\mu}=0$ のとき ξ^{j} は曲線Cに沿って,

$$\begin{aligned}W^{\mu}\partial_{\mu}\xi^{j} &= A_{jk}\xi^{k}\\ A_{jk} &= E^{\mu}_{(j)}E^{\nu}_{(k)}(\omega_{\mu\nu}+\sigma_{\mu\nu}+\theta P_{\mu\nu}/3)\end{aligned} \tag{3.111}$$

に従って変化することが容易に導かれる. ξ^{j} はCに沿う局所慣性系から見たC'の位置を表すと見ることができるので, 行列 A_{jk} はベクトル W^{μ} に垂直なCの近傍の空間領域の形がこのベクトルに沿ってどのように変形してゆくかを表している. したがって, その反対称部分 $\omega_{\mu\nu}$ は領域の回転速度を, 対角部分 θ は体積の変化率を, ゼロトレースの対称成分 $\sigma_{\mu\nu}$ は領域の変形速度を表すことがわかる.

$\tilde{N}^{\mu}$ を摂動を受けた宇宙の時間一定面に対する単位法ベクトルとして, このベクトルに上記の分解を施してみよう. 摂動について1次の範囲で $\tilde{N}^{\mu}$ が,

$$\tilde{N}_0 = -(1+\alpha), \qquad \tilde{N}_j = 0 \tag{3.112}$$
$$\tilde{N}^0 = 1-\alpha, \qquad \tilde{N}^j = \beta^j/a \tag{3.113}$$

と表されることを考慮すると，

$$\tilde{\theta} = 3(\dot{a}/a)(1+\mathcal{K}_g) \tag{3.114}$$
$$\mathcal{K}_g = -\alpha + (a/\dot{a})(D^2\beta_L/3a + \dot{h}_L) \tag{3.115}$$

および，

$$\tilde{\sigma}_{jk} = (D_j D_k - \gamma_{jk} D^2/3)\sigma_{gL} + (D_j \sigma_{gTk} + D_k \sigma_{gTj})/2 + a^2 \dot{h}_{TTjk} \tag{3.116}$$

を得る．ここで，σ_{gL} は $\sigma_{gT}{}^j$ のスカラー成分に対応するもので，

$$\sigma_{gL} := a\beta_L + a^2 \dot{h}_T \tag{3.117}$$

で定義される．これらより，$\tilde{\theta}$ は宇宙の局所的な膨張率を，σ_{gL}, σ_{gTj}, $\dot{h}_{TTjk}$ はそれぞれ，宇宙膨張のうちの非等方部分のスカラー成分，ベクトル成分，テンソル成分を表すことがわかる．

一方，$\tilde{N}^\mu$ の表式より，

$$\tilde{u}^j - \tilde{N}^j = V^j/a \tag{3.118}$$

と表されるので，V^j は時間一定面の法ベクトルに対する物質の速度，すなわち，時間一定面を空間とする局所慣性系における速度を表すことがわかる．

(c) **スカラー型摂動** スカラー型摂動に対しては，摂動量は時空を記述する4個の量と物質を記述する4個の量からなる．これらのうち π_{TTjk} を除く7個の量はすべてゲージ変換で変化する．スカラー型のゲージ変換は T, L_L の2個の自由度をもつのでこれらから5個のゲージ不変量を作ることができる．

まず，時空に関する量からは，

$$\Phi := \mathcal{R} - (\dot{a}/a)\sigma_{gL} \tag{3.119}$$
$$\Psi := \alpha - \dot{\sigma}_{gL} \tag{3.120}$$

の2個の不変量を作る．ここで，$\mathcal{R}$ は，

$$\mathcal{R} := h_L - D^2 h_T/3 \tag{3.121}$$

で定義される量で，4次元計量の空間部分 $\tilde{g}_{jk}$ に対するスカラー曲率の摂動が，

$$\delta^3 R = -4a^{-2}(D^2 + 3K)\mathcal{R} \tag{3.122}$$

と表されることより，空間の曲率のゆらぎを表す．したがって，局所的に空間が等方的に膨張するようなゲージ $\sigma_{\mathrm{gL}} = 0$ のもとでは，$\varPhi$ は空間曲率のゆらぎを，$\varPsi$ はニュートン理論の重力ポテンシャルに対応する量を表す．

一方，物質を表す量からは，

$$\varDelta := \delta + 3(1+w)\dot{a}(\beta_{\mathrm{L}} - v_{\mathrm{L}}) \tag{3.123}$$

$$V := v_{\mathrm{L}} + a\dot{h}_{\mathrm{T}} \tag{3.124}$$

$$\varGamma := \pi_{\mathrm{L}} - (c_{\mathrm{s}}^2/w)\delta \tag{3.125}$$

$$\varPi := \pi_{\mathrm{T}} \tag{3.126}$$

の4個の不変量を作ることができる．ベクトル型の場合と異なり，スカラー型の摂動に対しては $\beta^j - v^j$ はゲージ不変でないので，この量がゼロとなるゲージをとることができる．これは時間一定面を物質の速度ベクトルに垂直にとることを意味する．このゲージのもとでは $\varDelta = \delta$ となるので，ゲージ不変量 $\varDelta$ は物質の静止系から見た密度のゆらぎを表している．一方，$\sigma_{\mathrm{g}jk}$ の場合と同様の考察より V は物質運動の非等方性を表すことがわかる．最後に，$\varGamma$ は $\varGamma = (\delta P - c_{\mathrm{s}}^2 \delta\rho)/P$ と表されるので，断熱的なゆらぎに対してはゼロとなる．したがって，この量はゆらぎの非断熱性，すなわちエントロピーのゆらぎを表す．

他の型の摂動と同様に，スカラー型の摂動に対するアインシュタイン方程式をこれらのゲージ不変量のみで書くことができる．それらを具体的に書き下すには，これまで用いてきたような，直接時空座標に依存した量よりは，それをさまざまな波長成分に分解したときの振幅を用いる方が便利である．そこで，

$$(D^2 + k^2) Y_k(\boldsymbol{x}) = 0 \tag{3.127}$$

を満たす3次元不変空間上の調和関数の完全系 $Y_k(\boldsymbol{x})$ を用いて，時空座標に依存したゲージ不変量を，

$$\varPhi(x) = \sum_k \varPhi(\boldsymbol{k},t) Y_k(\boldsymbol{x}) \tag{3.128}$$

$$\varPsi(x) = \sum_k \varPsi(\boldsymbol{k},t) Y_k(\boldsymbol{x}) \tag{3.129}$$

$$\varDelta(x) = \sum_k \varDelta(\boldsymbol{k},t) Y_k(\boldsymbol{x}) \tag{3.130}$$

$$V(x) = \sum_k -(1/k) V(\boldsymbol{k},t) Y_k(\boldsymbol{x}) \tag{3.131}$$

$$\Gamma(x) = \sum_k \Gamma(\boldsymbol{k},t) Y_k(\boldsymbol{x}) \tag{3.132}$$

$$\Pi(x) = \sum_k \Pi(\boldsymbol{k},t) Y_k(\boldsymbol{x}) \tag{3.133}$$

と分解する．以下，混乱の恐れがない限りモードの波数ベクトル $\boldsymbol{k}$ および時間変数 t などの引数を省略する．

これらの振幅を用いるとアインシュタイン方程式は次のようになる．まず $(^0_0)$ 成分および (^0_j) 成分に対する式 (A.23), (A.24) および (^i_j) 成分に対する式 (A.26) のゼロトレース部より，

$$x^2 \rho \Delta = 2a^{-2}(k^2 - 3K)\Phi \tag{3.134}$$

$$\Phi + \Psi = -x^2 \frac{a^2}{k^2} P\Pi \tag{3.135}$$

の二つの式を得る．次に (^j_k) 成分 (A.26) のトレース部とゼロトレース部のスカラー成分より二つの式，

$$\dot{\Delta} - 3w\frac{\dot{a}}{a}\Delta = -C_K\left[(1+w)\frac{k}{a}V - 2\frac{\dot{a}}{a}w\Pi\right] \tag{3.136}$$

$$\dot{V} + \frac{\dot{a}}{a}V = \frac{k}{a}\left[\frac{c_s^2 \Delta + w\Gamma}{1+w} + \Psi - \frac{2}{3}C_K \frac{w}{1+w}\Pi\right] \tag{3.137}$$

を得る．ここで C_K は，

$$C_K := 1 - 3K/k^2 \tag{3.138}$$

である．

これらの方程式は，ニュートン理論から得られる摂動方程式と類似している．実際，これらの式は，空間曲率 K と非等方な圧力のゆらぎ Π が無視できるとき，もとの時空座標に依存した変数で表すと，

$$a^{-2}D^2\Psi = 4\pi G\rho\Delta \tag{3.139}$$

$$(a^3 \rho \Delta)^{\cdot} + a^3(\rho + P)a^{-1}D_j V^j = 0 \tag{3.140}$$

$$\dot{V}_j + \frac{\dot{a}}{a}V_j = -\frac{1}{\rho + P}a^{-1}D_j(P\Gamma + c_s^2 \rho \Delta) - a^{-1}D_j\Psi \tag{3.141}$$

と書き直される．これを通常のニュートン理論の方程式，

$$D^2 \phi = 4\pi G\rho \tag{3.142}$$

$$\dot{\rho} + \rho D_j v^j = 0 \tag{3.143}$$

$$\dot{v}_j = -D_j P/\rho - D_j\phi \tag{3.144}$$

と比較すると,式(3.134)は重力に対するポアッソン方程式に,式(3.136)は連続の方程式に,式(3.137)はオイラー方程式に対応していることがわかる.

最後に,具体的に方程式を解く上での便宜のために,これらの方程式を時間 t の代りにスケール因子 a を用いて書き直すと,

$$\mathcal{D}\varDelta - 3w\varDelta = -C_K[(1+w)\tilde{\omega}V - 2w\varPi] \tag{3.145}$$

$$\mathcal{D}V + V = \tilde{\omega}\Big[\frac{c_s^2}{1+w}\varDelta + \varPsi + \frac{w}{1+w}\Big(\varGamma - \frac{2}{3}C_K\varPi\Big)\Big] \tag{3.146}$$

となる.ここで $\mathcal{D}$ は微分作用素,

$$\mathcal{D} := a\frac{\mathrm{d}}{\mathrm{d}a} \tag{3.147}$$

を,また $\tilde{\omega}$ は,

$$\tilde{\omega} := k/(aH) \tag{3.148}$$

で定義されるハッブルホライズン半径とゆらぎの波長の比を表す.

この2式から速度を消去すると密度ゆらぎに対する波動方程式,

$$[\mathcal{D}^2 + \mu\mathcal{D} + C_K c_s^2 \tilde{\omega}^2 - \nu]\varDelta = \mathcal{S} \tag{3.149}$$

を得る.ここで,$\mu, \nu, \mathcal{S}$ は,

$$\mu := 1 - 6w + 3c_s^2 - \frac{1+3w}{2}\varOmega + \frac{\varLambda}{3H^2}, \quad \varOmega = \frac{\kappa^2\rho}{3H^2} \tag{3.150}$$

$$\nu := 12w - 9c_s^2 + \frac{3}{2}(1-3w^2)\varOmega + \frac{w\varLambda}{H^2} \tag{3.151}$$

$$\mathcal{S} := -C_K\tilde{\omega}^2 w\Big(\varGamma - \frac{2}{3}C_K\varPi\Big) \\ -2C_K[\mathcal{D} + 1 + 3(c_s^2 - w) - (2+3w)\varOmega](w\varPi) \tag{3.152}$$

である.

3.2.4 膨張宇宙におけるゆらぎの成長

(1) **断熱的密度ゆらぎのふるまい**

ゆらぎの発展方程式 (3.149) は,物質の密度ゆらぎに対する源

をもつ波動方程式となっている.まず,この源項 $\mathcal{S}$ の意味を調べてみよう.

$\mathcal{S}$ は Γ と Π の 2 種類の圧力ゆらぎからなっているが,後者の非等方な圧力ゆらぎは局所熱平衡にある物質では小さいことが多いのでここでは考えないことにする.この仮定のもとでは,$\mathcal{S}$ は単に $\mathcal{S} = -C_K \tilde{\omega}^2 w\Gamma$ となる.ただし,通常の平衡にある物質との相互作用が切れつつある,あるいは相互作用が切れてしまったニュートリノや電磁輻射のゆらぎを扱う場合には非等方な圧力ゆらぎが重要となることを注意しておく.

純粋に 1 種類の粒子からなる局所熱平衡にある物質では Γ は必ずゼロとなる.しかし,物質が 2 成分以上からなる場合にはゼロとは限らない.例えば,熱平衡にある電磁輻射と粒子の質量が m の非相対論的物質からなる物質では,エネルギー密度と圧力は n を粒子数密度として,

$$\rho = \rho_\gamma + mn, \qquad p = \rho_\gamma/3 \tag{3.153}$$

で与えられる.これより,音速は,

$$c_s{}^2 = \frac{\dot{P}}{\dot{\rho}} = \frac{1}{3}\frac{4\rho_\gamma}{4\rho_\gamma + 3mn} \tag{3.154}$$

となるので,Γ は,

$$\begin{aligned}\Gamma &= \frac{\delta P - c_s{}^2 \delta \rho}{P} = \frac{3mn}{4\rho_\gamma + 3mn}\left(\frac{\delta\rho_\gamma}{\rho_\gamma} - \frac{4}{3}\frac{\delta n}{n}\right) \\ &= \frac{4mn}{4\rho_\gamma + 3mn}\frac{\delta(s_\gamma/n)}{s_\gamma/n}\end{aligned} \tag{3.155}$$

と表される.したがって,すでに触れたように,Γ は 1 粒子あたりのエントロピーのゆらぎに比例する.このことより,$\Gamma = 0$ となるゆらぎは断熱的ゆらぎ,$\Gamma \neq 0$ となるゆらぎはエントロピーゆらぎとよばれる.

ここでは,物質が輻射と非相対論的物質の 2 成分からなるフリードマン宇宙($\Lambda = 0$)での断熱的なゆらぎのふるまいを調べてみよう.まず,$K = 0$ の場合を考える.すなわち,宇宙膨張に空間の曲率が効かない十分初期($z \gg 10$)を考える.式(3.153)より,ρ と P が $\zeta = a/a_{\text{eq}}$ を用いて,

$$\rho = \frac{\zeta+1}{2\zeta^4}\rho_{\rm eq}, \qquad P = \frac{1}{6\zeta^4}\rho_{\rm eq} \tag{3.156}$$

と表されることを考慮し，$\varDelta$ の代りに，

$$\varDelta(\zeta) = Q(\zeta)(3\zeta+4)^{1/2}(\zeta+1)^{-5/4} \tag{3.157}$$

で定義される Q を導入すると $\mathcal{S}=0$ としたゆらぎの方程式 (3.149) は，

$$\frac{{\rm d}^2 Q}{{\rm d}\zeta^2} + \frac{8}{3(\zeta+1)(3\zeta+4)}[\omega^2 - \omega_{\rm c}(\zeta)^2]Q = 0 \tag{3.158}$$

と書き直される．ここで ω は $\zeta=1\,(a=a_{\rm eq})$ における $\bar{\omega}$ の値，

$$\omega := \frac{k}{a_{\rm eq}H_{\rm eq}} \tag{3.159}$$

また，$\omega_{\rm c}(\zeta)$ は，

$$\omega_{\rm c}(\zeta)^2 = \frac{3(189\zeta^4 + 924\zeta^3 + 1\,820\zeta^2 + 1\,600\zeta + 512)}{128\zeta^2(3\zeta^2 + 7\zeta + 4)} \tag{3.160}$$

で与えられる関数である．

式 (3.158) の第 2 項を見ると，この方程式の解は，$\omega \gg \omega_{\rm c}(\zeta)$ のとき，振動型となり，解は，

$$\varDelta \simeq \zeta^{1/2}(3\zeta+4)^{1/2}(\zeta+1)^{-5/4}\exp\left(\pm i \frac{2\sqrt{2}}{3}\omega \ln \zeta\right) \tag{3.161}$$

のように，ゆるやかに振動することが確かめられる．一方，$\omega \ll \omega_{\rm c}(\zeta)$ のときには式 (3.158) の第 2 項は負となり，解は一般に単調に変化する．したがって，$1/\omega_{\rm c}(\zeta)$ は共動座標で測ったジーンズ長にあたることがわかる．実際，図 3.8 に示したように，$\zeta \sim 1$ の近傍を除くと $1/\omega_{\rm c}(\zeta)$ はジーンズ長と $t_{\rm eq}$ のときのハッブルホライズン半径の比 $c_{\rm s}H_{\rm eq}/c\zeta H$ とほぼ一致している．特に，$1/\omega_{\rm c}$ は $a=a_{\rm eq}$ の頃最大となり，以後一定値 $1/\omega_{\rm c}^*$ に近づく．

波長がジーンズ長よりずっと長い時期でのゆらぎの詳しいふるまいは $\omega=0$ の場合の方程式 (3.158) を解くことにより知ることができる．この方程式の一般解は初等関数で表すことができ，$\varDelta$ に直すと，

$$\varDelta = AU_G(\zeta) + BU_D(\zeta) \tag{3.162}$$

$$U_G = \frac{\zeta^2}{\zeta+1}X(\zeta), \qquad X(\zeta) = 1 + \frac{2}{9}\frac{3+\sqrt{\zeta+1}}{(1+\sqrt{\zeta+1})^3} \tag{3.163}$$

$$U_D = \frac{1}{\zeta\sqrt{\zeta+1}} \tag{3.164}$$

で与えられる．

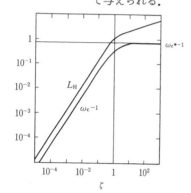

図 3.8 断熱的ゆらぎとジーンズ長

この二つの独立解のうち，U_D は宇宙膨張とともに振幅が減少するので減衰モードとよばれる．もちろん減衰はスケール因子のべきに比例するのでゆるやかではあるが，$t_{\rm dec}$ から現在まででもスケール因子は 10^3 倍程度変化するので，実際上このモードのゆらぎは現在の構造に影響しないと考えられる．一方，U_G は宇宙膨張とともに単調に増大するので，成長モードとよばれる．式(3.163)は見かけはかなり複雑であるが，$t_{\rm eq}$ 近傍を除くと $X(\zeta)$ は一定となるので，実際はかなり単純なふるまいをする．具体的には，

輻射優勢 ($\zeta \ll 1$): $\quad U_G \simeq \dfrac{10}{9}\zeta^2 \tag{3.165}$

物質優勢 ($\zeta \gg 1$): $\quad U_G \simeq \zeta \tag{3.166}$

と輻射優勢の時期では a^2 に比例して，物質優勢の時期では a に比例して増大する．

以上の結果は輻射と非相対論的物質が強く結合し組成比を保

って運動する断熱的なゆらぎに対するもので,例えば輻射との相互作用が切れたバリオンや,もともと輻射とほとんど相互作用しないダークマターが非相対論的成分である場合にはそのまま適用することはできない.しかし,ゆらぎの波長がジーンズ長 $1/\omega_c$ より十分大きい時期には,実際上輻射の圧力(式(3.158)の ω^2 に比例する項)は効かないので,以上の結果は輻射と物質の相互作用の強弱によらず成立する.また,輻射と物質の相互作用が切れた場合でも輻射の圧力が重要でない物質優勢の時期ならば,エネルギー密度のゆらぎのふるまいは上記の $\omega = 0$ の場合と一致する.

この結果は宇宙の構造形成にとって重要な意味をもつ.特に,t_{dec} から現在までに密度ゆらぎの振幅はたかだか 1 000 倍にしか増大しないので,現在の密度ゆらぎが少なくとも 1 程度のコントラストをもつためには $t = t_{\mathrm{dec}}$ の時点で密度ゆらぎは 10^{-3} 以上の振幅をもっていることが必要となる.この結果を 3.1.3 項で述べた CMB の非等方性に対する観測から制限と比較すると矛盾しているように見える.この問題については 3.3 節で詳しく議論する.

次に空間の曲率が重要となる時期でのゆらぎのふるまいを見てみよう.実際の多くのモデルでは,これは相対論的物質のエネルギー密度が無視できる比較的現在に近い時期に相当するので,ここでは宇宙の物質は非相対論的な成分のみからなるとする.このとき,式 (3.149) は,

$$x := -\frac{\Omega_0}{1-\Omega_0}\frac{1}{a} \tag{3.167}$$

を用いて,

$$\left[x(1-x)\frac{\mathrm{d}^2}{\mathrm{d}x^2} - \frac{1}{2}x\frac{\mathrm{d}}{\mathrm{d}x} + \frac{3}{2}\right]\varDelta = 0 \tag{3.168}$$

と書かれる.この方程式の解は各時刻での密度パラメーター,

$$\Omega = \frac{\Omega_0}{\Omega_0 + (1-\Omega_0)a} \tag{3.169}$$

の関数として,

$$\Delta = A U_{\rm G}(\Omega) + B U_{\rm D}(\Omega) \tag{3.170}$$

$$U_{\rm G} = \frac{\Omega_0}{1-\Omega_0}(1-\Omega)F(1, 3/2, 7/2\,;1-\Omega) \tag{3.171}$$

$$U_{\rm D} = \frac{\Omega}{(1-\Omega)^{3/2}}F(-1/2, 0, 2\,;\Omega) \tag{3.172}$$

で与えられる．ここで $F(\alpha, \beta, \gamma\,;z)$ は超幾何関数である．密度パラメーター $\Omega(a)$ は宇宙初期にさかのぼるほど 1 に近づき，逆に空間の曲率が効き始めると次第に減少して 0 に近づくので，$U_{\rm G}$ は成長モード，$U_{\rm D}$ は減衰モードに対応する．

上で触れたように，宇宙初期の曲率が効かない時期 ($\Omega \simeq 1$) でのこれらのモードのふるまいは，2 成分系の場合で $\omega = 0$ とおいて得られる解と一致している．特に，成長モードはスケール因子に比例して増大する．

これに対して，空間曲率が効く時期でのゆらぎのふるまいはかなり違っている．その大きな特徴は，減衰モードは時期にかかわらず減衰するのに対して，成長モードはこの時期に成長が止り一定値に近づくことである．曲率が重要でない時期での成長モードを $\Delta \simeq a$ と規格化すると，$a \to \infty$ で $\Delta \to 5\Omega_0/2(1-\Omega_0)$ より，成長は，

$$a_{\rm stop} \simeq \frac{5}{2}\frac{\Omega_0}{1-\Omega_0} \tag{3.173}$$

の頃に止ることになる．したがって，現在の密度パラメーターが 1 より小さな宇宙では，$\Omega_0 \sim 1$ の場合と比べて $t_{\rm dec}$ 以降のゆらぎの成長率がずっと小さいことになる．この結論は 3.3 節で見るように宇宙の構造形成にとって非常に重要である．

(2) エントロピーゆらぎのふるまい

すでに述べたように，一般に物質が二つ以上の成分からなりその組成が空間的にゆらいでいると $\Gamma \neq 0$ となる．このエントロピーゆらぎのふるまいのおおまかな特徴を調べてみよう．一般的な取り扱いは複雑になるので[26]，ここでは物質が 2 成分からなる場合に限定する．

物質が二つ以上の成分をもつ場合には物質全体に対する密度

と速度だけでは完全な記述ができない．各成分に対する方程式が必要となる．この方程式は各成分 α に対するエネルギー運動量テンソル $\tilde{T}_{(\alpha)}{}^\mu{}_\nu$ の方程式，

$$\nabla_\nu \tilde{T}_{(\alpha)}{}^\nu{}_\mu = \tilde{F}_{(\alpha)\mu} \tag{3.174}$$

から得られる．ここで $\tilde{F}_{(\alpha)\mu}$ は α 成分の単位体積あたりに働く 4 元力である．$\tilde{u}_{(\alpha)}{}^\mu$ を α 成分の 4 元速度として $\tilde{u}_{(\alpha)}{}^\mu \tilde{F}_{(\alpha)\mu} \neq 0$ の場合には成分間でエネルギーの交換が起ることになるがこの場合は議論が複雑であるので，以下では $\tilde{u}_{(\alpha)}{}^\mu \tilde{F}_{(\alpha)\mu} = 0$ を仮定する．

2 成分の場合には Γ は，c_α を α 成分の音速，$w_\alpha = P_\alpha/\rho_\alpha$ として，

$$\Gamma = \frac{(\rho_1 + P_1)(\rho_2 + P_2)}{P(\rho + P)}(c_1{}^2 - c_2{}^2)S_{12} \tag{3.175}$$

$$S_{12} := \frac{\delta_1}{1+w_1} - \frac{\delta_2}{1+w_2} \tag{3.176}$$

と表される．各成分の密度ゆらぎのコントラスト δ_α のゲージ変換に対するふるまいは δ とまったく同じになるので，S_{12} はそのままでゲージ不変となっている．同様に 2 成分の速度の差，

$$V_{12} := v_1 - v_2 \tag{3.177}$$

もゲージ不変となる．そこで，$\varDelta, V$ と S_{12}, V_{12} を物質のゆらぎを記述する基本変数に選ぶことにする．さらに，上記の仮定のもとで $\delta F_{(\alpha)j}$ 自体もゲージ不変であることが示されるので，そのスカラー成分 F_α を，

$$\delta F_{(\alpha)j}(x) = \sum_k a(\rho_\alpha + P_\alpha)F_\alpha(\boldsymbol{k})(-1/k)D_j Y_k(\boldsymbol{x}) \tag{3.178}$$

で定義すると，力を表すゲージ不変量が得られる．

ここでは導出を省略するが，これらの変数を用いると上記の運動方程式から次のような S_{12}, V_{12} に対する方程式が導かれる．

$$DS_{12} = -\tilde{\omega} V_{12} \tag{3.179}$$

$$DV_{12} + (1 - 3\tilde{c}_s{}^2)V_{12} = \tilde{\omega}\frac{c_1{}^2 - c_2{}^2}{1+w}\varDelta + \tilde{\omega}\tilde{c}_s{}^2 S_{12} + F_{12} \tag{3.180}$$

ここで $\tilde{c}_s{}^2$ と F_{12} は，

$$\tilde{c}_s{}^2 := \frac{\rho_2+P_2}{\rho+P}c_1{}^2 + \frac{\rho_1+P_1}{\rho+P}c_2{}^2 \tag{3.181}$$

$$F_{12} = F_1 - F_2 \tag{3.182}$$

で定義される量である．これらの方程式を $\varDelta$, V に対する式(3.136)，式(3.137)と連立して解けば，2成分系のエントロピーゆらぎのふるまいが完全に決る．

もちろん，この2成分系のふるまいは1成分系の断熱ゆらぎに比べてずっと複雑で，一般的な議論を解析的に行うことは困難である．そこで，ここでは単純に扱えるいくつかの重要な場合についてふるまいの定性的な特徴だけを見ることにする．

単純に扱える一つの場合は成分間の結合が非常に強いときのゆらぎである．この場合，成分間の力は，

$$F_{12} = -\gamma V_{12} \quad (\gamma \gg 1) \tag{3.183}$$

となるので，式(3.179)および式(3.180)より

$$V_{12} = (1/\gamma)\,\mathrm{O}(\tilde{\omega}\varDelta, \tilde{\omega}S_{12}) \tag{3.184}$$

$$S_{12} = S_{12}{}^0 + (1/\gamma)\,\mathrm{O}(\tilde{\omega}^2\varDelta) \tag{3.185}$$

を得る．したがって，$\gamma \gg 1$ かつ $\gamma \gg \tilde{\omega}^2$ が成立すれば $S_{12} \simeq S_{12}{}^0$ とエントロピーのゆらぎは一定にとどまることになる．電磁輻射とバリオン的な物質の間では t_{dec} 以前の時期にこの状況が実現する．

単純に扱えるもう一つの場合は，成分間のゆらぎの波長がホライズン半径より十分大きいときである．このときには，式(3.180)より，V_{12} は，

$$V_{12} = \mathrm{O}(V_{12}{}^0) + \mathrm{O}(\tilde{\omega}\varDelta, \tilde{\omega}S_{12}) \tag{3.186}$$

と評価される．ここで $V_{12}{}^0$ は V_{12} の初期値である．これを式(3.180)に代入することにより，S_{12} に対して，

$$S_{12} = S_{12}{}^0 + \mathrm{O}(\tilde{\omega}V_{12}{}^0) + \mathrm{O}(\tilde{\omega}^2\varDelta) \tag{3.187}$$

を得る．ところが，ゆらぎのスケールがホライズン半径より十分大きい時期では $\tilde{\omega} \ll 1$ なので，一般に $|\tilde{\omega}||V_{12}{}^0| \ll 1$ および $\tilde{\omega}^2|\varDelta| \ll S_{12}{}^0$ が成り立つ．したがって，この時期でも $S_{12} \simeq S_{12}{}^0$ とエントロピーのゆらぎの振幅は一定にとどまることがわかる．もち

ろん，成分間の相互作用にもよるが，一般に，ゆらぎの波長がホライズン半径より小さくなると S_{12} は Δ と同程度の大きさとなる．

2成分系のゆらぎは4個の自由度をもつので，線形理論が成立する範囲ではゆらぎは4個のモードをもつ．一般的な状況ではこれらの4個のモードのふるまいは複雑であるが，ホライズン半径より十分大きなスケールのゆらぎのように Δ の S_{12} への作用が無視できる場合には，これらは式(3.149)で $\mathcal{S}=0$ とおいて得られる2成分の断熱モードと式(3.179)と式(3.180)において $\Delta=0$ とおいて得られる2成分のエントロピーモードの重ね合せとして表される．これらのうち，後者は，もし $\Delta=0$ が厳密に成り立つ場合には $\Phi=0$ となり，空間の曲率のゆらぎを伴わないモードとなるので等曲率ゆらぎとよばれる．もちろん，実際には，宇宙初期に $\Delta=0$ でも S_{12} が源となって Δ が生成される．しかし，この効果は $L\gg L_{\rm H}$ では $\tilde{\omega}\ll1$ となるために小さい．実際，上に見たようにこの分離のよい時期では S_{12} はほぼ一定にとどまるので，第1成分が非相対論的物質，第2成分が相対論的物質の場合に，$S_{12}=S^0=$ const. とおき，式(3.175)を考慮して式(3.149)を近似的に解くと，

$$\Delta_{\rm iso} \simeq \begin{cases} (1/6)\omega^2\zeta^3 S^0 \sim \tilde{\omega}^2\zeta S^0 & (\zeta\ll1) \\ (4/15)\omega^2\zeta S^0 \sim \tilde{\omega}^2 S^0 & (\zeta\gg1) \end{cases} \quad (3.188)$$

となり[27]，$\tilde{\omega}\ll1$ では $|\Delta_{\rm iso}|\ll|S^0|$ となる．一方，断熱ゆらぎに対しては，曲率ゆらぎは，

$$\Phi_{\rm G} = \frac{3}{4\omega^2} X(\zeta) \quad (3.189)$$

$$\Phi_{\rm D} = \frac{3}{4\omega^2} \frac{\sqrt{\zeta+1}}{\zeta^3} \quad (3.190)$$

と表され，減衰モードの曲率ゆらぎが急速に減少するのに対して，成長モードでは曲率ゆらぎはほとんど変化しない．したがって，減衰モードを無視すると，宇宙初期でのゆらぎは，$S_{12}\simeq0$ で $\Phi\simeq$ const. の断熱成長ゆらぎと，$S_{12}\simeq$ const. で $\Phi\simeq0$ の等

曲率ゆらぎの独立な2種類のゆらぎの重ね合せと見なすことができる.もちろん,これらのゆらぎはスケールがホライズン半径以下となると一般には混合してしまう.

3.3 重力不安定説での構造形成

前節で見たように,密度ゆらぎの成長の仕方は宇宙の物質構成により大きく異なる.ところが,2.1節で述べたように,宇宙の物質の主要成分は依然として実体の不明なダークマターからなっている.このため,重力不安定説での構造形成の詳細はこのダークマターの性格に大きく依存する.このことは見方を変えると,現在の構造に関する観測と理論の予言を比較することにより,逆にダークマターの実体に関する情報が得られる可能性があることを意味する.

最も粗っぽく分類すると,ダークマターはバリオンと非バリオンに分けられる.非バリオン的なダークマターはさらにその起源に関連して熱いダークマター,温かいダークマター,冷たいダークマターの三つのタイプに分類される[28].まず,熱いダークマターとは,宇宙初期に熱平衡にあり,かつクォークハドロン転移以降でその粒子が相対論的な時期に粒子数が凍結したものをさす.現在の素粒子のモデルでは軽いニュートリノのみがこのタイプに該当する.これに対して,温かいダークマターは,クォークハドロン転移以前の時期に粒子数が凍結するものをさす.粒子数が凍結するときに相対論的で熱平衡にあることは熱いダークマターと同様である.2.2.8項で見たように,クォークハドロン転移の際,物質全体のエントロピーに対して光子の占める割合は一挙に10倍ほど大きくなる.このため,ニュートリノと光子の数の比が電子の対消滅により減少するのと同じメカニズムで,温かいダークマターの粒子数は熱いダークマターに比べて10分の1程度に小さくなる.したがって,現在の質量密度が同じとすると,温かいダークマターを構成する粒子の

質量は熱いダークマターの10倍程度,約1 keV 程度となる.最後に,冷たいダークマターは宇宙初期に決して熱平衡になることがないか,または熱平衡の時期があったとしても非相対論的な時期に粒子数が凍結するものをさす.後者のタイプのものは一般に非常に重い素粒子（1 GeV 以上）からなり,当然粒子数も温かいダークマターより少なくなる.しかし,前者に関しては粒子の質量や数密度について一般的な議論はできない.例えば,最も有力な冷たいダークマターの候補であるアキシオンとよばれる粒子は 10^{-5} eV 程度と非常に小さい質量をもつ[29].ただし,現在の宇宙の構造のスケールがホライズンサイズより小さくなる時期にはすでに非相対論的となっていることはすべての冷たいダークマターに共通している.

以下では,現在自然な候補の知られていない温かいダークマターを除く,バリオン,熱いダークマター,冷たいダークマターに対して,それぞれが宇宙の物質の主要部を占めている場合の構造形成のシナリオの特徴および観測から得られる制限を見てみよう.これらのモデルを,以下では順に BDM (baryon dominated model), HDM (hot dark matter model), CDM (cold dark matter model) とよぶことにする.

3.3.1 BDM

まず,ゆらぎのスペクトルが宇宙の進化とともにどのように変化するかを見てみよう.ただし,断熱的なゆらぎと等曲率ゆらぎではふるまいが大きく異なるので,それらを個別に調べることが必要となる.

(1) 断熱的ゆらぎ

3.2.2項で述べたように,断熱的ゆらぎが重力不安定により成長するにはゆらぎのスケールがジーンズ長より大きくなくてはいけない.物質がバリオンと電磁輻射からなる宇宙では,宇宙の晴れ上がり時 $t_{\rm dec}$ 以前ではバリオンと輻射が強く結合し一体となってふるまう.このため,この時期での共動座標で計った

ジーンズ長 $L_J \simeq (c_s/c)L_H$ は，3.2.4項の式 (3.160) で定義される ω_c を用いて，

$$L_J \simeq L_{H,eq}/\omega_c, \qquad \omega_c^{-1} \simeq \begin{cases} a/(\sqrt{3}a_{eq}) & (a \ll a_{eq}) \\ \sqrt{128/189} & (a \gg a_{eq}) \end{cases} \qquad (3.191)$$

と表される．L_J は，輻射優勢（$a \ll a_{eq}$）の時期ではほぼハッブルホライズン半径と同程度となり（時間）$^{1/2}$ に比例して増大するのに対して，物質優勢になると一定になる（図 3.9）．したがって，ゆらぎのスケール L が $L_{H,eq}$ より大きな断熱的ゆらぎは，輻射優勢の時期では $\Delta \propto a^2$，物質優勢の時期では $\Delta \propto a$ に従い t_{dec} まで成長を続ける．これに対して，$L_{H,eq}$ より小さいス

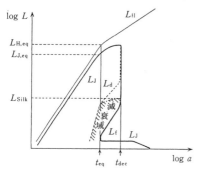

図 3.9 BDM でのジーンズ長のふるまい （文献[39]より引用）

ケールのゆらぎはゆらぎのスケールがホライズン半径より小さくなる（以後このことをホライズンに入ると表現することにする）と成長が止り，ほぼ一定の振幅で振動する．このため，ゆらぎのスペクトルは変形を受け，$L_{H,eq}$ をあらたに特徴的スケールとしてもつようになる．現在の宇宙年齢が $t_0 \gtrsim 14$ Gyr とすると，宇宙パラメーターは $h \gtrsim 0.5$ に対して $\Omega_0 h^2 \lesssim 0.2$ となるので，（式 3.45）よりこの特徴的スケールは $L_{H,eq} \gtrsim 50$ Mpc と宇宙の大構造程度の大きさを与える．

これに対して，t_{dec} 以降ではバリオンは輻射と相互作用しなくなるためにバリオンの温度 T_b は輻射より低くなり音速は急速に低下する．実際，2.2.1項(4)で見たように，膨張宇宙では粒

子の運動量は $p \propto 1/a$ とスケール因子に逆比例して減少するため,バリオンの温度は $T_b \propto \langle p^2/2m_p \rangle \propto 1/a^2$ と変化する.したがって,音速は,
$$c_s \simeq \sqrt{T_b/m_p} = (a_{dec}/a)\sqrt{T_{dec}/m_p}$$
となり,ジーンズ長は,
$$L_J \simeq 10^{-4} L_{H,eq} (a/a_{dec})^{-1/2} (h^2 \Omega_0)^{1/2} \tag{3.192}$$
と非常に小さな値となる.したがって,現在の大域的な構造と関連するすべてのスケールでゆらぎは同じスピードで成長する.この時期では,$\Omega_0 h^2 > 2.4 \times 10^{-2}$ に対して輻射のエネルギー密度はバリオンのエネルギー密度より小さくなり(式 (3.44)参照),しかもバリオンと輻射は独立に運動するので,初期に断熱的か等曲率的かによらず,バリオンのゆらぎの成長率は式(3.171)で与えられる.

輻射と物質の相互作用がすべてのスケールにわたって同時にかつ瞬時に切れる場合には,ゆらぎのスペクトルはジーンズ長のふるまいにより完全に決定される.しかし,実際には輻射と物質の相互作用の切れる時刻はスケールごとに異なり,このためゆらぎはあらたな変形を受ける.

バリオンの数密度を n_b,電離度を X_e とするとき,光子の平均自由行程 l_f は $l_f = 1/(\sigma_T n_b X_e)$ で与えられ,各光子は時間 t の間に $l_d \simeq \sqrt{ct l_f}$ 程度の距離まで拡散する.この拡散により,l_d より小さいスケール輻射のゆらぎはならされ,それに伴って,バリオンと輻射の運動のずれが起る.ところが $l > l_f$ では依然としてバリオンと輻射が強く相互作用するために,バリオンと輻射の間には速度差に比例した大きな摩擦力が働く.このため,l_d 以下のスケールではバリオンのゆらぎも輻射のゆらぎも急速に減衰することになる.この減衰はシルク減衰とよばれている[30, 31].拡散距離は $a > a_{eq}$ では,
$$L_d := l_d/a$$
$$= 1.66 (\Omega_0/\Omega_{b0})^{1/2} (\Omega_0 h^2)^{-3/4} (a/1\,000)^{5/4} X_e^{-1/2} \text{ Mpc} \tag{3.193}$$

で与えられるので，$\Omega_0=\Omega_{b0}$ のとき，$L \sim 1.66(\Omega_0 h^2)^{-3/4}$ Mpc 以下のスケールのゆらぎは減衰してしまい消えてしまうことになる．ただし，この値はあくまで目安であって，正確な減衰のふるまいを知るには詳しい数値計算が必要となる．例えば，ピーブルス (Peebles) は数値計算からの経験式として少し大きめの値，

$$L_{\text{Silk}} \simeq 2(\Omega_0 h^2)^{-1}[1+0.036/(\Omega_0 h^2)]^{-1} \text{ Mpc} \tag{3.194}$$

を与えている[7]．L_{Silk} はシルク長とよばれる．

$\Omega_0 h^2 \leq 0.2$, $h \geq 0.5$ に対して，

$$L_{\text{Silk}} \gtrsim 5h^{-1} \text{ Mpc} \tag{3.195}$$

とシルク長は銀河団程度かそれより大きなスケールを与える．密度パラメーターが観測値 $\Omega_0 \sim 0.1$ 程度とすると $L_{\text{Silk}} \sim 20h^{-2}$ Mpc とさらに大きな大構造程度の値となる．したがって，断熱的ゆらぎを種とするとき，BDM では，まず銀河団以上の大きなスケールの高密度のガス雲が宇宙進化で作られ，それらが重力収縮した後分裂し，現在の銀河のもとになる小さなスケールのガス雲が作られることになる．この種のシナリオはパンケーキシナリオ，ないしもっと一般的にトップダウン (top-down) シナリオとよばれる．

このようにゆらぎの進化についてのおおまかな議論により，BDM において現在の宇宙の構造を特徴づけるスケールがどのようにして生み出されるかを理解することができるが，観測との詳しい比較をするにはゆらぎのスペクトルを具体的に決定しなければならない．そのためには，宇宙初期におけるゆらぎのスペクトルについての情報が必要となる．もちろん，この情報を決定するには初期のゆらぎの起源を明らかにしなければならないが，現在のところ，ゆらぎの起源に関して確実なことはわかっていない．そこで，以下では初期ゆらぎは特徴的なスケールをもたないべき型のスペクトル，

$$\Delta(x) = \sum_k \Delta(\boldsymbol{k},t) Y_k(x) \tag{3.196}$$

$$k^3|\Delta(\boldsymbol{k})|^2 = Ak^{n+3} \tag{3.197}$$

をもつと仮定することにする．ここで，$|\Delta|^2$ に k^3 を掛けてあるのは，ランダムにとった半径 R の領域の平均密度のゆらぎ，すなわちスケール R での密度ゆらぎが，$Y_k(x) = [(2\pi)^3/V]^{1/2} \exp(i\boldsymbol{k}\cdot\boldsymbol{x})$（$V$ は考えている領域の体積）に対して，

$$\begin{aligned}\langle|\Delta|^2\rangle_R &\simeq 9\int d^3k \left[\frac{j_1(kR)}{kR}\right]^2 |\Delta(k)|^2 \\ &\sim [k^3|\Delta(k)|^2]_{k=1/R}\end{aligned} \tag{3.198}$$

と表されるためである．ここで $j_1(z)$ は球面ベッセル関数である．

振幅 A は後ほど述べるように銀河分布の相関関数 ξ を用いて決定されるが，べき指数 n を直接決めることは困難である．そこで通常 n はパラメーターとして扱われるが，それらのうち，ゼルドヴィッチ (Zeldovich) スペクトルとよばれる $n=1$ の場合が特に重要視されることが多い．このゆらぎは曲率に直すと，$k^3|\varPhi|^2$ が k すなわちゆらぎのスケールによらなくなるので，スケール不変なゆらぎとよばれることもある．$\varPhi$ はゆらぎのスケールがホライズンスケールとなった時点での Δ の振幅を表すので（式 (3.134) 参照），このゆらぎはすべてのスケールのゆらぎがホライズンに入るときに同じ振幅をもつというおもしろい性質をもつ．さらに，4 章で述べるように，単純なインフレーション宇宙モデルではインフレーション時にこのタイプのゆらぎが生成されることを予言していることも，スケール不変なゆらぎが重視される理由の一つとなっている．

スケール不変なゆらぎを初期値として，これまでに述べたゆらぎの進化を考慮して得られた $t_{\rm dec}$ 後でのゆらぎのスペクトルは，図 3.10 に示したようになる[32]．$t_{\rm dec}$ 以降では，すでに述べたように，非線形性が重要となる時期まではスペクトルは変化しない．また，他の初期スペクトルに対する結果は，この結果に単に k の適当なべきを掛けることより得られる．

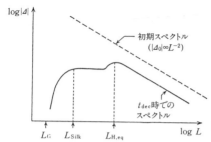

図 3.10 BDM における断熱ゆらぎのスペクトルの変化（文献[39]より引用）

(2) 等曲率ゆらぎ

等曲率ゆらぎの進化は，断熱ゆらぎとかなり異なる．まず，ゆらぎのスケールがホライズン半径より大きい時期では 3.2.4 項で述べたように，エントロピーのゆらぎ S はほぼ一定にとどまり，それから生成された密度ゆらぎ Δ は式 (3.188) に従って成長する．ゆらぎのスケールが $L_{H,eq}$ より大きい場合にはこの密度ゆらぎは物質優勢の時期にホライズンに入り，以後は断熱ゆらぎと同様に成長する（図 3.11；$\omega=0.1$）．これに対して，$L_{H,eq}$ より小さなスケールのゆらぎは輻射優勢の時期にホライズンに入る．この時期での輻射のゆらぎ $\Delta_r = \delta_r + 4\dot{a}(\beta_L - v_{rL})$ は，ジーンズ長より波長が短いためほとんど成長できず小さい振幅のま

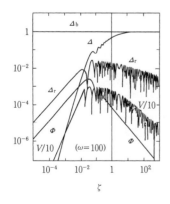
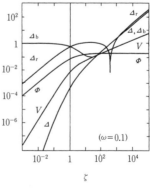

図 3.11 BDM モデルでの等曲率ゆらぎの進化

まとどまり，$\varDelta = \rho_b \varDelta_b/\rho + 3(\rho+P)\varDelta_r/(4\rho)$ は単調に増大しSに近づく．したがって，ゆらぎの時間発展は図 3.11 の $\omega = 100$ の場合のようになる[27]．

断熱的ゆらぎでは輻射のエネルギー密度のゆらぎ $\varDelta_r$ は全エネルギー密度のゆらぎ $\varDelta$ にほぼ比例するが，等曲率ゆらぎでは両者のふるまいは大きく異なる．特に，ホライズン半径より大きな時期では，

$$\varDelta_r = \frac{4}{3}\left(-\frac{\rho_b}{\rho+P}S + \frac{\varDelta}{1+w}\right) \tag{3.199}$$

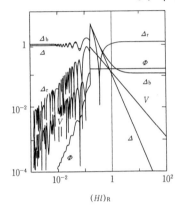

図 3.12 BDM における等曲率ゆらぎの t_{dec} 時でのスペクトル

によって $\varDelta_r$ は $\varDelta$ よりずっと大きくなる（図 3.11）．この特徴は，図 3.12 に示した t_{dec} 時でのゆらぎのスペクトルに如実に現れている[27, 32]．次に見るように，この現象は宇宙背景輻射の非等方性への影響を考える際に重要となる．

最後に，初期ゆらぎが等曲率の場合の初期スペクトルについて注意しておく．等曲率ゆらぎでは通常，初期値は $S(\boldsymbol{k})$ のスペクトルにより表現されるが，このスペクトルと断熱ゆらぎのスペクトルを直接比較することはできない．そこで両者を比較するときには，エントロピーゆらぎから作られた，波長がホライズンスケールより大きい時期での $\varDelta$ のスペクトルを用いることにする．この方法では，式 (3.188) より式 (3.197) に対応

する S のスペクトルは,

$$k^3|S(\boldsymbol{k})|^2 = Ak^{n-1} \tag{3.200}$$

で与えられる.

(3) CMBの非等方性

　　構造形成の理論と観測を比較するには,ゆらぎの初期スペクトル,特にその振幅を与える必要がある.通常これは,銀河の相関関数の観測を用いて決定されるが,現在の宇宙の構造は非線形の過程の結果として生れるために,観測された相関関数を直接線形理論の結果と比較することはできない.しかし,現在の大域的な構造に伴う密度ゆらぎは大きなスケールほど小さくなっているので,十分大きなスケールでは線形理論の結果が直接適用されると考えられる.ただし,大きなスケールにゆくほど相関関数の観測誤差は大きくなるので,相関関数の値そのものを直接用いることはできない.この困難を回避するために,通常,相関関数の積分である $J_3(R)$ が用いられる.これは,$J_3(R)$ が半径 R の領域の平均密度のゆらぎに対応する量なので,非線形性が重要となる小さなスケールの構造の詳細に依存しないと考えられるためである.

　　銀河の個数分布が物質の密度に比例しているとすると,相関関数はゆらぎのスペクトルを用いて,

$$\xi(r) = \langle \delta(\boldsymbol{x})\delta(\boldsymbol{x}+\boldsymbol{r})\rangle = 4\pi \int_0^\infty \mathrm{d}k \, k^2 |\delta(k)|^2 \frac{\sin kr}{kr} \tag{3.201}$$

と表されるので,$J_3(R)$ は,

$$\begin{aligned}J_3(R) &:= \int_0^R \mathrm{d}r \, r^2 \xi(r) \\ &= 4\pi R^3 \int_0^\infty \mathrm{d}k \, k^2 |\delta(k)|^2 \frac{j_1(kR)}{kR}\end{aligned} \tag{3.202}$$

と書かれる.したがって,球面ベッセル関数 $j_1(z)$ のふるまいより,$J_3(R)$ はほぼ $k\sim 2\pi/R$ での $|\delta(k)|^2$ の値と一致することがわかる.ただし,正確な値は密度ゆらぎのスペクトルに大きく依存する.

　　以上の手続きで,初期ゆらぎの振幅を決めることにすると,

スペクトルのべき指数 n をパラメーターとして現在の構造についての定量的な予言,および観測との比較が可能となる.特に,まだ線形理論による近似がよく成立する t_{dec} 時での情報を直接運んでくる,CMB の非等方性に関しては,かなり信頼性のある議論が可能となる.

宇宙の晴れ上がり時点 t_{dec} でのゆらぎと現在観測される CMB の非等方性 $\delta T/T$ を結びつけるには,輻射場の分布関数が t_{dec} 以降どのようにふるまうかを知る必要がある.このふるまいを記述する方程式の導出は非常に複雑なので,本書では導出過程を省略し,結果のみを記すことにする.興味のある読者は,文献 [26] の Appendix E および文献 [27] の Appendix を参照してほしい.

摂動を受けた輻射場の分布関数は時空座標 x^μ,振動数 ν および光子の伝播方向 Ω に依存し,一般に $\tilde{F}(x,\nu,\Omega)$ と表される.ここで Ω は空間的な単位ベクトルで,各時空点では適当な局所慣性系をとることにより $\Omega^j \Omega_j = 1$ を満たす Ω^j を用いて $\Omega = (0, \Omega^j)$ と表される.時空と輻射場が空間的に一様で,輻射が熱平衡にあるときには,$\tilde{F}$ は式 (2.55) で $\mu = 0$, $\varepsilon = h\nu$ (h はプランク定数) とおくことによって得られるプランク分布 $F(\varepsilon) = [e^{\varepsilon/T} - 1]^{-1}$ で与えられるので,$\tilde{F}$ は $F(\varepsilon)$ とそれからの摂動 δF の和として表される.

$$\tilde{F}(x, \nu, \Omega) = F + \delta F(x, \nu, \Omega) \tag{3.203}$$

われわれに興味があるのは温度のゆらぎなので,δF に対応する温度のゆらぎを表す量として,

$$\Theta(x, \Omega) := \int_0^\infty \delta F \, \nu^3 d\nu \Big/ 4\int_0^\infty F\nu^3 d\nu \tag{3.204}$$

を導入する.$\tilde{F}$ が $\tilde{F} = (e^{\varepsilon/\tilde{T}} - 1)^{-1}$ の形をもつとき,$\Theta = \delta T/T$ ($\delta T = \tilde{T} - T$) となるので,これはたしかに温度のゆらぎを表す自然な量となっている.

Θ はそのままではゲージ変換に対して値を変えるが,

$$\Theta_{\text{S}} := \Theta + (\dot{a}/a)\sigma_{\text{gL}} + (1/a)\Omega^j D_j \sigma_{\text{gL}} \tag{3.205}$$

で定義される量 Θ_s はゲージ不変であることが示される．一般の曲った時空におけるボルツマン方程式より，輻射と物質の相互作用が切れた後では，Θ_s は次の方程式に従うことが導かれる．

$$\frac{\mathrm{d}}{\mathrm{d}l}(\Theta_\mathrm{s}+\Psi)+\partial_0(\Phi-\Psi)+\Omega^j\Omega^k(\frac{1}{a}D_j\sigma_{\mathrm{gT}k}+\dot{h}_{\mathrm{TT}jk})=0 \quad (3.206)$$

ここで $\mathrm{d}/\mathrm{d}l$ は各自由光子の軌道 $x^\mu(t)$ に沿う微分，

$$\frac{\mathrm{d}}{\mathrm{d}l}=\frac{1}{c}\frac{\partial}{\partial t}+\frac{\mathrm{d}x^j}{\mathrm{d}t}\frac{\partial}{\partial x^j}+\frac{\mathrm{d}\Omega^j}{\mathrm{d}t}\frac{\partial}{\partial \Omega^j}$$

である．ゆらぎとしてスカラー型のもののみを考えることにすると（$\sigma_{\mathrm{gT}j}=\dot{h}_{\mathrm{TT}jk}=0$），この時期での密度ゆらぎのふるまいは，断熱的な成長モードで記述されると考えられるので，$\Psi=-\Phi$ の各点の値は時間によらない定数となる（もちろん空間座標には依存する）．このことを考慮すると式（3.206）は単に $\mathrm{d}(\Theta+\Psi)/\mathrm{d}l=0$ となるので，結局現在の CMB の各方向での温度のゆらぎ $\Theta_0(\Omega):=\Theta_\mathrm{s}(t_0,x_0,\Omega)$ は，Ω に依存しない Ψ_0 を省略すると，t_dec 時点でのゆらぎの振幅を用いて，

$$\Theta_0(\Omega)=\Theta_\mathrm{s}(t_\mathrm{dec},\boldsymbol{x}(t_\mathrm{dec},\Omega),\Omega(t_\mathrm{dec}))+\Psi(t_\mathrm{dec},\boldsymbol{x}(t_\mathrm{dec},\Omega)) \quad (3.207)$$

と表されることになる．ここで，$\boldsymbol{x}(t_\mathrm{dec},\Omega)$ は現在 Ω の方向からやってくる光線の t_dec 時での空間座標，$\Omega(t_\mathrm{dec})$ はそのときの伝播方向である．

一般に，輻射のエネルギー密度 $\tilde{\rho}_\mathrm{r}$ は式（2.57）において $F(\varepsilon)\to\tilde{F}$ とおき換えた式で与えられるので，Θ の Ω に関する平均と輻射のエネルギー密度のゆらぎとの間には，

$$\langle\Theta\rangle_\Omega=\delta_r/4 \quad (3.208)$$

の関係が成り立つ．特に，バリオンの局所静止系すなわち $v_\mathrm{bL}=\beta_\mathrm{L}$ となるゲージをとると，t_dec の直前では，輻射場は局所熱平衡にあり，$\tilde{F}$ は Ω に依存しないので $\Theta=\langle\Theta\rangle_\Omega=\delta_r/4$ となる．また，同じゲージのもとで，式（3.117）および式（3.124）より，バリオン速度に対するゲージ不変量は $V_\mathrm{b}=a^{-1}\sigma_\mathrm{gL}$ となる．これらのことより，輻射と物質が強く結合している時期では $V_\mathrm{b}=V_\mathrm{r}=V$ となることを考慮して，

$$\Theta_\mathrm{S} = \varDelta_\mathrm{r}/4 + \dot{a}V + \Omega^j D_j V \quad (t = t_\mathrm{dec} \text{ のとき}) \quad (3.209)$$

を得る．この表式より，式 (3.207) の第 1 項は t_dec 時の温度の空間的なゆらぎ，および物質の運動によるドップラー効果に起因する非等方性を表す．これに対して，第 2 項は $\varPsi$ がニュートン理論における重力ポテンシャルに対応することを思い出すと，t_dec 時の重力ポテンシャルが空間的に揺らいでいることによって生じる重力赤方偏移のゆらぎに起因する項であることがわかる．このように重力ポテンシャルのゆらぎにより CMB の非等方性が生み出される現象はザックス‐ウォルフェ (Sacks-Wolfe) 効果とよばれる．

式 (3.207) を用いると，現在の CMB の温度ゆらぎの角度相関関数 $C(\theta)$ を t_dec 時でのゆらぎの量で表すことができる．空間が曲がった一般の場合では得られる表式は複雑になるが，$Y_k(\boldsymbol{x}) = [(2\pi)^3/V]^{1/2} \exp(i\boldsymbol{k} \cdot \boldsymbol{x})$ ととることのできる平坦な空間の場合には，

$$C(\theta) = 4\pi \int_0^\infty dk\, k^2 \langle \left| \frac{1}{4} \varDelta_\mathrm{dec}(\boldsymbol{k}) - \left(\frac{\dot{a}}{k} + \sin \frac{\theta}{2} \partial_z \right) V_\mathrm{dec}(\boldsymbol{k}) \right.$$
$$\left. + \varPsi_\mathrm{dec}(\boldsymbol{k}) \right|^2 + \frac{1}{2} \cos^2 \frac{\theta}{2}$$
$$|V_\mathrm{dec}(\boldsymbol{k})|^2 (1 + \partial_z^2) \rangle \hat{\partial}_0(z) \Big|_{z = 2k\chi_\mathrm{dec} \sin(\theta/2)} \quad (3.210)$$

と比較的簡単な表式を得る．ここで，χ_dec は輻射が t_dec 時から現在までに伝播する共動座標での距離である．実際に観測される温度の非等方性の期待値 $(\delta T/T)_2$, $(\delta T/T)_3$ は式 (3.29)，式 (3.34) で与えられる．

以上の方法で計算された CMB の非等方性に対する理論値を密度パラメーター Ω_0 とべき指数 n の関数として表したのが図 3.13 である[33]（この図の上半分は式 (3.35) の観測 (R) に，下半分は式 (3.32) の観測 (D) に対応する）．この図が示すように，一般に断熱的なゆらぎに基づくモデルに比べて，等曲率ゆらぎに基づくモデルでは，大きな角度スケールで CMB の非

等方性が大きくなり観測からより強い制限を受ける(下半分の図).これは上に述べたようにホライズンを越えるスケールで輻射のエネルギー密度のゆらぎが大きくなるためである.

一方,小さいスケールでは(上半分の図)ゆらぎのタイプによる違いはあまりない.しかし,その代り非等方性の大きさは密度パラメーターに非常に敏感となり,Ω_0 が小さいほど $\delta T/T$ は大きくなっている.この理由は次のように理解される.

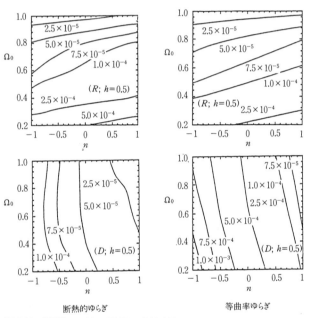

断熱的ゆらぎ　　　　　　　等曲率ゆらぎ

図 3.13 BDM における CMB の非等方性

現在の J_3 の値を固定して Ω_0 を小さくすると,$t_{\rm dec}$ 以降の時期でゆらぎの成長できる期間が短くなるために,$t_{\rm dec}$ 時でのゆらぎの振幅を大きくすることが必要となり,大きな非等方性が生み出される.さらに,$J_3(R)$ 規格化ではある一定の hR に相当するスケールの値が用いられるが,このとき一定の角度 θ に対応するスケール $L(\theta)$ と R の比 $hL(\theta)/(hR)$ は式 (3.48) より

Ω_0 が減少すると増大する.ところが,小さなスケールでのゆらぎのスペクトルは L とともに増加するために, $L(\theta) < L_{H,eq}$ の範囲で Ω_0 を減少させるとゆらぎの振幅は増大し,やはり非等方性も増加する.

この図に示された理論値を式 (3.32) および式 (3.35) の観測からの制限と比較してみると,BDM では,ゆらぎのタイプ,スペクトルのべき指数,宇宙パラメーターをどのように選んでも,観測からの制限を満たすモデルが作れないことがわかる.したがって,重力不安定説が正しいとすると,ダークマターがバリオンからなる可能性は完全に否定される.

3.3.2 HDM

熱いダークマター (以下ではニュートリノとする) が支配的なモデルでのジーンズ長のふるまいは,輻射優勢の時期では BDM と同じになる.しかし,物質優勢 (いまの場合ニュートリノ優勢) の時期でのふるまいは少し異なる.まず,式 (2.138) と式 (2.176) より時刻 t_{eq} での温度 T_{eq} はニュートリノの質量 m_ν を用いて,

$$T_{eq} \simeq \sum m_\nu/9.93 \lesssim m_\nu/3 \tag{3.211}$$

と表されるので, t_{eq} の時点でニュートリノはすでに非相対論的になっている.2.2.1項(4)で述べたように,粒子数が凍結した後のニュートリノの分布関数は変化しないので,各粒子の運動量が $p \propto 1/a$ に従って変化することに注意すると,非相対論的な時期でのニュートリノの音速 c_ν は,

$$c_\nu/c \simeq 5\sqrt{\zeta(5)/[3\zeta(3)]}\, T_\nu/(m_\nu c^2) \simeq 1.91\, T_\gamma/(m_\nu c^2)$$

で与えられることが計算により示される.これより, t_{eq} 以降でのジーンズ長は,

$$L_J = \frac{\sum m_\nu}{5.2 m_\nu}\left(\frac{a}{a_{eq}}\right)^{-1/2} L_{H,eq} \tag{3.212}$$

に従って宇宙膨張とともに減少することがわかる.したがって, t_{eq} の頃にジーンズ長が最大となり, $L_{H,eq}$ 以下のスケールでゆ

らぎの成長が抑えられることは BDM の場合と同じである．

ニュートリノはバリオンと違い，輻射とほとんど相互作用しないためにシルク減衰に相当する減衰は起らない．しかし，この相互作用しないという性質のためにあらたな減衰が起る．実際，相対論的なニュートリノは時刻 t までにその時刻でのホライズンスケールに相当する距離を自由に走る．このため，ニュートリノが非相対論的となる時点でのホライズンスケール $L_{H,eq}$ より小さなスケールのゆらぎはすべてならされて消えてしまうことになる．この現象は無衝突減衰（free streaming damping）とよばれる．このことを考慮すると，スケール不変な初期スペクトルは，図 3.14 に示したように，t_{dec} の時点では $L_{H,eq}$ のあたりにカットオフをもつようになる[34]．この結果は，断熱的ゆらぎ，等曲率ゆらぎなどのゆらぎのタイプによらない．このカットオフスケールは $25h^{-1}$ Mpc 以上となるので，HDM における構造形成は極端なトップダウンタイプとなる．

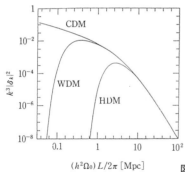

図 3.14 ダークマターの支配的なモデルでのゆらぎのスペクトルの変化（$k = 2\pi/L$）

HDM と BDM のもう一つの大きな違いは，ニュートリノは輻射と相互作用しないので，物質優勢となると，ホライズン半径より小さなスケールのゆらぎでもスケール因子に比例して成長できる点である．このため，t_{dec} の時点で，$L < L_{H,eq}$ のスケールの全物質密度のゆらぎ Δ は輻射のエネルギー密度のゆらぎ

Δ_r より,t_{eq} から t_{dec} までの間の余分な成長分 $a_{dec}/a_{eq} \simeq 40h^2\Omega_0$ だけ大きくなる.

もちろん,このままでは最終的に銀河を作るバリオンのゆらぎ Δ_b は依然として Δ_r と同程度の小さい値になる.しかし,幸い,バリオンが輻射と相互作用しなくなると Δ_b は $\Delta \simeq \Delta_\nu$ に追いつく.まず,いずれも非相対論的な2成分からなる系に対して式 (3.179) と式 (3.180) は,

$$DS_{12} = -\tilde{\omega}V_{12} \tag{3.213}$$

$$DV_{12} + V_{12} = 0 \tag{3.214}$$

となる.この式の解は,

$$S_{12} = S_{12}{}^* - 2[1-(a/a_*)^{-1/2}]\tilde{\omega}_* V_{12}{}^* \tag{3.215}$$

$$V_{12} = (a_*/a)V_{12}{}^* \tag{3.216}$$

で与えられる.ここで $*$ は適当な初期時刻における値を意味する.一方,非相対論的物質のみからなる場合には音速がゼロなので $\mathcal{S}=0$ より,Δ は単に a に比例して増大する.したがって,各成分の密度ゆらぎは,$\tilde{\omega}V \simeq -D\Delta \simeq -\Delta$ に注意すると,

$$\Delta_{1c} = \Delta + \frac{\rho_2}{\rho}S_{12} = \left(\frac{a}{a_*} + \frac{\rho_2}{\rho}\right)\Delta_* - \frac{\rho_1}{\rho}\tilde{\omega}_* V_{12}{}^*$$

$$\simeq \left(\frac{a}{a_*} + 2\frac{\rho_2}{\rho}\right)\Delta_* \tag{3.217}$$

$$\Delta_{2c} = \Delta - \frac{\rho_1}{\rho}S_{12} = \left(\frac{a}{a_*} - \frac{\rho_1}{\rho}\right)\Delta_* + \frac{\rho_2}{\rho}\tilde{\omega}_* V_{12}{}^*$$

$$\simeq \left(\frac{a}{a_*} - 2\frac{\rho_1}{\rho}\right)\Delta_* \tag{3.218}$$

と,$a/a_* \gg 2$ ではほぼ同じ振幅になってしまう.ここで,Δ_{jc} は,

$$\Delta_{jc} := \delta_j + 3(1+w_j)\dot{a}k^{-1}(v-B) \tag{3.219}$$

である.この現象はバリオンゆらぎの追いつきとよばれる.

この余分な成長と追いつき現象のために,HDM に対する CMB の非等方性からの制限は BDM に比べて甘くなる.しかし,等曲率ゆらぎに対しては,許される範囲でどのようにパラメーターを調節しても大きな角度スケールの観測と矛盾してしまう.また,断熱的なゆらぎに対しても,図 3.15 に示したよう

に，宇宙年齢からの制限を考慮すると，$h = 0.5$の場合でも観測と矛盾しないためには，観測値と比べてかなり大きめのΩ_0が必要となる[33]（Dは式（3.32）の制限に，Rは式（3.35）の制限に対応する）．また，スケール不変な初期スペクトルは許されない．

3.3.3　C D M

CDMでは，宇宙の構造形成の関与する時期にダークマターを構成する粒子が常に非相対論的でしかも輻射と相互作用しないため，ジーンズ長は実質的にゼロとなる．しかし，輻射優勢の時期にホライズン内に入ったゆらぎは，物質優勢となるまでは

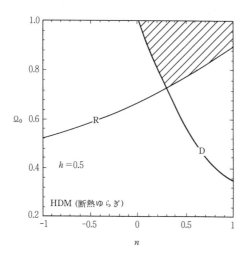

図 3.15　HDMに対するCMBの非等方性よりの制限（斜線部が許される範囲を示す）

エネルギー密度の主要部を占める輻射のゆらぎが成長できないせいで，それに引きずられてダークマターのゆらぎも成長できない．この現象はスタグスパンション（stagspansion）とよばれる．この現象のため$t > t_\text{eq}$でのゆらぎのスペクトルは図3.14のように，$L \sim L_\text{H,eq}$のあたりで折れ曲がることになる．ただし，BDMやHDMの場合のようなスペクトルの短波長側でのカッ

トオフは現れず，初期スペクトルがゼルドヴィッチ型の場合でもスタグスパンション時でのわずかの成長のせいでゆらぎの振幅は L の小さい側にゆるやかに増大する．このため，CDM では，小さなスケールのゆらぎが速く非線形成長を起こして天体を形成し，それらが次第に集まって大きなスケールの構造を作るという形で構造形成が進行する．このタイプのシナリオはボトムアップ（bottom-up）型とよばれる．

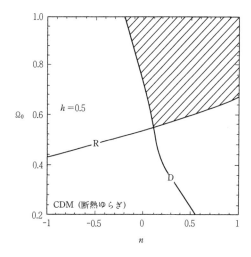

図 3.16 CDM に対する CMB の非等方性からの制限

CDM でも HDM と同様に，t_{eq} と t_{dec} の間の物質の密度ゆらぎの余分な成長および t_{dec} 以降でのバリオンのゆらぎの追いつきが起る．さらに，CDM では HDM のような無衝突減衰によるスペクトルのカットオフが存在しない．このせいで，CDM に対する CMB の非等方性からの制限は HDM の場合よりさらに甘くなる．実際，初期スペクトルが等曲率型のモデルは依然として許されないものの，断熱型の場合には図 3.16 に示したように，許されるパラメーターの範囲は広くなる．しかし，$\Lambda = 0$ を仮定すると，依然として Ω_0 の許される値は観測値 $\Omega_0 < 0.3$ より大きくなってしまう[33]．

3.3.4 バイアスモデル

以上見てきたように,CMB の非等方性は構造形成の理論に対して非常に強い制限を課す.特に,$\Lambda = 0$ の標準宇宙モデルの範囲内では,ダークマターのタイプによらず $\Omega_0 < 0.3$ にある限り CMB の観測と矛盾してしまう.この矛盾を回避する一つのアイデアとしてバイアス (biasing) という考え方がある[35, 36].このアイデアは CDM に対してのみ適用される.

バイアスモデルの基本的な考え方は,物質密度の特に高いところのみに銀河が作られるために,物質の密度と銀河の個数密度が必ずしも比例しないというものである.このように考えると,実際の物質密度の相関関数は観測された銀河の相関関数より小さくなり,対応して初期ゆらぎの振幅が相対的に小さくなるため,CMB の非等方性からの制限は緩くなることが示される.ここでは簡単なモデルでこのことを具体的に確かめてみよう.

まず,物質密度のゆらぎ $\delta(\boldsymbol{x})$ を確率変数として扱い,その多体相関が,

$$\langle \delta(\boldsymbol{x}_1) \cdots \delta(\boldsymbol{x}_{2n}) \rangle = \sum \xi_{i_1 i_2} \cdots \xi_{i_{n-1} i_n} \qquad (3.220)$$

と 2 体相関関数 $\xi_{ij} = \xi(|\boldsymbol{x}_i - \boldsymbol{x}_j|) = \langle \delta(\boldsymbol{x}_i)\delta(\boldsymbol{x}_j) \rangle$ に分解されるとする.ここで右辺の和は $2n$ 個の点の n 個の対への可能なすべての分解についてとるものとする.また,奇数個の相関はゼロとする.このような相関をもつ確率変数はガウス型確率変数とよばれる.

いま,δ のゆらぎの大きさ (分散) を $\sigma := \langle \delta(\boldsymbol{x})^2 \rangle = \xi(0)$ として,新しい確率変数 $Y(\boldsymbol{x})$ を,

$$Y = Ae^{\nu\delta}, \qquad A = e^{-\nu^2\sigma^2/2} \qquad (3.221)$$

で定義する.Y は $\langle Y \rangle = 1$ を満たす.Y は δ のゆらぎの大きな部分を強調したものであるので,例えばこの Y が銀河の局所的な個数密度と平均密度の比を表すとすると,バイアスの効果を具体的に表現する変数と見なせる.ν が 1 より大きいほどバイアスの効果は大きくなる.実際,この変数の相関関数 ξ' を計

算してみると，

$$1+\xi'_{12} := \langle Y_1 Y_2 \rangle = e^{\nu^2 \xi_{12}} \simeq 1+\nu^2 \xi_{12} \tag{3.222}$$

となり，相関関数は $\xi'_{12} \simeq \nu^2 \xi_{12}$ とバイアス因子 ν の2乗倍だけ大きくなる．

密度ゆらぎの特に大きいところにのみ銀河ができるという考え方は自然であり，その意味でバイアスという考え方は魅力的なものである．しかし，実際に銀河ができる過程が本質的に明らかになっていない現時点では，バイアスが現実に起るかどうかは明らかでない．また，バイアスにより密度ゆらぎを小さくしてしまうと，宇宙の大構造や銀河団運動の大きな速度のように大きなスケールでの密度ゆらぎを直接反映すると思われる現象を説明するのが困難となるという問題点もある．

3.3.5 $\Lambda \neq 0$ モデル

密度パラメーターの困難を回避するもう一つの可能性は，ゼロでない宇宙項をもつモデルを考えることである．1章で見たように，正の宇宙項は宇宙年齢を長くする効果をもつ．したがって $\Lambda > 0$ のモデルでは，宇宙年齢の制限を満たしながら h と Ω_0 を大きくできる．また，一般に，CMB の非等方の制限は h と Ω_0 の積で効いてくるので，h を大きくすることにより Ω_0 を小さくできる可能性が生じる．さらに，4章で説明するインフレーション宇宙モデルは $\Omega_0 + \lambda_0 = 1$ を予言するので，$\Omega_0 \ll 1$ の観測と合せて考えるとインフレーションモデルにとっても都合がよい．

もちろん，これらの議論は密度ゆらぎの成長が宇宙項の存在により邪魔されると成り立たない．そこで $\Lambda > 0$ のモデルでの t_{dec} 以降での密度ゆらぎのふるまいを調べてみよう．簡単のために，ここでは，インフレーションモデルの予言する $\Omega_0 + \lambda_0 = 1$ の場合のみを考える．式 (3.149) より，この場合の非相対論的な物質の密度ゆらぎ Δ の方程式は，

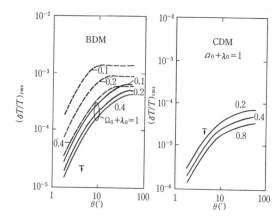

図 3.17 $\Omega_0 + \lambda_0 = 1$ 宇宙での CMB の非等方性. パラメーターは Ω_0 の値で, 矢印はウソン-ウィルキンソンの観測からの制限を表す. $\Lambda = 0$ の BDM に対する非等方性を比較のため破線で書いてある.

$$\mathcal{D}^2 \Delta + \left[1 - \frac{\Omega_0 - 2a^3\lambda_0}{2(\Omega_0 + \lambda_0 a^3)}\right]\mathcal{D}\Delta - \frac{3\Omega_0}{2(\Omega_0 + \lambda_0 a^3)}\Delta = 0 \qquad (3.223)$$

で与えられる. この方程式の解は簡単に求められ,

$$\Delta_{\rm G} = \frac{5}{2}\Omega_0\sqrt{1 - \Omega_0 + \Omega_0 a^{-3}} \int_0 da \frac{a^{3/2}}{[\Omega_0 + (1-\Omega_0)a^3]^{3/2}} \qquad (3.224)$$

$$\Delta_{\rm D} = \sqrt{1 + \frac{\Omega_0}{1-\Omega_0}a^{-3}} - \frac{6}{5B(5/6, 1/3)}\left(\frac{1-\Omega_0}{\Omega_0}\right)^{1/3} \Delta_{\rm G} \qquad (3.225)$$

と成長モード $\Delta_{\rm G}$ と減衰モード $\Delta_{\rm D}$ の線形結合で表される. ここで $B(\alpha,\beta)$ はオイラー関数である. ただし, 成長モードは宇宙項が宇宙膨張に影響し始めると成長が止り一定値に近づく. したがって, 事態は $\Lambda = 0, \Omega_0 \ll 1$ の場合と同様に見える. しかし, 詳しくみると状況はそんなに悪くないことがわかる. 実際, $\Delta_{\rm G}$ を $a \to 0$ で $\Delta_{\rm G} \to a$ と規格化したとき, 現在 $(a = 1)$ の値は,

$$\Delta_{\rm G}(a=1) \simeq \frac{5}{6}B\left(\frac{5}{6}, \frac{2}{3}\right)\Omega_0^{1/3} \simeq 1.437\Omega_0^{1/3} \quad (\Omega_0 \ll 1) \qquad (3.226)$$

となる. これに対して, $\Lambda = 0, \Omega_0 \ll 1$ の場合には, 同様の規格化のもとで $\Delta_{\rm G}(a=1) \simeq \Omega_0$ となる. したがって, 小さな Ω_0 に対しても $\Omega_0 + \lambda_0 = 1$ モデルの方が大きな成長率を与える.

図 3.17 に, 詳しい計算で得られた $\Omega_0 + \lambda_0 = 1$ 宇宙でのウソン-ウィルキンソン (Uson-Wilkinson) の観測[37],

$(\delta T/T)_3 < 4.5 \times 10^{-5}$, $\theta = 4'.5$, $\sigma = 1'.5$

(Uson-Wilkinson, 1984) (3.227)

に対応する角度スケールでの非等方性を示す[38]．この図は宇宙項が非等方性を大きく抑える効果をもつことを顕著に示している．

参 考 文 献

[1] Mihalas, D. and Binney, J.: *Galactic Astronomy* (W. H. Freeman and Company, 1981).
[2] de Lapparent, V., Geller, M. J. and Huchra, J. P.: Astrophys. J., **332**, 44 (1988).
[3] Bahcall, N. A.: Ann. Rev. Astron. Astrophys., **26**, 631 (1988).
[4] Rood, H. J.: Ann. Rev. Astron. Astrophys., **26**, 245 (1988).
[5] Geller, M. J.: *Dark Matter in the Universe*, p. 1 (Springer, 1990).
[6] Broadhurst, T. J., Ellis, R. S., Koo, D. C. and Szalay, A. S.: Nature, **343**, 726 (1990).
[7] Peebles, P. J. E.: *The Large-Scale Structure of the Universe* (Princeton Univ. Press, 1980).
[8] Boughn, S. P., Cheng, E. S. and Wilkinson, D. T.: Astrophys. J. Lett., **243**, 113 (1981).
[9] Smoot, G. F. et al.: Astrophys. J. **396,** L1 (1992).
[10] Davies, R. D. et al.: in *IAU Symposium* No. 117 (Reidel, Dordrecht, 1987) p. 223.
[11] Dressler, A. and Faber, S. M.: Astrophys. J., **354**, 13 (1990).
[12] Burstein, D., Faber, S. M., and Dressler, A.: Astrophys. J., **354**, 18 (1990).
[13] Dressler, A. and Faber, S. M.: Astrophys. J., **354**, L45 (1990).
[14] Bennett, C. L. et al.: Astrophys. J. **396**, L7 (1992).
[15] Efstathiou, G. and Bond, J. R.: Mon. Not. R. astr. Soc., **218**, 103 (1986).
[16] Davies, R. D. et al.: Nature, **326**, 462 (1987).
[17] Kogut, A. et al.: Astrophys. J. **401,** 1 (1992).
[18] Readhead, A. C. S. et al.: Astrophys. J. **346,** 566 (1989).

[19] Peebles, P. J. E. and Silk, J. : Nature, **335**, 601 (1988).
[20] Bond, J. R. , in B. Campbell and F. Khanna, editors : *Frontiers in Physics —— From Colliders to Cosmology*, Proceedings of the Lake Louise Winter Institute (World Scientific, 1989).
[21] Vilenkin, A. : Phys. Report, **121**, 263 (1985).
[22] Ostriker, J. P. and Cowie, L. L. : Astrophys. J. Lett., **243**, 127 (1981).
[23] Ikeuchi, S. : Publ. Astr. Soc. Japan, **33**, 211 (1981).
[24] Ostriker, J. P. , Thompson, C. and Witten, E. : Phys. Lett., **B 180**, 231 (1986).
[25] Bardeen, J. M. : Phys. Rev., **D22**, 1882 (1980).
[26] Kodama, H. and Sasaki, M.: Prog. Theor. Phys. Supplement, **78**, 1 (1984).
[27] Kodama, H. and Sasaki, M.: Int. J. Mod. Phys., **A 1**, 265 (1986).
[28] Turner, M. S. , in J. Kormendy and G. R. Knapp, editors : in *IAU Symposium* No. 117 : *Dark Matter in the Universe* (Reidel Dordrecht, 1987) p. 445.
[29] Peccei, R. D., in C. Jarlskog, editor : *CP Violation* (World Scientific, 1989) p. 503.
[30] Silk, J. : Astrophys. J., **151**, 459 (1968).
[31] Weinberg, S. : *Gravitation and Cosmology* (John Wiley & Sons, 1972).
[32] Gouda, N. and Sasaki, M. : Prog. Theor. Phys., **76**, 1016 (1986).
[33] Suto, Y., Gouda, N. and Sugiyama, N. : Astrophys. J. Supplement, **74** (1990).
[34] Bond, J. R. and Szalay, A. S. : Astrophys. J., **277**, 443 (1983).
[35] Kaiser, N. : Astrophys. J. Lett., **284**, 9 (1984).
[36] Bardeen, J. M. , Bond, J. R. , Kaiser, N. and Szalay, A. S. : Astrophys. J., **304**, 15 (1986).
[37] Uson, J. M. and Wilkinson, D. T. : Astrophys. J., **283**, 471 (1984).
[38] Vittorio, N. and Silk, J. : Astrophys. J. Lett., **297**, 1 (1985).
[39] 小玉英雄：宇宙のダークマター（サイエンス社, 1992）.

4 物質と構造の起源

これまで見てきたように,現在の宇宙に存在する物質や天体の多様性,それらの分布の示す豊かな階層構造の多くは,熱い一様等方宇宙モデルを基礎として,ワインバーグ-サラム相転移以降での宇宙進化の結果として説明される.この標準宇宙モデルとよばれる理論は,現代宇宙論のすばらしい成果である.しかし,依然として重要な問題が説明されずに残っている.それは,現在の物質組成を決定するバリオン数の起源,宇宙の一様等方性の起源,宇宙構造の種の起源など,物質と構造の起源の問題である.これらの問題を解明するには,確立した物理法則の支配する時期を越えて,超高温超高密度の宇宙初期,さらには宇宙の創生の時期まで宇宙進化をさかのぼらなければならない.本章では,この超高エネルギーの世界を記述する理論として近年脚光を浴びた大統一理論を基礎とし,これら起源問題の研究の現状をバリオン数の起源とインフレーションモデルを中心に紹介する.

4.1 統一ゲージ理論に基づく宇宙の初期進化

近年の物理学における最も興味深い展開は,低エネルギーの世界ではまったく異なったふるまいをする四つの基本相互作用

を，ただ1種類の相互作用に統一しようとする試みである．特に，重力を除く基本相互作用を統一的に記述する大統一理論とよばれる理論は，低エネルギーの世界での法則を簡潔な形に書き換えるとともに，宇宙初期の高エネルギーの世界で従来予想もされなかったさまざまな現象があらたに起ることを予言している．この節では，この大統一理論の宇宙論的な予言のうちいくつかの重要なものを紹介する．この章では，煩雑さを避けるために $\hbar = c = 1$ となる自然単位系を用いる．

4.1.1 ゲージ理論と対称性の自発的破れ

大統一理論の生れる基礎となったのはゲージ理論とよばれる場の理論の理論形式である．まず，このゲージ理論の基本的な考え方と特徴を簡単に説明しておこう．

電磁場はよく知られているように，電場 E と磁場 B，あるいはその相対論的な対応物である電磁テンソル $F_{\mu\nu}$ で記述される．巨視的な現象に関する限り $F_{\mu\nu}$ による記述は完全であるが，微視的な世界では不十分となり，電磁ポテンシャル A_μ を $F_{\mu\nu} = \partial_\mu A_\nu - \partial_\nu A_\mu$ により導入することが必要となる．A_μ の存在はマクスウェルの方程式 $\partial_\nu {}^*F^{\mu\nu} = 0$ (${}^*F^{\mu\nu} := (1/2)\varepsilon^{\mu\nu\lambda\sigma}F_{\lambda\sigma}$) により保証される．

ここで，電磁ポテンシャルと微視的な粒子を記述する場の相互作用がどのようにして決定されるかを，質量 m，電荷 q，スピン $1/2$ のフェルミ粒子を記述する4成分スピノール ψ を例にとって見てみよう．ほかの場と相互作用しない自由なスピノール場の運動はラグランジアン密度，

$$\mathcal{L}^0_\psi = i\bar{\psi}\gamma^\mu\partial_\mu\psi - m\bar{\psi}\psi \tag{4.1}$$

で与えられる．$\mathcal{L}^0_\psi$ は，χ が定数のときには，変換，

$$\psi \longrightarrow e^{iq\chi}\psi \tag{4.2}$$

に対して不変となっているが，χ が時間空間に依存する場合には変化してしまう．しかし，この位相変換に伴って，

$$A_\mu \longrightarrow A_\mu - \partial_\mu\chi \tag{4.3}$$

と変化するベクトル場を導入すると，$\mathcal{L}^0_\psi$ の微分を，

$$\partial_\mu \longrightarrow \mathcal{D}_\mu := \partial_\mu + iqA_\mu \tag{4.4}$$

でおき換えて得られるラグランジアン密度 $\mathcal{L}_\psi$ は，χ が時空座標に依存した任意関数の場合にも不変となる．このようにして得られる $\mathcal{L}_\psi = \mathcal{L}^0_\psi - qA_\mu \bar\psi \gamma^\mu \psi$ は A_μ を電磁ポテンシャルと見なすと，スピノール場と電磁場の正しい相互作用を与える．また，$\mathcal{D}_\mu$ から，

$$[\mathcal{D}_\mu, \mathcal{D}_\nu] =: iqF_{\mu\nu} \tag{4.5}$$

で定義される $F_{\mu\nu}$ は電磁テンソルに一致する．

このように，電磁場は，物質場の位相変換に対する不変性が，位相が時空座標に依存する場合にも成り立つように理論を拡張する過程で自然に導入される．この考え方をさらにさまざまな場を混合するような変換に拡張して得られる理論が，ゲージ理論である[1,2]．すなわち，n 個のスピノール場の組，

$$\Psi = \begin{pmatrix} \psi_1 \\ \vdots \\ \psi_n \end{pmatrix}$$

に対して，群 $G \subset SU(n)$ の各元 U による変換，

$$\Psi \longrightarrow U\Psi \tag{4.6}$$

を考えると，U が定数の場合には，相互作用がない場合のラグランジアン密度，

$$\mathcal{L}^0_\psi = i\bar\Psi \gamma^\mu \partial_\mu \Psi \tag{4.7}$$

は不変となる．電磁場の例にならって，

$$A_\mu \longrightarrow UA_\mu U^{-1} + (i/g)\partial_\mu U U^{-1} \tag{4.8}$$

と変換する場 A_μ を導入すると，$\mathcal{L}^0_\psi$ の中の微分を，

$$\partial_\mu \longrightarrow \mathcal{D}_\mu := \partial_\mu + igA_\mu \tag{4.9}$$

とおき換えて得られる $\mathcal{L}_\psi$ は，U が時空座標に依存する場合にも不変となる．ここで g は相互作用の強さを表す結合定数である．このようにして得られる場 A_μ は群 G に対するゲージ場とよばれる．一般には A_μ は行列の値をとる場となる．

ゲージ場自身の方程式は，電磁場と同様に場の強さを表すテ

ンソル $F_{\mu\nu}$ を,

$$F_{\mu\nu} := -(i/g)[\mathcal{D}_\mu, \mathcal{D}_\nu] = \partial_\mu A_\nu - \partial_\nu A_\mu + ig[A_\mu, A_\nu] \quad (4.10)$$

で導入し，それを用いて A_μ に対するラグランジアン密度を，

$$\mathscr{L}_A = -\frac{1}{4C_G}\text{Tr}(F_{\mu\nu}F^{\mu\nu}) \quad (4.11)$$

とおくことにより得られる．ここで，C_G は規格化のための定数である．

ゲージ場の理論が注目を集めるようになった最大の理由は，電磁相互作用，弱い相互作用，強い相互作用という低エネルギーの世界での三つの基本相互作用が，このゲージ場の理論により統一的に記述できることが明らかになったことにある[3]．実際，2.1節で簡単に紹介した標準モデルに登場する粒子どうしの相互作用は，エネルギーが100 GeV以下の現象ではゲージ場の理論により完全に記述されることが実験により確かめられている．

表 4.1 $SU(3) \times SU(2) \times U(1)$ ゲージ理論

群	変換される場の組	ゲージ場	結合定数
SU(3)	$\begin{pmatrix}u_1\\u_2\\u_3\end{pmatrix}, \begin{pmatrix}d_1\\d_2\\d_3\end{pmatrix}, \cdots$	G_μ	g_3
SU(2)	$l_L = \begin{pmatrix}\nu_e\\e\end{pmatrix}_L, \cdots, q_L = \begin{pmatrix}u\\d\end{pmatrix}_L, \cdots$	W_μ	g_2
U(1)	$\exp(igY\chi/2)\Psi$	B_μ	g_1

標準モデルでは物質場の対称性を表す群として $G = SU(3) \times SU(2) \times U(1)$ を考える．この群の引き起す変換と対応する場，結合定数は表 4.1 のようになる（以下では，各素粒子に対応する場を粒子を表す記号のイタリック体を用いて表すことにする．特に e は電子の場，自然対数の底，基本電荷の大きさの3通りの意味をもつので注意してほしい）．この表で，u_1, u_2, u_3 はuクォークの各色に対応するスピノール場で，SU(3) はこれら異なった色をもつ場の間の変換を引き起し，対応するゲージ場（グルオン場）は強い相互作用を記述する．また，SU(2) は電

子と電子ニュートリノ，uクォークとdクォークなど特別の2種類のレプトンないし2種類のクォークの組に対して，それらを混合する変換である．ここで注意すべき点は，SU(2)変換はスピノール場の左巻成分 $\psi_L = (1/2)(1-\gamma_5)\psi$ のみに作用する点である．このため，対応するゲージ場 W_μ は左巻のフェルミ粒子（あるいはその反粒子）とのみ相互作用する．すべてのレプトンとクォークの左巻成分は SU(2) の作用する2個ずつの組に分けられる．この組は SU(2) 2重項とよばれる．最後に，U(1) 変換はすべてのフェルミ粒子に作用し，その位相を変える．ただし，その際の位相の変化の仕方は粒子の種類や左巻か右巻かによって異なる．その変換の大きさを決める量 Y はハイパー電荷とよばれる．

これらの三つのゲージ場とフェルミ粒子の相互作用は，ゲージ理論の一般論に従うと，

$$\mathcal{L} = -\frac{1}{4}B_{\mu\nu}B^{\mu\nu} - \frac{1}{4C_2}\mathrm{Tr}(W_{\mu\nu}W^{\mu\nu}) - \frac{1}{4C_3}\mathrm{Tr}(G_{\mu\nu}G^{\mu\nu})$$
$$+ i\bar{\Psi}\gamma^\mu \mathcal{D}_\mu \Psi \tag{4.12}$$

$$\mathcal{D}_\mu = \partial_\mu + ig_1\frac{Y}{2}B_\mu + ig_2\frac{1-\gamma_5}{2}W_\mu + ig_3 G_\mu \tag{4.13}$$

で記述されることになる．しかし，ゲージ場のみでは実験を説明する理論はできない．特に，このままではすべてのゲージ場の質量が電磁場と同様にゼロとなって長距離力を媒介することになり，閉じ込めの起るグルオン場を別にしても，短距離力である弱い相互作用をうまく記述しない．この欠点を取り除くために，標準モデルでは，もう一つの新しい要素として，SU(2) 2重項として変換するスカラー場，

$$\Phi = \begin{pmatrix} \phi^+ \\ \phi^0 \end{pmatrix}$$

を導入する．このスカラー場はヒッグス場とよばれ，

$$\mathcal{L}_\phi = (\mathcal{D}_\mu\Phi)^\dagger(\mathcal{D}^\mu\Phi) - U(\Phi) \tag{4.14}$$

に従ってゲージ場と相互作用すると同時に，

$$\mathcal{L}_Y = -h(\bar{l}_L\Phi l_R + \bar{l}_R\Phi^\dagger l_L) - \cdots$$

$$= -h(\phi^0 \bar{e}e + \bar{\nu}_e \phi^+ e_R + \bar{e}_R \phi^- \nu_e + \cdots) - \cdots \quad (4.15)$$

により, フェルミ粒子とも相互作用する. ここで l_R は荷電レプトンの右巻成分 e_R, μ_R, τ_R である.

ヒッグス場自体のふるまいは,

$$U = -\frac{1}{2}\mu^2|\varPhi|^2 + \frac{\lambda}{4}|\varPhi|^4 \quad (4.16)$$

で与えられるポテンシャル $U(\varPhi)$ により決定される. ここで重要なことはこのポテンシャルが図 4.1 に示したように, $\varPhi = 0$ ではなく,

$$|\varPhi| = \mu/\sqrt{\lambda} = v \neq 0 \quad (4.17)$$

で最小となっていることである. このため, 低エネルギーの世界では $\varPhi$ はゼロでない期待値をもつことになる. この期待値が,

$$\langle \varPhi \rangle = \varPhi_0 = \begin{pmatrix} 0 \\ v \end{pmatrix} \quad (4.18)$$

で与えられるとすると, $\mathscr{L}_Y$ は,

$$\mathscr{L}_Y = -hv\bar{e}e + \cdots \quad (4.19)$$

となり, 電子などの荷電レプトンやクォークは質量 $m = hv$ をもつようになる. これに対して, 左巻成分しかもたないニュートリノは質量がゼロのままとどまる. これはニュートリノの質量が小さいことをうまく説明する.

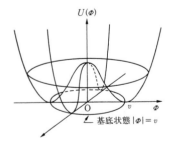

図 4.1 ヒッグス場のポテンシャル

さらに,

$$\sin\theta_W := g_1/\sqrt{g_1^2+g_2^2}, \qquad e = g_2\sin\theta_W \tag{4.20}$$

で定義されるワインバーグ角 θ_W を用いて, $W_\mu = (\tau_p/2)W_\mu{}^p$ ($\tau_p(p=1,2,3)$ はパウリ行列), B_μ の代りに,

$$W_\mu^\pm := (W_\mu{}^1 \mp W_\mu{}^2)/\sqrt{2} \tag{4.21}$$
$$Z_\mu := W_\mu{}^3\cos\theta_W - B_\mu\sin\theta_W \tag{4.22}$$
$$A_\mu := W_\mu{}^3\sin\theta_W + B_\mu\cos\theta_W \tag{4.23}$$

を導入すると, $\mathcal{L}_\Phi$ から,

$$\mathcal{L}_\Phi = \frac{1}{2}g_2^2 v^2 W_\mu^+ W^{\mu-} + \frac{1}{4}v^2(g_1^2+g_2^2)Z_\mu Z^\mu + \cdots \tag{4.24}$$

とベクトル場に対する質量項が生じる.このため,ゲージ場 W_μ, B_μ のうち,その線形結合である電荷をもったベクトル場 $W_\mu^\pm$ と中性のベクトル場 Z_μ はそれぞれ,

$$M_W = g_2 v/\sqrt{2}, \qquad M_Z = v\sqrt{g_1^2+g_2^2}/2\sqrt{2} = M_W/\cos\theta_W \tag{4.25}$$

程度の質量を獲得することになり,短距離力へと変化する.これが低エネルギーでの弱い相互作用に対応する.一方, A_μ は質量ゼロのゲージ場としてとどまり,電磁ポテンシャルを与える.特に e は基本電荷(電子の電荷の大きさ)に対応することが示される.

弱い相互作用の実験より, $v=236\,\text{GeV}, \sin^2\theta_W \simeq 0.23$ となるので,以上の理論は $M_W \simeq 81\,\text{GeV}, M_Z \simeq 93\,\text{GeV}$ 程度の質量をもつ粒子の存在を予言する.実験により,この予言通りの質量をもつ粒子が発見されている[4].

以上説明した標準モデルのように,スカラー場がゼロでない真空期待値をもつためにラグランジアンのもっている対称性が破れてしまう現象は対称性の自発的破れとよばれ,この破れによりそれと結合するゲージ場の一部が質量を獲得して短距離力へと変化する現象はヒッグスメカニズムとよばれている.また,この対称性の自発的破れとヒッグスメカニズムを用いて,電磁相互作用と弱い相互作用を SU(2)×U(1) ゲージ理論により統一的に記述する理論はワインバーグ-サラム理論とよばれる.

4.1.2 有限温度での対称性の回復

前項で説明したように,標準モデルでは理論が本来もっている対称性が低エネルギーで破れている.しかし,高エネルギーにいくと事情が変化する.実際,弱い相互作用の強さは eE/M_W とエネルギー E とともに増大することが示されるので,$E \sim M_W$ 程度のエネルギーになると弱い相互作用は電磁相互作用と同程度の強さとなってしまう.このことから予想されるように,高エネルギー,特に,高温度の宇宙初期では低エネルギーで破れている SU(2)×U(1) 対称性が再び回復してしまう[5,6].このことを熱力学的な観点から確かめてみよう.

化学ポテンシャルがゼロとすると,質量 M をもつボーズ粒子の有限温度 T での自由エネルギー密度 f は $f = -P$ で与えられる.式 (2.58) を用いて,$T \gg M$ のときの f を計算すると,

$$f \simeq -\frac{N\pi^2}{90}T^4 + \frac{N}{24}M^2 T^2 \tag{4.26}$$

を得る.ここで N は統計的重みである.この結果を,ヒッグスメカニズムにより質量を獲得しているゲージ粒子に適用してみる.ヒッグス場が $\langle \Phi \rangle = (0, \phi)$ と基底状態からずれた値をもつときのゲージ粒子の質量 M は v の代りに ϕ を用いて $M^2 = g^2\phi^2/2$ と表されるので,ゲージ粒子の自由エネルギーはヒッ

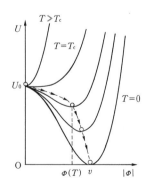

図 4.2 有限温度でのヒッグスポテンシャル

グス場の値 ϕ に応じて変化する．このため，有限温度ではヒッグス場のポテンシャルは熱力学的に，

$$U(\Phi, T) := U(\Phi) + f = \frac{1}{2}\left(-\mu^2 + \frac{N}{24}g^2T^2\right)|\Phi|^2 + \frac{\lambda}{4}|\Phi|^4 \tag{4.27}$$

と温度に依存して変化することになる．

この温度によるポテンシャルの変化を描くと図 4.2 のようになる．この図からわかるように，ヒッグスポテンシャルの最小点に対応する $|\Phi|$ の値は温度とともに減少し，臨界温度，

$$T_c \sim \mu/g \sim (\sqrt{\lambda}/g^2)M \tag{4.28}$$

では $\langle\Phi\rangle = 0$ となってしまう．これは温度ゼロで破れていたゲージ対称性が回復することを意味する．

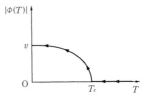

図 4.3 $\Phi(T)$ のふるまい

この高温での対称性の回復は，単に，ゲージ場が再び質量ゼロの長距離力となり，フェルミ粒子の質量がゼロになってしまうのみでなく，熱力学的に相転移とよばれる物質の状態変化であることが示される．これを見るために，$T = T_c$ 近傍でのエントロピー密度の変化を調べてみよう．ヒッグス場の期待値 $\Phi(T)$ は $U(\Phi, T)$ より，$T < T_c$ では，

$$|\Phi(T)|^2 = \frac{1}{\lambda}\left(\mu^2 - \frac{N}{24}g^2T^2\right) \tag{4.29}$$

と表され，$T > T_c$ では $\Phi(T) = 0$ で与えられるので，$\Phi(T)$ は図 4.3 に示したように，$T = T_c$ で折れ曲がる．ところが，エントロピー密度 s は $\Phi(T)$ を用いて，

$$Ts = \rho - f = \frac{2\pi^2}{45}NT^4 + \frac{\lambda}{4}(|\Phi(T)|^4 - v^4) \tag{4.30}$$

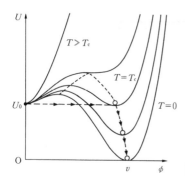

図 4.4 1次相転移を起すヒッグスポテンシャル

と表されるので,s の温度に関する 1 階の微係数は $T = T_c$ で不連続に変化する.したがって,$T = T_c$ における対称性の回復は 2 次相転移を引き起すことがわかる.

以上では比較的単純なポテンシャルに基づいて議論したが,現実的なポテンシャルでは図 4.4 に示したように,温度ゼロで $\phi = 0$ がポテンシャルの極小点となることがある.このような場合は,$T > T_c$ から次第に温度を下げていくと,ϕ の熱平衡値は $\phi = 0$ から $\phi \neq 0$ に不連続に変化し,エントロピーの値そのものの不連続な変化を伴う 1 次相転移が起る [7].このような場合には相転移に伴って,非常に複雑な現象が起ることになる.

最近の実験によると,宇宙の温度が $T \sim M_W$ の頃,SU(2)×U(1) 対称性が破れる際に起る相転移(ワインバーグ-サラム相転移)は,残念ながら 2 次相転移である可能性が高く,複雑な現象は起さないことが示されている.しかし,次の節でみるように大統一理論で起る同様の相転移(GUT 相転移)は,さまざまな興味深い現象を引き起す.

4.1.3 バリオン数の起源

(1) 大 統 一 理 論

4.1.1 項で説明したように,標準モデルでは SU(3)×SU(2)×U(1) の各対称性に対応して 3 種類のゲージ場が存在し,それぞ

れ,

$$\alpha_3 = g_3^2 / (4\pi\hbar c) \sim 1$$
$$\alpha_2 = g_2^2 / (4\pi\hbar c) \sim \alpha / \sin^2\theta_W \sim 1/30$$
$$\alpha_1 = g_1^2 / (4\pi\hbar c) \sim \alpha / \cos^2\theta_W \sim 1/100$$
$$(\alpha = e^2 / (4\pi\hbar c) \simeq 1/127)$$

と,異なった結合定数をもっている.これらの結合定数(正確には有効結合定数)は実は定数ではなく,一般にエネルギーに依存して変化する.この有効結合定数のエネルギー依存性を調べてみると,図 4.5 に示したように,温度とともに次第に値が近づき,最終的に $E\sim 10^{15}$ GeV という超高エネルギーのあたりでほぼ同じ値をもつようになる.ワインバーグ-サラム理論における弱い相互作用と電磁相互作用の関係を思い出すと,このふるまいは 3 種類のゲージ相互作用が $E \gtrsim 10^{15}$ GeV で一つの相互作用に統一される可能性を示唆している.この議論に基づいて,近年,三つのゲージ相互作用を統一するゲージ理論――大統一理論がさかんに研究された[8,9].

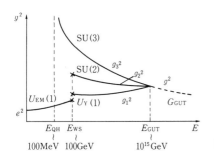

図 4.5 有効結合定数の温度変化

大統一理論に登場するゲージ対称性は少なくとも SU(3)× SU(2)×U(1) を含む群でなければならない.このような群の中で最も次元の低いものは SU(5) であるので,これまで美的な観点からこの群に対する統一理論が最も詳しく研究されている.標準モデルに現れるフェルミ粒子は,(e, ν_e, u, d), (μ, ν_μ, c, s), $(\tau,$

ν_τ, t, b) のように,世代とよばれる三つのグループに分けられる.SU(3)×SU(2)×U(1) 群の作用は,これら各世代内での変換となっているので,SU(5) 理論でも各世代はまったく独立のものとして扱う.各世代に含まれるフェルミ粒子の数は,色や左巻・右巻の自由度を含めると全部で 15 となる.SU(5) 群の既約表現は低いものから順に 5 次元,10 次元,24 次元 $\cdots$ となるので [10],SU(5) 理論では 15 個のフェルミ粒子を最も低い 5 次元と 10 次元の表現に割り振る.

$$\Psi_5^\dagger = (d_1{}^c, d_2{}^c, d_3{}^c, e, \nu_e)_L \tag{4.31}$$

$$\Psi_{10} = \begin{pmatrix} 0 & u_3{}^c & -u_2{}^c & -u_1 & -d_1 \\ -u_3{}^c & 0 & u_1{}^c & -u_2 & -d_2 \\ u_2{}^c & -u_1{}^c & 0 & -u_3 & -d_3 \\ u_1 & u_2 & u_3 & 0 & -e^+ \\ d_1 & d_2 & d_3 & e^+ & 0 \end{pmatrix} \tag{4.32}$$

ここで ψ^c は $\psi^c = -i\gamma_2 \psi^\dagger$ で定義される ψ の荷電共役場で,ψ に対応する反粒子の場を表す.一方,ゲージ場は群から完全に決り次のような 24 個の成分をもつ行列で記述される ($j, k = 1, 2, 3$).

$$V_\mu = \begin{pmatrix} G_\mu{}^{jk} & \overline{X}_\mu{}^j & Y_\mu{}^j \\ X_\mu{}^k & W_\mu^3/\sqrt{2} & W_\mu^+ \\ Y_\mu{}^k & W_\mu^- & -W_\mu^3/\sqrt{2} \end{pmatrix}$$
$$+ \frac{1}{\sqrt{30}} B_\mu \begin{pmatrix} -2 & 0 & 0 & 0 & 0 \\ 0 & -2 & 0 & 0 & 0 \\ 0 & 0 & -2 & 0 & 0 \\ 0 & 0 & 0 & 3 & 0 \\ 0 & 0 & 0 & 0 & 3 \end{pmatrix} \tag{4.33}$$

ゲージ場とフェルミ粒子の相互作用は,

$$\mathscr{L}_\Psi = i\overline{\Psi}_5 \gamma^\mu \mathscr{D}_\mu \Psi_5 + i\overline{\Psi}_{10} \gamma^\mu \mathscr{D}_\mu \Psi_{10} \tag{4.34}$$

$$\mathscr{D}_\mu = \partial_\mu + ig V_\mu \tag{4.35}$$

と 1 個の結合定数のみをもつ.もちろん,ゲージ場とスピノール場はヒッグス場と結合しており,ヒッグス場の自発的な対称性の破れとヒッグスメカニズムにより,24 個の成分をもつ

SU(5) ゲージ場は,標準モデルの 12 個のゲージ場と大きな質量 $M_\mathrm{X} \sim 10^{15}$ GeV をもつ 6 個の複素場 $X_\mu{}^j$, $Y_\mu{}^j$ ($j = 1,2,3$) に分解する.

このようにして得られた統一理論は,ワインバーグ-サラム理論では単に理論のパラメーターにすぎなかったワインバーグ角を計算により求めることを可能にし,実験値に近い値を与えるなど,さまざまなすぐれた特徴を備えている[8].

(2) 陽 子 崩 壊

ワインバーグ-サラム理論で同じ SU(2) 2 重項に属する電子とニュートリノが $W^\pm$ ボゾンの放出吸収により互いに移り変るように,SU(5) 理論では,レプトンとクォークが群の同じ表現の中におさまるために,これらが X ボゾン,Y ボゾンの放出吸収により互いに移り変るようになる(図 4.6).これは,バリオン数の保存が破れることを意味する.特に,標準モデルでは安定な陽子が不安定となり,例えば次のような反応によりレプトンに壊れることが可能となる.

$$\mathrm{p} \longrightarrow \pi^0 + \mathrm{e}^+ \longrightarrow 2\gamma + \mathrm{e}^+ \qquad (4.36)$$

もちろん,このような反応が頻繁に起っては観測と矛盾することになるが,幸い,低エネルギーではこのようなバリオン数を保存しない反応の起る確率は非常に小さくなる.これは,ワインバーグ-サラム理論において,電子とニュートリノの移り変る弱い相互作用の反応率が W ボゾンの大きな質量のために低エネルギーで小さくなるのと同じメカニズムによる.実際,計算された陽子の寿命は $\tau_\mathrm{p} = 10^{29 \pm 2}$ yr と宇宙年齢よりもはるかに

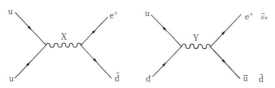

図 4.6 バリオン数の保存を破る反応

長くなる.

このような長い寿命を実験で測定することはとうてい不可能に見えるが,実はこれは可能である.その理由は,素粒子の寿命は単に平均寿命を表すために,1個1個の寿命は長くても,十分たくさんの陽子を集めれば短い時間でもいくつかは崩壊を起すことによる.例えば,1000トンの水は約 6×10^{32} 個の陽子ないし中性子を含むので,$\tau_{\rm p}=10^{32}$ yr でも2か月に1個は崩壊が起ることになる.実際,この方法に基づいて世界のいくつかの場所で陽子崩壊の観測が行われている.現在までのところ,たしかに崩壊が起ったという証拠は得られておらず,そのことから上で述べた崩壊モードに対しては $\tau_{\rm p}>8.4\times10^{32}$ yr という制限が得られている [11].

残念ながら,この制限に基づくと最も単純な SU(5) 理論は実験から否定されることになる.しかし,ボーズ粒子とフェルミ粒子を入れ替える変換(超対称変換)に対して不変な形に拡張した超対称 SU(5) 理論や,SO(10) などのさらに大きな群に基づく統一理論では,陽子の寿命を観測と矛盾しない値に伸ばすことが可能であるので,大統一理論自体がこの観測により否定されたとは考えられていない.

(3) 宇宙初期でのバリオン数生成

バリオン数を保存しない反応が許されることは宇宙論にとっては重大な影響がある.実際,弱い相互作用のふるまいから予想されるように,宇宙の温度が相互作用の統一されるエネルギースケール $M_{\rm GUT}\sim M_{\rm X}$ 程度となると,この反応は通常の電磁相互作用による反応と同程度に頻繁に起るようになる.もし,バリオン数を破る反応が宇宙膨張に比べて十分短い時間スケールで起ると,この反応に関して熱化学平衡が成立するようになる.もちろん,バリオン数の破れは同時にレプトン数の破れを意味するのでレプトン数に関しても事情は同じである.したがって,この時期では電荷以外に保存量が存在しなくなる.ところが,2.2.1項 (3) で述べたように,熱化学平衡における粒子数は保存

量のみで決るので，宇宙の局所的な電荷密度をゼロとすると，バリオン数もレプトン数もゼロとなってしまうことが期待される．まず，この予想が正しいことを一般的な議論により示しておこう．

量子統計によると，まったく保存量が存在しない系が完全な熱化学平衡にあるとき，全バリオン数 B の期待値は，

$$\langle B \rangle = \mathrm{Tr}\left(e^{-\hat{H}/T}\hat{B}\right) \tag{4.37}$$

で与えられる．ここで $\hat{B}$ は物理量 B を表す作用素，$\hat{H}$ はハミルトニアン，T は温度である．ところが，もしこの系の相互作用が局所的な場の理論で記述されるとすると，粒子と反粒子を入れ替える荷電共役変換 C，空間の向きを反転する空間反転 P，時間の向きを反転する時間反転 T という三つの離散的な変換の積 CPT に対して，ハミルトニアンは不変となる（CPT定理[12]）．

$$(\mathrm{CPT})\hat{H}(\mathrm{CPT})^{-1} = \hat{H} \tag{4.38}$$

一方，$\hat{B}$ は C 変換で符号を変え，P 変換，T 変換に対しては当然不変となるので，CPT 変換に対しては，

$$\mathrm{CPT}\hat{B}(\mathrm{CPT})^{-1} = -\hat{B} \tag{4.39}$$

と符号を変える．したがって，

$$\begin{aligned}\langle B \rangle &= \mathrm{Tr}(\mathrm{CPT}e^{-\hat{H}/T}\hat{B}(\mathrm{CPT})^{-1}) \\ &= -\langle B \rangle\end{aligned} \tag{4.40}$$

より $\langle B \rangle = 0$ となってしまう．

厳密には，SU(5) 理論ではバリオン数とレプトン数の差 $B-L$ が保存されるので，この議論をそのまま適用することはできないが，SO(10) など他の理論ではこのような付加的な保存則は存在しないので，熱平衡では $\langle B \rangle = 0$，$\langle L \rangle = 0$ となってしまう．

現在の宇宙にバリオンが存在することは，クォーク反クォークが大量に存在するクォークハドロン転移以前で，正のバリオン数をもつクォークの数密度が負のバリオン数をもつ反クォー

クの数密度より多いことを意味する．この数密度の違いは，現在の宇宙でのバリオン数密度と光子のエントロピー密度の比 n_b/s 程度となるので，2章で見たように 10^{-9} 程度の非常に小さなものである．しかし，現在の宇宙では，ダークマターを別にすれば，バリオンがさまざまな天体を構成する中心的な物質となっているわけであるから，この宇宙初期の小さなバリオン反バリオンの非対称性は決定的な重要性をもっている．したがって，GUT相転移以前にバリオン数が厳密にゼロとすると，GUT相転移以降の時期にこの非対称性が生み出されなければならないことになる．大統一理論の非常に魅力的な点は，バリオン数を破る反応がバリオン非対称性を消去する作用と同時に，適当な条件下ではバリオン数を生成する効果をもつことである[13]．

バリオン数を保存しない反応を媒介する重い粒子（以下，一般的にX粒子とよぶことにする）は，それ自体のバリオン数をゼロと約束すると（これは本質的ではない），崩壊の際にバリオン数を生成する．例えば，SU(5)理論ではX粒子は，

$$\text{X} \longrightarrow \begin{cases} \text{u u} & (\Delta B = +2/3) \\ \text{e}^+\bar{\text{d}} & (\Delta B = -1/3) \end{cases} \quad (4.41)$$

と崩壊する（図4.6）．色自由度のせいで反応率 $\Gamma(\text{X} \to \text{uu})$ は $\Gamma(\text{X} \to \text{e}^+\bar{\text{d}})$ より大きくなるので，この崩壊により全体として正のバリオン数が生成される．しかし，GUT相転移直後にX粒子と同じ量存在する反粒子 $\bar{\text{X}}$ は崩壊の際に厳密に正反対のバリオン数を生成するので，もし粒子と反粒子の崩壊率と崩壊パターンが同じならば，両者の寄与を合せると互いに完全に打ち消し合ってしまう．したがって，バリオン数の生成が起るには，粒子と反粒子の対称性が壊れていないといけないことがわかる．

粒子と反粒子を入れ替える変換には，カイラリティ（chirality）（おおまかには右巻・左巻の区別）を保存するC変換と，カイラリティを同時に入れ替えるCP変換がある．標準

モデルや多くの大統一理論では,左巻の粒子と右巻の粒子が1対1に対応しないため,C変換は定義できない(もちろんこれはC不変性が最大限に破れていることを意味するが,この種の破れは上記の議論には役に立たない).これに対して,CP変換は左巻の粒子を右巻の反粒子,より正確にはψ_Lを$\psi_L{}^c = i\gamma_2(\psi_L)^\dagger$と変換し,左巻スピノール(あるいは右巻スピノール)どうしを結びつける変換であるために定義可能である.実際,低エネルギーの世界ではC不変性,P不変性は大きく破れているにもかかわらず,CP変換に対する不変性はよい精度で成り立っている.ただし,弱い相互作用に関しては,CP不変性がわずかに破れていることが知られている[14].

上記の例のように,X粒子は一般にバリオン数の異なる2種類以上の崩壊モードをもつ.もし理論がCP変換に対して不変でないとすると,この各モードへの分岐比が粒子と反粒子で異なることにより,全体としてゼロでないバリオン数を生成することが可能となる[15].例えば,上記の例では,Xがuuに崩壊する割合をr,$e^+\bar{d}$に崩壊する割合を$1-r$,対応する$\bar{X}$の割合を$\bar{r}$,$1-\bar{r}$とすると,1組のX粒子と$\bar{X}$粒子の崩壊により,全体として$[(2/3)r-(1/3)(1-r)]-[(2/3)\bar{r}-(1/3)(1-\bar{r})] = r - \bar{r}$だけのバリオン数が生成されることになる.これより,崩壊前のX粒子の数密度をn_X,全粒子の統計的重みをN,CPの破れの大きさを表すパラメーターをεとして,崩壊後には,

$$n_b/s \sim \varepsilon n_X/s \simeq (\varepsilon/N) n_X/n_\gamma \tag{4.42}$$

程度のバリオン数の非対称性が生成されることになる.

熱平衡に関する議論から予想されるように,バリオン数を保存しない反応が宇宙膨張に比べて十分速く起る時期には,X粒子の崩壊で生み出されたバリオン数はX粒子の崩壊の逆反応やクォークやレプトンどうしの反応により消されてしまう.これらの反応のうち,X粒子の生成反応の反応率は$T \sim M_X$の頃に急速に小さくなる.2.2.1項(4)で述べたように,もしこのとき,X粒子の崩壊率Γ_Xが宇宙膨張率Hより十分大きいと,X

粒子の個数は熱平衡値を保って急速に減少してしまい，n_x/s は，実質的にゼロとなってしまう．したがって，現在観測されるバリオン非対称性が残るためには，少なくとも $T \simeq M_X$ のとき，$\Gamma_X \lesssim H$ が成立していなければならない．$\alpha = g^2/(4\pi\hbar c)$ とすると，$\Gamma_X \sim N\alpha M_X$，$H \simeq N^{1/2} T^2/M_{pl}$ となるので，この条件は，
$$M_X \gtrsim N^{1/2}\alpha M_{pl} \tag{4.43}$$
と表される．ここで M_{pl} はプランク質量，
$$M_{pl} = (\hbar c/G)^{1/2} = 1.22 \times 10^{19} \text{ GeV}/c^2$$
$$\simeq 2 \times 10^{-5} \text{ g}$$
である．

X粒子がSU(5)理論のX, Y粒子のように重いゲージ粒子の場合には，$\alpha \sim 1/50$ よりこの条件は $M_X \gtrsim 10^{18}$ GeV となり，ほとんどの大統一理論で満たされない．これに対して，ヒッグス粒子の場合は状況が異なる．例えば，SU(5)理論では，ワインバーグ-サラム転移を引き起す標準モデルでのヒッグス場 Φ_2 は，あらたな3成分のスカラー場 Φ_3 とともにSU(5)群の基本表現に従って変換する5次元のヒッグス場を作る[8]．このあらたな3次元場に対応するヒッグス粒子はやはりバリオン数を保存しない反応を媒介する．このヒッグス場とフェルミ粒子との結合定数 h は標準モデルより $m_u/M_W \sim 10^{-3}$ 程度の値をとらなければならないので，α_h は 10^{-7} 程度の小さな値をとる．したがって，M_H に対する制限は $M_H \gtrsim 10^{13}$ GeV 程度とかなり緩くなる．さらに，ヒッグス粒子に対してはCPの破れのパラメーターが $\varepsilon = 10^{-6} \sim 10^{-2}$ 程度の値をとるモデルを作ることができるので，実際に，$n_b/s \sim 10^{-9}$ 程度のバリオン数非対称性が現在の宇宙に残されるモデルを作ることができる[16]．

このように，大統一理論は完全にバリオン数ゼロから出発して，現在観測される小さなバリオン反バリオン非対称性を宇宙進化の結果として定量的に説明することを原理的に可能にする．しかし，残念ながら，さまざまな大統一理論のうちどれが正しいものか不明である現時点では，バリオン数/光子数比の正

4.2 インフレーション宇宙モデル

4.2.1 宇宙の一様等方性とインフレーション
(1) GUT相転移とインフレーション

ワインバーグ-サラム理論の場合と同様に,大統一理論でも,$T \simeq T_{\rm GUT}$ での対称性の自発的破れは相転移(GUT相転移)を引き起す.もしこの相転移が1次相転移の場合には,2.1節で触れたように,原点近傍のポテンシャルバリアのために対称性の回復した状態 $\Phi = 0$ は準安定状態となり,宇宙の温度が臨界温度以下に下がってもヒッグス場の期待値が $\langle \Phi \rangle = 0$ にとどまってしまうことがある.これは一種の過冷却状態に相当する.

もちろん,十分時間がたつと,熱的なゆらぎや量子力学的な遷移によりヒッグス場はポテンシャルバリアを越え最終的にエネルギーが最低の対称性の破れた状態に落ち着く.しかし,バリアが十分高い場合には,ヒッグス場は非常に長い間過冷却状態にとどまることになる.ところが,このような状態に陥ると,ヒッグス場のエネルギーのために宇宙の膨張則は大きく変化する.実際,過冷却状態では温度が十分下がると,ヒッグス場のエネルギー密度 ρ_ϕ は一定値 $U(0)$ に近づく.これに対して,相対論的な物質のエネルギー密度 $\rho_{\rm r}$ は $1/a^4$ に比例して急速に減少する.したがって,十分時間がたつと宇宙膨張率,

$$H^2 := \left(\frac{\dot{a}}{a}\right)^2 = \frac{8\pi G}{3}(\rho_{\rm r} + \rho_\phi) - \frac{K}{a^2} \tag{4.44}$$

は一定値,$H = H_\phi = [8\pi G\, U(0)/3]^{1/2}$ に近づく.これは宇宙のスケール因子が,

$$a \propto e^{H_\phi t} \tag{4.45}$$

と指数関数的に膨張を始めることを意味する[17,18].すなわち,ヒッグス場のエネルギーが宇宙項の役割を果すわけである.この急激な膨張は宇宙のインフレーションとよばれる(インフレ

ーションモデルの歴史と主要な論文に関しては論文集 [19] 参照).

現在の対称性の破れた状態でのスカラー場のエネルギー密度 $U(\phi=v)$ は,観測より $H_0^2/G \sim (10^{-3}\text{eV})^4$ 程度と GUT のエネルギースケールと比べると無視できるほど小さい (以下では簡単のためにスカラー場は 1 成分 ϕ のみをもつとする). そこで, この状態をエネルギーの原点にとると, $U(0)$ は $U(0) \sim M_{\text{GUT}}^4$, 宇宙膨張率は $H_\phi \sim 1/10^{-35}$ s となる. したがって, インフレーションが 10^{-30} s 程度続くだけで宇宙は e^{105} 倍にも膨張することになる. この急激な膨張は, ヒッグス場が量子力学的トンネル効果によりポテンシャルバリアを越えて基底状態に落ち着くと終了する. もちろんインフレーションが終わる時点では, インフレーション以前に存在した物質のエネルギー密度は実質的にゼロとなっている. しかし, インフレーションが終了する際にヒッグス場のエネルギーがすみやかに通常の物質に変る場合には, 宇宙は再び輻射優勢のフリードマン宇宙となる. この過程は宇宙の再加熱とよばれている.

(2) **ホライズン問題**

3.2.2 項で述べたように現在われわれが宇宙マイクロ波背景輻射により観測している領域の大きさは, 共動座標で見て現在のハッブルホライズンサイズに相当し, t_{dec} 時ではその時点のハッブルホライズンサイズの数十倍の大きさとなる. フリードマン宇宙ではハッブルホライズンサイズは本来のホライズンサイズとほぼ同程度となるので, 宇宙マイクロ波背景輻射の等方性は, t_{dec} 時点で, 宇宙誕生以来まったく因果的に相関をもたなかった領域が同じ構造をもつことを意味している. フリードマンモデルでは, この観測結果は, 宇宙誕生時の偶然的な初期条件の結果としてしか説明しようがない. しかし, これはあまりにも不自然な感じがする. この宇宙の一様等方性の起源の問題はホライズン問題とよばれることがある.

インフレーション宇宙モデルの最も興味深い点は, このホラ

イズン問題に自然な解答を与えることである．フリードマン宇宙と異なり，インフレーションが起っている時期では，ハッブルホライズンサイズは $l_\mathrm{H} = 1/H_\phi$ と一定になるのに対して，本来のホライズンサイズは，

$$l_\mathrm{H}^\mathrm{p} = a\int\frac{\mathrm{d}t}{a} \simeq H_\phi^{-1}e^{H_\phi(t-t_\mathrm{s})} \tag{4.46}$$

のようにスケール因子と同じく指数関数的に増大するので両者は一致しない．ここで t_s はインフレーションが始まる時刻である．特に，十分インフレーションが続けば l_H^p はインフレーション終了時点ですでに現在のホライズンサイズを越える大きさになることが可能である．これは，インフレーション時にハッブルホライズンサイズよりずっと小さな領域が，インフレーションにより現在のホライズンサイズよりもずっと大きなサイズに膨張するといい換えることもできる（図 4.7）．したがって，原理的にはホライズン問題は存在しないことになる．

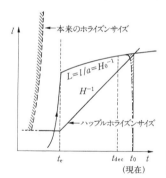

図 4.7 インフレーション時でのホライズンのふるまい

ホライズン問題が解消されるために必要とされるインフレーションの持続期間の長さは正確には次のように評価される．インフレーションの開始時 t_s と終了時 t_e のスケール因子の比を，

$$e^{N_\mathrm{I}} \quad \left(N_\mathrm{I} = \int_{t_\mathrm{e}}^{t_\mathrm{s}} H\mathrm{d}t\right) \tag{4.47}$$

とおくと，開始時 t_s でのハッブルホライズンサイズ H_s^{-1} は現

在 $a_{\mathrm{e}}^{-1}e^{N_\mathrm{I}}H_\mathrm{s}^{-1}$ の大きさをもつことになる．これが現在のハッブルホライズンサイズ H_0^{-1} より大きければよい．したがって，N_I は，

$$N_\mathrm{I} \geq N_\mathrm{I,min} = \ln\left(\frac{H_\mathrm{e}}{H_0}a_\mathrm{e}\right)$$
$$\simeq \ln[10^{25}(h^2\Omega_0)^{-1/2}(T_\mathrm{e}/10^{15}\,\mathrm{GeV})] \simeq 60 \qquad (4.48)$$

を満たせばよいことになる．ここで $H_\mathrm{s} \simeq H_\mathrm{e}$ を仮定した．

(3) 新しいインフレーションモデル

(1)で説明した GUT 1次相転移に基づくインフレーションモデルは単純で明快であるが，実は，現実的なモデルに対してはヒッグス場がポテンシャルバリアを越える量子力学的な確率が小さすぎるために，インフレーションがうまく終了しない[20]．この困難を解決するために，最初のモデルが提案されてまもなくして，2次相転移に基づく改良モデルが提案された[21,22]．

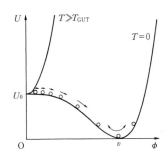

図 4.8 新しいインフレーションモデル

この新しいモデルでは，ヒッグス場のポテンシャルとして，1次相転移を起すポテルシャルの代りに，図4.8に示したように原点近傍で非常に平坦なポテンシャル $U(\phi)$ を用いる（コールマン-ワインバーグ型ポテンシャル[23]）．このモデルでも，十分高温では古いモデルと同じく対称性が回復し，ヒッグス場の期待値は $\langle\phi\rangle = 0$ となる．しかし，温度が下がったときのふるまいは大きく異なる．新しいモデルでは温度が下がると，ϕ は原点から滑らかに基底状態に向かって運動を始める．ところが，

ポテンシャルが平坦であるために，この運動は非常にゆるやかなものとなる．このため，ヒッグス場のエネルギーは実質的に長い間一定にとどまり，インフレーションを起す．

このモデルでのインフレーション率 N_I は次のように評価される．簡単のために，原点近傍でのポテンシャルを，

$$U(\phi) \simeq U(0) - (\lambda/4)\phi^4 \tag{4.49}$$

と近似すると，スカラー場のラグランジアン，

$$L = \int d^3x \sqrt{-g}\left[-\frac{1}{2}g^{\mu\nu}\partial_\mu\phi\partial_\nu\phi - U(\phi)\right] \tag{4.50}$$

は，共動座標で一定の体積を占める領域 V 内の一様場に対して，

$$L = Va^3\left[\frac{1}{2}\dot{\phi}^2 - U(\phi)\right] \tag{4.51}$$

と表されるので，ϕ の時間変化は，

$$\ddot{\phi} + 3H\dot{\phi} - \lambda\phi^3 = 0 \tag{4.52}$$

により決定される．原点近傍では ϕ の変化は遅いことが期待されるので，$\ddot{\phi} = 0$ とおいてこの方程式を解くと，ϕ_0 を初期値として，

$$\phi = \left(\frac{3H}{2\lambda}\frac{1}{t_* - t}\right)^{1/2}, \quad t_* = \frac{3H}{2\lambda}\phi_0^{-2} \tag{4.53}$$

を得る．

この解に従うと，ϕ は t が t_* に近づくと急速に大きくなる．したがって，t_* をインフレーションの終了時刻と見なすと N_I は，

$$N_I \sim \frac{H^2}{\lambda}\phi_0^{-2} \tag{4.54}$$

と評価される．一方，この解で $\ddot{\phi}$ の大きさを評価してみると $\ddot{\phi}/(H\dot{\phi}) = \lambda^2\phi^2/(3H^2)$ となるので，

$$\phi \ll H/\lambda \tag{4.55}$$

ならば，$\ddot{\phi}$ を無視する近似はよいことがわかる．インフレーションの時期に ϕ が実質的に ϕ_0 の数倍程度変化すれば上記の N_I に相当するインフレーションが起るので，ϕ_0 がこの条件を満た

していれば，式(4.54)の評価は正しいことがわかる．

もちろん，ϕ の初期値がゼロならば，上の単純化された古典的モデルでは，ϕ は永久にゼロにとどまり，インフレーションは果てしなく続くことになる．しかし，実際には，有限な領域を考える限り，ϕ は純粋の力学変数ではなく，統計的ないし量子力学的期待値にすぎない．このため，ϕ は，温度が高い相転移の開始時には温度ゆらぎを，実質的に温度がゼロとなった時点では量子力学的なゆらぎを受ける．したがって，新しいモデルで十分インフレーションが起るかどうかは，これらのゆらぎの大きさが条件(4.55)を満たすかどうかで決ることになる．後ほど述べるように，GUTに基づく新しいインフレーションモデルではこの条件を満たすのは困難であることが知られている．

(4) 宇宙の再加熱

宇宙初期の元素合成の議論の成功を考慮すれば，クォークハドロン転移以降の宇宙は，少なくともごく小さな宇宙項の存在の可能性を別にして，フリードマンモデルでよく記述されると考えられる．したがって，インフレーションは必ず有限な時間で終了し，しかも再加熱で宇宙の温度は少なくとも T_{QH} 程度まで上がらねばならない．

新しいインフレーションモデルでは，この再加熱過程は次のようになる．最初，ポテンシャルの平坦な部分をゆっくり運動していたヒッグス場はインフレーションの終りごろに次第に速度を増し，最終的には最小点 $\phi = v$ の近傍で振動を始める．もしヒッグス場と他の場の相互作用を無視した場合には，$\chi = \phi - v$ とおくと，この振動のようすは単純化された方程式，

$$\ddot{\chi} + 3H\dot{\chi} + m^2\chi^2 = 0 \tag{4.56}$$

でよく記述される．ここで，m は基底状態でのヒッグス場の質量である．この式より，ヒッグス場のエネルギー密度 $\rho_\phi = (\dot{\chi}^2 + m^2\chi^2)/2$ は $\dot{\rho}_\phi = -3H\dot{\chi}^2$ に従って変化する．振動が調和振動に近い場合には運動エネルギーとポテンシャルエネルギーの1周期での平均は等しいので，$\langle \dot{\chi}^2 \rangle = \langle m^2\chi^2 \rangle$ とおくと，エネ

ルギー密度は，

$$\langle \dot{\rho_\phi} \rangle = -3H\langle \rho_\phi \rangle \tag{4.57}$$

に従うことになる．すなわち，ρ_ϕ は非相対論的ガスと同様に $1/a^3$ に比例して減少する．

もちろん，このままでは単にヒッグス場の振動が宇宙膨張とともに減衰するのみで通常の物質は生成されない．しかし，実際にはヒッグス場はゲージ場やフェルミ粒子と相互作用するために，ヒッグス場のエネルギーはこれらの通常の物質に変化する．このエネルギーの転換率を γ とおくと，ρ_ϕ の方程式には，

$$\langle \dot{\rho_\phi} \rangle = -(3H+\gamma)\langle \rho_\phi \rangle \tag{4.58}$$

と余分なエネルギーの減衰項が付け加わる．この減衰項は，局所的なエネルギー保存則より，相対論的な物質のエネルギー密度の源となる．

$$\langle \dot{\rho_r} \rangle = -4H\langle \rho_r \rangle + \gamma\langle \rho_\phi \rangle \tag{4.59}$$

これらの方程式は容易に解くことができ，簡単のために再加熱過程の開始時刻 $t = t_*$ で $\rho_r = 0$ とすると，解は，

$$a^3\langle \rho_\phi \rangle = a_*^3\langle \rho_\phi \rangle_* \exp\left(-\int_{a_*}^{a} \frac{\gamma}{H}\frac{da}{a}\right) \tag{4.60}$$

$$a^4\langle \rho_r \rangle = a_*^3\langle \rho_\phi \rangle_* \int_{a_*}^{a} da \frac{\gamma}{H} \exp\left(-\int_{a_*}^{a} \frac{\gamma}{H}\frac{da}{a}\right) \tag{4.61}$$

で与えられる．したがって，全エネルギー密度 $\langle \rho \rangle = \langle \rho_\phi \rangle + \langle \rho_r \rangle$ は，

$$\begin{aligned}
a^4\langle \rho \rangle &= a_*^3\langle \phi_\phi \rangle_* \left[a_* + \int_{a_*}^{a} da \exp\left(-\int_{a_*}^{a} \frac{\gamma}{H}\frac{da}{a}\right) \right] \\
&= a_*^3\langle \phi_\phi \rangle_* \left\{ a \exp\left(-\int_{a_*}^{a} \frac{\gamma}{H}\frac{da}{a}\right) \right. \\
&\quad \left. - \int_{a_*}^{a} a\, d\left[\exp\left(-\int_{a_*}^{a} \frac{\gamma}{H}\frac{da}{a}\right)\right] \right\} \tag{4.62}
\end{aligned}$$

となる．これより，$\gamma \gg H_* \sim H_\phi$ ならば $a^4\langle \rho \rangle \simeq a_*^4\langle \rho_\phi \rangle_*$ となり，ヒッグス場のエネルギーはほぼ即座に相対論的物質のエネルギーに転化してしまうことがわかる(瞬間再加熱)．これに対して，$\gamma \ll H_*$ の場合には $\gamma \simeq H$ となる時点で $a^3\langle \rho \rangle = $ const. か

ら $a^4\langle\rho\rangle =$ const. へと変るので，この時点で再加熱は終了する.

以上より，再加熱直後の宇宙の温度 $T_{\rm rh}$ は，瞬間再加熱の場合には $\langle\rho_\phi\rangle_* \simeq U(0) \simeq N(\pi^2/30)T_{\rm rh}^4$ および，$U(0) \lesssim \lambda v^4/4$ より，

$$T_{\rm rh} \lesssim (\lambda/N)^{1/4} v \tag{4.63}$$

となる．例えば，通常の大統一理論では，γ はヒッグス粒子の崩壊率 $\sim \alpha m$ と同程度となるので，$H_\phi \sim \lambda^{1/2}v^2/M_{\rm pl}$ より，

$$\gamma/H_\phi \simeq (\alpha/\lambda^{1/2})mM_{\rm pl}/v^2 \tag{4.64}$$

を得る．したがって，$\alpha \sim \lambda \sim 1/100$ とすると，$v \lesssim 10^{17}$ GeV ならば瞬間再加熱近似がよいことになる．このときの再加熱温度は $T_{\rm rh} \simeq v/10$ 程度となる．

これに対して，$\gamma \ll H_*$ の場合には，

$$T_{\rm rh} \simeq N^{-1/4}(\gamma M_{\rm pl})^{1/2} \tag{4.65}$$

を得る．もちろん γ が小さいほど，$T_{\rm rh}$ は低くなる．ただし，この結果には注意すべき点がある．それは，$T_{\rm rh}$ がインフレーション後での宇宙の最大温度ではないことである．実際，$\langle\rho_\phi\rangle \gg \langle\rho_r\rangle$ となる時期ですでに物質の温度は十分高くなっており，$\langle\rho_r\rangle$ は $\langle\rho_r\rangle \sim (a/a_*)^{-3/2}(\gamma/H_*)\langle\rho_\phi\rangle_*$ のように変化する．したがって，実際の最大温度は，

$$T_{\max} \sim (\gamma/H_*)^{1/4} T_{\rm rh} \quad \text{(瞬間再加熱値)} \tag{4.66}$$

となる．いずれの温度を用いるかは考える問題による．例えば，現在のフリードマンモデルとの接続を考えるときには $T_{\rm rh} \gtrsim T_{\rm QH}$ が条件となるのが，バリオン生成の問題では $T_{\max}$ の方が意味をもつ．

(5) 宇宙の平坦性の予言

インフレーションモデルは，単に観測された宇宙の一様等方性を説明するのでなく，現在の宇宙の空間の曲率に関してあらたな予言をする．

丸い風船も，非常に大きなサイズに膨らめば，その表面は局所的にはどんどん平らになっていく．これと同様の理由で，インフレーションが終了した後の宇宙の空間の曲率は非常に小さ

くなる．実際，インフレーション開始時での空間の曲率と膨張率の比を，

$$k_s = K/(a_s^2 H_s^2) \tag{4.67}$$

とおくと，終了時の対応する量は，

$$k_e = K/(a_e^2 H_e^2) = e^{-2N_I} k_s (H_e/H_s)^2 \tag{4.68}$$

となる．したがって，$k_s = O(1)$ でも，現在の k_0 パラメーターは，

$$k_0 = e^{N_{I,\min} - 2N_I} \sqrt{a_{\mathrm{eq}}} k_s \ll e^{-N_I} k_s \ll e^{-60} \tag{4.69}$$

と実質的にゼロとなってしまう．

すなわち，インフレーションモデルは現在の宇宙がほぼ厳密に平坦であることを予言する．$\Omega_0 + \lambda_0 - k_0 = 1$ より，これは宇宙パラメーターに対して，

$$\Omega_0 + \lambda_0 = 1 \tag{4.70}$$

という関係が成り立つことを要求する．特に，$\Lambda = 0$ の場合には，$\Omega_0 = 1$ となる．

1.3.3項と 2.1.4項で見たように，現在の観測は $\Omega_0 \ll 1$ の宇宙を支持している．したがって，この観測が宇宙の十分大きなスケールでの情報を正しく反映している場合には，インフレーションモデルは $\Lambda \sim H_0^2 \neq 0$ を予言することになる．もちろん，このような小さな宇宙項の存在を直接観測で確かめることは現在のところ不可能である．また，現在の素粒子論の知識に基づくと，この小さな宇宙項を自然に説明するモデルを構成することは困難である．しかし，3章で見たように，重力不安定に基づく宇宙の構造形成の理論や宇宙年齢の問題にとって，小さな宇宙項の存在は望ましいこと，1章で述べた最近の銀河の個数分布の観測は宇宙項の存在を支持することなどを考慮すると，インフレーションモデルの予言が成立している可能性はまだ十分あるといえる．

4.2.2 大域的なゆらぎの生成

これまで，インフレーションは宇宙の一様等方性を説明し，空間的に平坦な宇宙を生み出すことを説明したが，このままでは，ほとんどのっぺらぼうの宇宙ができ上がり，現在観測される不均一な構造は作られないように見える．たしかに，もしインフレーション時の宇宙が完全に古典的な法則に従って進化するとすれば，この結論は正しい．しかし，インフレーションを引き起こすスカラー場（ヒッグス場）の量子論的性格を考慮すると結論は大きく変化する．

(1) インフレーション時でのスカラー場のゆらぎのふるまい

まず，準備としてインフレーション時での古典的なスカラー場のゆらぎのふるまいを，ゲージ不変摂動論を用いて調べておこう[24]．

スカラー場のラグランジアン密度 $\mathcal{L}$ は式(4.50)で与えられるので，エネルギー運動量テンソルは，

$$T_{\mu\nu} := -\frac{2}{\sqrt{-g}}\frac{\delta \mathcal{L}}{\delta g^{\mu\nu}}$$

$$= \partial_\mu \phi \partial_\nu \phi - \frac{1}{2}g_{\mu\nu}[g^{\alpha\beta}\partial_\alpha\phi\partial_\beta\phi + 2U(\phi)] \tag{4.71}$$

と表される．いま，スカラー場が，

$$\ddot{\varphi} + 2H\dot{\varphi} + U'(\varphi) = 0 \tag{4.72}$$

に従って変化する空間的に一様な部分 $\varphi(t)$ と微小な空間的ゆらぎ $\delta\phi$ の和で書かれるとする．

$$\phi(x) = \varphi(t) + \delta\phi(x) \tag{4.73}$$

すると，式(3.61)〜(3.64)より，スカラー場のエネルギー密度のゆらぎ δ，速度場 v，圧力のゆらぎ π_L は，

$$\rho\delta = \dot{\varphi}\dot{\delta\phi} - \alpha\dot{\varphi}^2 + U'\delta\phi \tag{4.74}$$

$$(\rho + P)v = \dot{\varphi}^2 \beta_\mathrm{L} - a^{-1}\dot{\varphi}\delta\phi \tag{4.75}$$

$$P\pi_\mathrm{L} = \dot{\varphi}\dot{\delta\phi} - \alpha\dot{\varphi}^2 - U'\delta\phi \tag{4.76}$$

で与えられることが導かれる．ここで，ρ, P は，

$$\rho = \dot{\varphi}^2/2 + U, \qquad P = \dot{\varphi}^2/2 - U \tag{4.77}$$

である．この表式を用い，スカラー場のゆらぎを表すゲージ不変量を，

$$X := \delta\phi - \dot{\varphi}\sigma_{\mathrm{gL}} \tag{4.78}$$

で定義すると，3.2.3項で導入した密度ゆらぎおよび速度ゆらぎに対するゲージ不変量はモード展開のもとで，

$$\rho\varDelta = \dot{\varphi}\dot{X} - \ddot{\varphi}X - \dot{\varphi}^2\varPsi \tag{4.79}$$

$$(\rho+P)V = \frac{k}{a}\dot{\varphi}X \tag{4.80}$$

と表される．

以上の式より導かれる関係式，

$$c_{\mathrm{s}}^2\rho\varDelta + P\varGamma = \rho\varDelta \tag{4.81}$$

を用いると，$\varDelta, V$ に対する発展方程式を書き下すことができる．ただし，ここでは便宜上，これらの変数の代りに，$\varPhi$ と V を基本変数として用いることにする．これらの変数を用いると，基本方程式(3.145), (3.146)は，

$$D\varPhi + \varPhi = -\frac{3}{2}(1+w)\tilde{\omega}^{-1}V \tag{4.82}$$

$$D(\tilde{\omega}^{-1}V) + \frac{3}{2}(1+w)\tilde{\omega}^{-1}V = \left(\frac{2}{3}\frac{\tilde{\omega}^2}{1+w} - 1\right)\varPhi \tag{4.83}$$

と表される．

インフレーション時のスカラー場の一様成分 φ の時間変化は小さいので，

$$|1+w| \simeq \dot{\varphi}^2/\rho \ll 1 \tag{4.84}$$

$$|1+c_{\mathrm{s}}^2| = 2|\ddot{\varphi}|/(3H\dot{\varphi}) \ll 1 \tag{4.85}$$

より $1+w, \dot{w}/(1+w) = -3(c_{\mathrm{s}}^2-w)$ を無視すると，上式は $\varPhi$ に対する次のような簡単な方程式に帰着する．

$$\frac{\mathrm{d}^2\varPhi}{\mathrm{d}\tilde{\omega}^2} + \varPhi = 0 \tag{4.86}$$

これより $\varPhi, V$ の方程式の解は単に，

$$\varPhi = (1+w)(A\cos\tilde{\omega} + B\sin\tilde{\omega}) \tag{4.87}$$

$$\tilde{\omega}^{-1}V = \frac{2}{3}(B\tilde{\omega}^{-1} - A)\cos\tilde{\omega} - \frac{2}{3}(A\tilde{\omega} + A)\sin\tilde{\omega} \tag{4.88}$$

で与えられる．したがって，ゆらぎのスケールがハッブルホライズンより小さいとき $(\tilde{\omega}>1)$ には一般にゆらぎは振動的に減衰するのに対して，いったんゆらぎがハッブルホライズンの外に出ると，$\Phi, \tilde{\omega}^{-1}V, X$ などすべてのゆらぎが急速に一定の値に近づき，実質的にゆらぎは凍結されることがわかる．

もちろん，この近似はインフレーションの終了時近くになり φ の変化が大きくなると悪くなる．ただし，

$$\tilde{\Phi} := \Phi - \tilde{\omega}^{-1}V \tag{4.89}$$

で定義される量はゆらぎのスケールがハッブルホライズンより大きくなって以降ほとんど変化しない．実際，$\tilde{\Phi}$ は，

$$D\tilde{\Phi} = \frac{2}{3}\frac{\tilde{\omega}^2}{1+w}\Phi \tag{4.90}$$

に従うが，インフレーションの末期でも上記の Φ の評価はオーダーとしては正しいことを考慮すると，右辺は $\tilde{\omega} \ll 1$ である限り常に無視できる．特にインフレーション終了時での $\tilde{\Phi}$ の値は，$\tilde{\omega} \simeq 1$ となるときの V の値とほぼ等しい．

$$\tilde{\Phi}_\mathrm{e} \simeq -V_\mathrm{IH} = -\left(\frac{HX}{\dot{\varphi}}\right)_\mathrm{IH} \tag{4.91}$$

ここで，添字 IH はインフレーション時でゆらぎの波長がハッブルホライズンサイズと一致するときの値を意味する．この結果は後ほど重要になる．

(2) ヒッグス場の量子ゆらぎ

(1)では，ヒッグス場を古典的な場としてゆらぎのふるまいを調べたが，本来，ヒッグス場は素粒子を表す量子場であるので，必ず量子ゆらぎを伴っている．そこで，スカラー場の量子ゆらぎの構造を調べてみよう．

まず，平坦な時空での質量ゼロの自由なスカラー場 ϕ を考える．空間の十分大きい領域 V で，この場を，

$$\phi = \sum_k \phi_k(t)e^{ik\cdot x}, \qquad \phi^*_k = \phi_{-k} \tag{4.92}$$

と平面波展開すると，ラグランジアンは，

$$L = \int_V d^3x \frac{1}{2}[\dot{\phi}^2 - (\boldsymbol{D}\phi)^2] = V \sum_k \frac{1}{2}(|\dot{\phi}_k|^2 + k^2|\phi_k|^2) \quad (4.93)$$

となる.すなわち,各振動数が $k = |\boldsymbol{k}|$ の無限個の調和振動子の集りに分解され,各モード ϕ_k の時間変化は調和振動,

$$\phi_k = a_k e^{-ikt} + a^*_{-k} e^{ikt} \quad (4.94)$$

で与えられる.

この系の量子化は通常の調和振動子の場合と同じである.まず,ϕ_k に対応する運動量 π_k を,

$$\pi_k := \frac{\partial L}{\partial \dot{\phi}_k} = V \dot{\phi}^*_k \quad (4.95)$$

で導入すると,π_k は振幅 a_k を用いて,

$$\pi_k = ikV(a^*_k e^{ikt} - a_{-k} e^{-ikt}) \quad (4.96)$$

と表される.ここで,$a_k \to \hat{a}_k$, $a^*_k \to \hat{a}^\dagger_k$ と量子力学的演算子におき換えると,正準交換関係 $[\hat{\phi}_k, \hat{\pi}_{k'}] = i\delta(k,k')$ より,

$$[a_k, a^\dagger_{k'}] = \frac{1}{2kV}\delta(k,k'), \quad [a_k, a_{k'}] = 0 \quad (4.97)$$

を得る.すなわち,$a_k, a^\dagger_k$ は生成消滅演算子となる.そこで,基底状態(真空)を,

$$a_k|0\rangle = 0, \quad {}^\forall k \quad (4.98)$$

で定義すると作用素 $\hat{\phi}_k$ の真空での2乗期待値は,

$$\langle \hat{\phi}_k \hat{\phi}^\dagger_{k'} \rangle = \frac{1}{2kV}\delta(k,k') \quad (4.99)$$

となる.これがスカラー場の基底状態でのゆらぎを表す.

インフレーション時でのヒッグス場の量子のゆらぎもまったく同様に扱うことができる.(1)と異なり,ここではしばらく時空構造のゆらぎを無視する.このとき,共動座標での体積 V 内のヒッグス場を,

$$\hat{\phi}(x) = \varphi(t) + \hat{\chi}, \quad \varphi = \langle \hat{\phi} \rangle \quad (4.100)$$

のように量子力学的な期待値とそれからのずれとして表すと,インフレーション時にポテンシャルが十分平坦で,かつ φ の変化がゆっくりしているとすると,$\hat{\chi}$ はよい近似で質量ゼロの量子場として扱うことができる.ただし,いまの場合,スケール

因子が時間とともに変化するので、ラグランジアンは、

$$L = \int d^3x \frac{1}{2}[a^3\dot{\chi}^2 - a(\boldsymbol{D}\chi)^2] \tag{4.101}$$

となり、χ_k は、

$$\ddot{\chi}_k + 3H\dot{\chi}_k + a^{-2}k^2\chi_k = 0 \tag{4.102}$$

に従う．これより、χ_k に対応する量子力学的作用素 $\hat{\chi}_k$ は生成消滅演算子を用いて一般に、

$$\hat{\chi}_k = \hat{a}_k f_k(\tilde{\omega}) + \hat{a}^\dagger_{-k} f_k^*(\tilde{\omega}), \qquad \tilde{\omega} = k/(aH) \tag{4.103}$$

と表される．ここで、$f_k(\tilde{\omega})$ は式 (4.102) の一般解で、α_k と β_k を $|\alpha_k| > |\beta_k|$ を満たす任意定数として、

$$f_k(\tilde{\omega}) = \alpha_k\left(\frac{1}{a} + i\frac{H}{k}\right)e^{i\tilde{\omega}} + \beta_k\left(\frac{1}{a} - i\frac{H}{k}\right)e^{-i\tilde{\omega}} \tag{4.104}$$

で与えられる．

$|\alpha_k|^2 - |\beta_k|^2 = 1$ と規格化すれば、$\hat{a}_k$ は平坦な時空の場合と同じ交換関係に従うことが容易に示される．しかし、この規格化条件を課しても依然として任意性が残る．実は、この任意性は真空の選び方の自由度に相当することが示される．そこで、ここでは各モードの波長がハッブルホライズン半径より十分小さいとき、平坦な場合に帰着するような真空を選ぶことにする．このとき、平坦な場合と同じく $\hat{\chi}_k$ の量子ゆらぎを求めると、

$$\langle \hat{\chi}_k \hat{\chi}^\dagger_{k'} \rangle = \frac{1}{2kV}|f_k|^2 \delta(k,k') \tag{4.105}$$

となるので、この量子ゆらぎが $\tilde{\omega} \to \infty$ (a を一定にして $k \to \infty$) で平坦な場合に一致する条件より、任意定数は $\beta_k = 0$, $|\alpha_k| = 1$ と決定される．したがって、結局、インフレーション時でのヒッグス場の量子ゆらぎは、

$$\langle \hat{\chi}_k \hat{\chi}^\dagger_{k'} \rangle = \frac{1}{2kV}\left(\frac{1}{a^2} + \frac{H^2}{k^2}\right)\delta(k,k') \tag{4.106}$$

で与えられる．

この式の第 1 項は $a=1$ とおいてみるとわかるように、平坦な時空での量子ゆらぎを表している．したがって、第 2 項は宇宙が膨張していることにより生み出されたあらたな量子ゆらぎ

を表すことになる．この項の興味深い点は，インフレーションにより急速に小さくなる第1項と異なり，その大きさが時間とともに変化しないことである．特に，ゆらぎのサイズがハッブルホライズンを越えると，量子ゆらぎはほぼ一定値に凍結されてしまう．

この量子ゆらぎのふるまいを(1)の古典場のゆらぎと比較してみると，ホライズンサイズ以上では量子ゆらぎは古典的なゆらぎとまったく同じようにふるまうことになる．すなわち，ゆらぎの時間的なふるまいが古典的な方程式に従って変化する．そこで，この結果を，各モードの量子ゆらぎはその波長がハッブルホライズンサイズを越えると，古典的なゆらぎへ変化する，すなわち，古典的なゆらぎを生成すると解釈することにしよう[25,26,27]．この解釈に従うと，ヒッグス場の古典的なゆらぎを表すゲージ不変な変数 X の統計的な平均 $\langle X^2 \rangle$ の各波長成分 $|X_k|$ を，

$$\langle X^2 \rangle =: \int dk\, |X_k|^2 \simeq \frac{(2\pi)^3}{V} \sum_k |X_k|^2 \tag{4.107}$$

で定義するとき，上で求めた量子ゆらぎの表式と(1)の結果より，$|X_k|$ は $k/(aH) \ll 1$ では一定値，

$$4\pi k^3 |X_k|^2 = \left(\frac{H_{\mathrm{IH}}}{2\pi}\right)^2 \tag{4.108}$$

になる．ここで，H_{IH} は $k/a = H$ となるときの H の値である．

(3) 現在の宇宙への影響

インフレーション終了後の輻射優勢のフリードマン宇宙でのゆらぎの時間発展は，Φ と V で表すと，

$$D\Phi + \Phi = -2\tilde{\omega}^{-1} V \tag{4.109}$$

$$D(\tilde{\omega}^{-1} V) + 2\tilde{\omega}^{-1} V = -(1 - \tilde{\omega}^2/6)\Phi \tag{4.110}$$

で与えられる．したがって，ゆらぎの波長がホライズンより十分大きいとき ($\tilde{\omega} \ll 1$) には，

$$\bar{\Phi} := \Phi - \tilde{\omega}^{-1} V \simeq \mathrm{const.} \tag{4.111}$$

となる．この時期の成長モード $\Delta \propto a^2$ に対しては，$\Phi =$

$-2\tilde{\omega}^{-1}V =$ const., 減衰モード $\varDelta \propto 1/a$ に対しては, $\varPhi = \tilde{\omega}^{-1}V \propto 1/a^3$ となるので, 構造形成が重要となる現在に近い時期での曲率のゆらぎ $\varPhi_{\mathrm{FH}}$ は,

$$\varPhi_{\mathrm{FH}} \simeq (2/3)\tilde{\varPhi} \tag{4.112}$$

で与えられる.

 もし, 宇宙の再加熱が十分短い時間に起るとすると, 再加熱の前後で $\varPhi$ および V が連続的につながるという条件でインフレーション時のゆらぎと再加熱後のゆらぎを結びつけることができる. (1)で述べたように, インフレーション時でゆらぎの波長がハッブルホライズン半径より大きいときには $\tilde{\varPhi}$ は一定となり, 式(4.91)で与えられるので, 結局, インフレーション時の量子ゆらぎを起源とするゆらぎのフリードマン宇宙での振幅は,

$$|\varPhi_{\mathrm{FH}}| \simeq \frac{2}{3}\left(\frac{H|X|}{\dot{\varphi}}\right)_{\mathrm{IH}} \tag{4.113}$$

で与えられる.

 例えば, 4.2.1項(3)で与えた新しいインフレーションモデルでは, $(H^2/\dot{\varphi})_{\mathrm{IH}}$ は,

$$\left(\frac{H^2}{\dot{\varphi}}\right)_{\mathrm{IH}} \simeq \sqrt{\frac{\lambda}{3}}\,[H(t_*-t_{\mathrm{IH}})]^{3/2} \tag{4.114}$$

で与えられる. ここで t_{IH} はインフレーション時にゆらぎがホライズンを出るときの時刻で, L をゆらぎの現在の波長として,

$$\exp[H(t_*-t_{\mathrm{IH}})] = 2\pi H/(ka_{\mathrm{HI}}) = H_0 L e^{N_{\mathrm{I,min}}} \tag{4.115}$$

より,

$$H(t_*-t_{\mathrm{IH}}) \simeq 60 + \ln(H_0 L) \tag{4.116}$$

と表される. したがって, 式(4.108), (4.113)より,

$$\sqrt{4\pi}\,k^{3/2}|\varPhi_{\mathrm{FH}}| \simeq 30\sqrt{\lambda} \tag{4.117}$$

を得る. すなわち, インフレーションは, 振幅がヒッグス場の結合定数のみで決る (近似的に) スケール不変なスペクトルをもつゆらぎを生成する.

4.2.3 インフレーションモデルの現状

インフレーションモデルは，大統一理論からの一つの自然な帰結として提案され，これまで見たように，少なくとも定性的には，宇宙の全体としての一様等方性と同時に局所的な構造の起源をも説明する非常に魅力的な宇宙モデルである．しかし，定量的な側面から見ると，この大統一理論を基礎とするインフレーションモデルはさまざまな困難を抱えている[28]．

第1の問題は，十分なインフレーションが起るモデルを作ることが困難なことである．実際，4.2.1項(3)で見たように，新しいインフレーションモデルで十分なインフレーションが起るためには，インフレーション開始時でのヒッグス場の量子ゆらぎ($\sim H$)がH/λより十分小さくなければならない．これは$\lambda \ll 1$を要求する．ところが，大統一理論で平坦なポテンシャルを与えるヒッグス場に対してこの結合定数の大きさを計算すると$\phi \simeq 0$のあたりでは$\lambda = O(1)$という結果が得られる．これでは十分なインフレーションは起らない．

第2の問題は，インフレーション時に生成されるゆらぎの大きさである．上で求めたゆらぎの大きさはほぼ結合定数λにより決るが，その大きさが現在の宇宙マイクロ波背景輻射の非等方性からの制限$k^{3/2}|\Phi_{\mathrm{FH}}| \lesssim 2 \times 10^{-5}$を満足するとすると$\lambda$は，

$$\lambda \lesssim 10^{-12} \tag{4.118}$$

と異常に小さい値でないといけないことになる．もちろん，大統一理論では，インフレーションを引き起すヒッグス場は他の物質とゲージ相互作用をするために，λは少なくともg^4程度の値をもつことになるので，この条件を満たすモデルを作ることは不可能である．

これらの困難を解決する一つの方法は，インフレーションを大統一理論から切り放し，ヒッグス場の代りに，自分自身とも他の物質とも非常に弱い相互作用しかしないスカラー場によってインフレーションが引き起されるモデルを考えることであ

る[29]．実際この考え方に沿って，これまでに超重力理論に基づくモデル，ブランス-ディッケ (Brans-Dicke) 理論に現れる重力定数の変化を支配するスカラー場を用いたモデルなどさまざまなモデルが提案され，ある程度の成功をおさめている[30,31]．しかし，現状では依然として多くの問題が存在する．

まず，これらのモデルは，インフレーション場が他の物質と重力相互作用のみ行うとすることにより，結合定数を小さくしている点で共通している．その結果として，インフレーションは時間空間の量子論的なゆらぎが非常に大きくなるプランク時 ($t \sim T_{\mathrm{pl}} = (\hbar G/c)^{1/2} \simeq 5 \times 10^{-44}$ s) の頃に起ることになる．すなわち，古典的な宇宙の誕生と同時にインフレーションが起るわけである．ところが，時空の量子的なゆらぎが大きい世界を記述する重力の量子論がまだ存在しないため，これらのモデルから明確な結論を出すことは，多くの場合困難である[30]．

もう一つの問題は，宇宙の再加熱である．インフレーション場の相互作用を弱くすると，4.2.1項(4)の議論から予想されるように，再加熱後の温度は低くなる．このため，多くのモデルではインフレーション終了後に大統一理論の与えるバリオン非保存反応を用いて宇宙のバリオン数を生成することが困難となる．

以上の困難を回避し，矛盾のないインフレーションが現実に構成できるかどうかを明らかにするには，重力を含む統一理論とその量子論の完成を待たねばならない．

参 考 文 献

[1] Abers, E. S. and Lee, B. W.: Phys. Report, **9**, 1 (1973).
[2] Itzykson, C. and Zuber, J.-B.: *Quantum Field Theory* (McGraw-Hill Inc., 1980).
[3] Halzen, F. and Martin, A. D.: *Quarks and Leptons* (John Wiley & Sons, 1984).

[4] Particle Data Group : Phys. Lett., **B 204**, 1(1988).
[5] Weinberg, S. : Phys. Rev., **D9**, 3357 (1974).
[6] Dolan, L. and Jackiw, R. : Phys. Rev., **D9**, 3320 (1974).
[7] Linde, A. D. : Rep. Prog. Phys., **42**, 389 (1979).
[8] Ross, G. G. : *Grand Unified Theories* (Benjamin/Cummings Pub. Comp., 1984).
[9] Langacker, P. : Phys. Report, **72**, 185 (1981).
[10] Slansky, R. : Phys. Report, **79**, 1 (1981).
[11] Kajita, T. : Proc. of the Fourth Workshop on Elementary Particle Picture of the Universe, KEK Progress Report 90-1H, 49 (1989).
[12] ボゴリューボフ他:場の量子論の数学的方法(東京図書,1972).
[13] Yoshimura, M. : Phys. Rev. Lett., **41**, 287 (1978), Erratum : 1978PRL42,746.
[14] Jarlskog, C., editor : *CP Violation* (World Scientific, 1989).
[15] Kolb, E. W. and Wolfram, S. W. : Nucl. Phys., **B172**, 224 (1980).
[16] Kolb, E. W. and Turner, M. : Ann. Rev. Nucl. Part. Sci., **33**, 645 (1983).
[17] Guth, A. : Phys. Rev., **D23**, 347 (1981).
[18] Sato, K. : Mon. Not. R. astr. Soc., **195**, 467 (1981).
[19] Abbott, L. F. and Pi, So-Y., editor: *Inflationary Cosmology* (World Scientific, 1986).
[20] Guth, A. and Weinberg, E. : Phys. Rev., **D23**, 876 (1981).
[21] Linde, A. : Phys. Lett., **B108**, 389 (1982).
[22] Albrecht, A. and Steinhardt, P.J. : Phys. Rev. Lett., **48**, 1220 (1982).
[23] Coleman, S. and Weinberg, E. : Phys. Rev., **D7**, 1888 (1973).
[24] Kodama, H. and Sasaki, M.: Prog. Theor. Phys. Supplement, **78**, (1984).
[25] Guth, A. and Pi, So-Y. : Phys. Rev. Lett., **49**, 1110 (1982).
[26] Hawking, S. W. : Phys. Lett., **B 115**, 295 (1982).
[27] Starobinsky, A. : Phys. Lett., **B 117**, 175 (1982).
[28] 小玉英雄:宇宙のダークマター(サイエンス社, 1992).
[29] Steinhardt, P. J. and Turner, M. : Phys. Rev., **D29**, 2162 (1984).
[30] Linde, A., editor : *Inflation and Quantum Cosmology* (Academic Press, 1990).
[31] Steinhardt, P. J. and Accetta, F. S. : Phys. Rev. Lett., **64**, 2740 (1990).

付録　ロバートソン-ウォーカー時空とその摂動に対する諸公式

A.1　基本的な幾何学的量の定義

$$\text{計量}: ds^2 = g_{\mu\nu} dx^\mu dx^\nu, \quad (g_{\mu\nu}) = [-+++] \tag{A.1}$$

$$\text{接続計数}: \Gamma^\mu_{\nu\lambda} = \frac{1}{2} g^{\mu\alpha}(\partial_\nu g_{\alpha\lambda} + \partial_\lambda g_{\alpha\nu} - \partial_\alpha g_{\nu\lambda}) \tag{A.2}$$

$$\text{曲率テンソル}: R^\mu{}_{\nu\lambda\sigma} = \partial_\lambda \Gamma^\mu_{\nu\sigma} - \partial_\sigma \Gamma^\mu_{\nu\lambda} + \Gamma^\mu_{\beta\lambda}\Gamma^\beta_{\nu\sigma} - \Gamma^\mu_{\beta\sigma}\Gamma^\beta_{\nu\lambda} \tag{A.3}$$

$$\text{リッチテンソル}: R_{\mu\nu} = R^\alpha{}_{\mu\alpha\nu} \tag{A.4}$$

$$\text{リッチスカラー}: R = R^\mu{}_\mu \tag{A.5}$$

$$\text{アインシュタイン方程式}: G_{\mu\nu} := R_{\mu\nu} - \frac{1}{2} R g_{\mu\nu} + \Lambda g_{\mu\nu} = \kappa^2 T_{\mu\nu}$$

$$(\kappa^2 = 8\pi G/c^4) \tag{A.6}$$

$$\text{測地線の方程式}: \frac{d^2 x^\mu}{d\lambda^2} + \Gamma^\mu_{\alpha\beta} \frac{dx^\alpha}{d\lambda} \frac{dx^\beta}{d\lambda} = 0$$

$$(\lambda \text{ はアフィンパラメーター}) \tag{A.7}$$

ただし，式(A.2)～(A.5)および式(A.7)は時空の次元や計量の符号によらずに成立する．

A.2　ロバートソン-ウォーカー時空の幾何学的諸量

$$\text{計量}: ds^2 = -c^2 dt^2 + a(t)^2 d\sigma^2 \tag{A.8}$$

$$d\sigma^2 = \gamma_{ij} dx^i dx^j = \frac{1}{1-Kr^2} dr^2 + r^2 d\Omega^2 \tag{A.9}$$

$$d\Omega^2 = d\theta^2 + \sin^2\theta \, d\phi^2 \tag{A.10}$$

接続係数：$\Gamma^0_{00} = \Gamma^0_{0j} = \Gamma^0_{00} = 0$

$$\Gamma^0_{ij} = \frac{a\dot{a}}{c} \gamma_{ij}, \qquad \Gamma^i_{0j} = \frac{\dot{a}}{ca} \delta^i{}_j \tag{A.11}$$

$\Gamma^i_{jk} = {}^3\Gamma^i_{jk}$

ここで ${}^3\Gamma^i_{jk}$ は時間に依存しない空間計量 γ_{ij} に関する接続係数である．

曲率テンソル：$R^0{}_{j0k} = (a\ddot{a}/c^2) \gamma_{jk}, \qquad R^j{}_{00k} = (\ddot{a}/c^2 a) \delta^j{}_k \tag{A.12}$

$$R^j{}_{klm} = (\dot{a}^2/c^2 + K)(\delta^j{}_l \gamma_{km} - \delta^j{}_m \gamma_{kl}) \tag{A.13}$$

$$R^0{}_{00j} = R^0{}_{0jk} = R^0{}_{jkl} = R^j{}_{0kl} = R^j{}_{k0l} = 0 \tag{A.14}$$

$$R^0{}_0 = 3\ddot{a}/(c^2 a), \qquad R^0{}_j = R^j{}_0 = 0 \tag{A.15}$$

$$R^j{}_k = \frac{1}{c^2} \left[\frac{\ddot{a}}{a} + 2\left(\frac{\dot{a}}{a}\right)^2 + \frac{2Kc^2}{a^2} \right] \delta^j{}_k \tag{A.16}$$

$$R = \frac{6}{c^2} \left[\frac{\ddot{a}}{a} + \left(\frac{\dot{a}}{a}\right)^2 + \frac{Kc^2}{a^2} \right] \tag{A.17}$$

A.3 摂動に関する公式

3次元定曲率空間上の共変微分：

$$(D_j D_k - D_k D_j) v_l = K(\gamma_{jl} v_k - \gamma_{kl} v_j) \tag{A.18}$$

$$(D_j D_k - D_k D_j) t_{lm} = K(\gamma_{jl} t_{km} + \gamma_{jm} t_{kl} - \gamma_{kl} t_{jm} - \gamma_{km} t_{jl}) \tag{A.19}$$

$$(D_j D^2 - D^2 D_j) s = -2K D_j s \tag{A.20}$$

$$(D_j D^2 - D^2 D_j) v_k = 2K(\gamma_{jk} D_l v^l - D_j v_k - D_k v_j) \tag{A.21}$$

$$(D_j D^2 - D^2 D_j) t_{kl} = 2K(\gamma_{jk} D^m t_{ml} + \gamma_{jl} D^m t_{km} - D_j t_{kl} - D_k t_{jl} - D_l t_{kj}) \tag{A.22}$$

アインシュタインテンソルの摂動：

$$\delta G^0{}_0 = 6\left(\frac{\dot{a}}{a}\right)^2 \alpha - 2\frac{\dot{a}}{a} \frac{1}{a} D_j \beta^j - 6\frac{\dot{a}}{a} \dot{h}_L$$
$$+ \frac{2}{a^2}(D^2 + 3K) h_L - \frac{1}{a^2} D^j D^k h_{Tjk} \tag{A.23}$$

$$a^{-1}\delta G^0{}_j = -2\frac{\dot{a}}{a}\frac{1}{a}D_j\alpha - \frac{1}{2a^2}[(D^2+2K)\beta_j - D_jD_l\beta^l]$$
$$+ \frac{2}{a}D_j\dot{h}_{\rm L} - \frac{1}{a}D^k\dot{h}_{{\rm T}jk} \tag{A.24}$$

$$a\delta G^i{}_0 = 2\frac{\dot{a}}{a}\frac{1}{a}D^i\alpha + 2\left(\frac{\dot{a}}{a}\right)\dot{\beta}^i + \frac{1}{2a^2}[(D^2-2K)\beta^i - D^iD_l\beta^l]$$
$$- \frac{2}{a}D^i\dot{h}_{\rm L} + \frac{1}{a}D^k\dot{h}_{\rm T}{}^i{}_k \tag{A.25}$$

$$\delta G^i{}_j = \left\{2\left[2\frac{\ddot{a}}{a}+\left(\frac{\dot{a}}{a}\right)^2\right]\alpha + 2\frac{\dot{a}}{a}\dot{\alpha} + \frac{2}{3a^2}D^2\alpha - \frac{2}{3a^3}(a^2D^k\beta_k)^{\cdot}\right.$$
$$\left. - \frac{2}{3a^3}(a^3\dot{h}_{\rm L})^{\cdot} + (D^2+2K)h_{\rm L} - \frac{1}{3}D^lD^kh_{{\rm T}lk}\right\}\delta^i{}_j$$
$$- \frac{1}{a^2}\left(D^iD_j - \frac{1}{3}\delta^i{}_jD^2\right)\alpha$$
$$+ \frac{1}{2a^3}\left[a^2(D^i\beta_j + D_j\beta^i - \frac{2}{3}\delta^i{}_jD_l\beta^l)\right]^{\cdot}$$
$$- \frac{1}{3a^2}\left(D^iD_j - \frac{1}{3}\delta^i{}_jD^2\right)h_{\rm L} + \frac{1}{a^3}(a^3\dot{h}_{\rm T}{}^i{}_j)^{\cdot}$$
$$+ \frac{1}{a^2}\left[-(D^2-2K)h_{\rm T}{}^i{}_j\right.$$
$$\left. + D^iD^lh_{{\rm T}lj} + D_jD^lh_{\rm T}{}^i{}_l - \frac{2}{3}\delta^i{}_jD^lD^mh_{{\rm T}lm}\right] \tag{A.26}$$

ここで D_j は時間に依存しない空間計量 γ_{jk} に関する共変微分である.また簡単のため $c=1$ となる単位系を用いた.

補遺　1990年以降での宇宙論の進展

本書の初版が出版されて以降，宇宙論分野は観測，理論両面で飛躍的な発展を遂げた．この補遺は，これらの発展のうち本書での記述と密接に関連する項目について簡潔にまとめたものである．

B.1　ハッブル定数 H_0

ハッブル宇宙望遠鏡（1990年打ち上げ）[1] やスピッツァー宇宙望遠鏡（2003年打ち上げ，赤外線専用）[2] による変光星の精密観測，ヒッパルコス衛星 [3] による年周視差法を用いた近傍星の距離の直接観測などにより，宇宙の距離はしごを構成する距離指標の精度は格段に向上した．その結果，ハッブル定数の値の不定性は大幅に改善したが，依然として大きめの値

$$H_0 = 74.3 \pm 2.1 \mathrm{km/s/Mpc} \tag{B.1}$$

を主張するグループ [4] と，小さめの値

$$H_0 = 63.7 \pm 2.3 \mathrm{km/s/Mpc} \tag{B.2}$$

を主張するグループ [5] の間で一致が見られていない．一方，後ほど説明する CMB 温度非等方性の観測に基づく方法では，ΛCDM 宇宙モデルのもとで，最新の衛星観測はこれらの中間に相当する値

$$H_0 = 67.3 \pm 1.0 \mathrm{km/s/Mpc} \tag{B.3}$$

を与えているが，地上観測との間に 3%程度の違いが残っている [6].

B.2 現在の宇宙の加速膨張の発見と ΛCDM

現在の宇宙の距離はしごで最上段に位置する距離指標天体は，Ia 型に分類される超新星で，現在では赤方偏移 z が 1.5 を超える Ia 型超新星の距離がハッブル宇宙望遠鏡により決定されている．本書 1.3 節で述べたように，天体の距離と赤方偏移の関係を，宇宙のホライズン半径に相当する距離まで測定できれば，宇宙モデルのパラメーターを決定することができる．

前世紀の終わりごろ，リース（A. Riess），シュミット（B. Schmidt）らが率いる Supernova Search Team とパールマター（S. Perlmutter）が率いる Supernova Cosmology Project チームは独立にこの方法で宇宙パラメーターの決定を行った．その結果，非相対論的物質と宇宙項（＋空間曲率）からなる相対論的一様等方宇宙モデルにより観測結果を説明するためには，宇宙項が正で，現在の宇宙が加速膨張していなければならないことを発見した．現在では，データも増え，同じモデルのもとで，宇宙項が正である確度は 99.9%を超えている．この発見により，リース，シュミット，パールマターの 3 名は 2011 年度のノーベル賞を受賞した．

後ほど述べる構造形成の議論により，現在では宇宙のダークマターは CDM に分類されると考えられている．このため，現在の宇宙の加速膨張の発見により，宇宙物質の主要部が CDM と原子物質からなり，宇宙項が正の一様等方宇宙モデルが宇宙の標準モデルの地位を確立した．このモデルは，ΛCDM モデルとよばれる．このモデルの現在に近い時期でのふるまいは，1.2.1 項の記法を用いると，最低次の近似で，物質の密度

パラメーター Ω_0, 宇宙項に対する λ パラメーター λ_0, および曲率パラメーター k_0 により完全に決定される. ただし, 現在では, これらを統一的に密度パラメーターの記法を用いて, $\Omega_M = \Omega_0, \Omega_K = -k_0, \Omega_\Lambda = \lambda_0$ と表すことが多い. 式 (1.42) より $\Omega_M + \Omega_K + \Omega_\Lambda = 1$ である.

図 B.1 は, この SNIa 観測, 後ほど述べる CMB 温度非等方性観測および BAO 観測のそれぞれより得られる ΛCDM 宇宙パラメーターへの制限を図示したものである. 各観測単独では宇宙パラメーターを強く制限することはできないが, すべての観測を合せると, 宇宙パラメーターがよい精度で決定される [9].

$$\Omega_M = 0.281^{+0.016}_{-0.018}, \qquad \Omega_K = -0.004^{+0.006}_{-0.007} \qquad (B.4)$$

この結果は, 現在の宇宙がよい精度で空間的に平坦であることを示している. この平坦性は, CMB 観測からもたらされるもので, 最近の Planck 衛星による観測では, さらに強い制限が得られている [6].

$$\Omega_K = 0.0008^{+0.0040}_{-0.0039} \text{ (確度 95\%)} \qquad (B.5)$$

これらの結果に基づいて, $\Omega_K = 0$ とした ΛCDM モデル (平坦 ΛCDM モデル) がしばしば使われる. このモデルでは, Ω_Λ が約 70% となり宇宙項が現在の宇宙膨張を支配する. このため宇宙年齢はほぼ $t_0 \simeq 1/H_0 \simeq 140 h_{70}^{-1}$ 億年となり, 本書 1.3.4 項で触れた宇宙年齢問題は解消される.

B.3 銀河サーベイと銀河地図

本書第 3 章で紹介した CfA サーベイの成功を背景として, その後, 銀河赤方偏移サーベイ観測を宇宙のより深い領域に拡大し, 宇宙の広域銀河地図を作るプロジェクトがつぎつぎと行わ

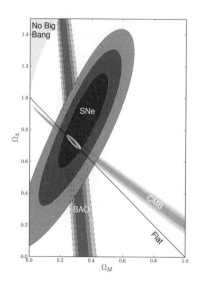

図 B.1 SNIa，BAO および CMB よりの ΛCDM 宇宙パラメーターへの制限．色の濃さの違いは確度の違いを表し，最も濃い部分が 68.3%，中間が 95.4%，最も薄い部分が 99.7%である．（出典 [9]）

れた．特に，2000 年から 2008 年にかけて行われた SDSSI および SDSSII サーベイでは，北天の 1/2 の領域で 100 万個を超える銀河の赤方偏移が計測され，これまでで最大の広域銀河分布図が作られた（図 B.2）．この新たな宇宙地図により，CfA サーベイで発見された宇宙のボイド・フィラメント構造が宇宙全体に広がっており，さらに，宇宙の Great Wall と類似した，$100h^{-1}$Mpc 程度の広がりをもつ巨大な面状・フィラメント状の高密度構造が，$100h^{-1}$Mpc 程度の間隔で準周期的に繰り返されていることも確認された．

ダークマターのゆらぎの成長によりこの大構造が形成される過程を再現する数値シミュレーションも組織的に行われ，現在では銀河の回転曲線のスケールから Great Wall 構造のスケー

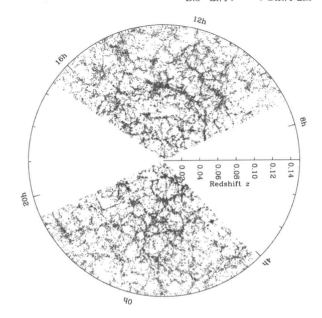

図 B.2 SDSS による宇宙地図（出典 [11]）

ルを大きく上回るスケールに至る広範囲の構造が再現されるようになっている．さらに，これらの研究により，CDM がダークマターの主要部を占めるモデルのみが現在の宇宙を再現することが示された [10]．この結果は ΛCDM 宇宙モデル確立において決定的な役割を果した．ただし，銀河中心部分のダークマター密度勾配が大きくなりすぎる，銀河ハローにダークマターの小さな塊ができすぎるなどの問題点も指摘されている [10]．

SDSS サーベイのもう一つの大きな成果は，バリオン音響振動（BAO=Baryon Acoustic Oscillation）の検出である．本書第 3 章で触れたように，水素中性化以前の時期では電離した原子物質と光子は一体としてふるまい，波長がホライズン長より短くなると密度ゆらぎは宇宙音波として伝播する．しかし，水

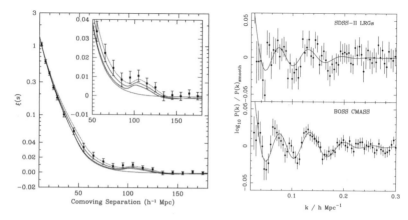

図 B.3 左図:$0.16 < z < 0.47$ の距離にある銀河に対する角度相関関数 $\xi(s)$. $s \simeq 100h^{-1}$Mpc あたりの膨らみがバリオン音響振動の痕跡. s は視線方向に垂直な方向の距離. 右図:ゆらぎパワースペクトルの BAO 構造.(出典 [11])

素中性化以降,光子は原子物質から独立して自由に宇宙空間を直進し(宇宙晴れ上がり),現在われわれに CMB として観測される.一方,CDM 宇宙モデルでは,密度ゆらぎは CDM により主に担われており,宇宙晴れ上がり以降,原子物質の密度ゆらぎは CDM の密度ゆらぎの成長に引っ張られて成長する.しかし,宇宙中性化時に振動的なふるまいをしていたという情報は,原子物質の密度ゆらぎにわずかながら残される.このため,CDM は宇宙晴れ上がり前でも宇宙音波には参加せず,そのゆらぎの 2 体相関関数(本書 3.1.2 項参照)には特徴的なスケールが存在しないが,宇宙初期の音響振動の名残として,原子物質からなる銀河の 2 体相関関数には,宇宙中性化時でのジーンズ長に対応するスケールにひずみが現れる.この構造をしばしば BAO とよぶ.本書の図 3.3 に対応する図 B.3 の左図は,SDSSII で発見された銀河 2 体相関関数の BAO 構造である.その後,右図に示されているように,SDSSIII サーベイの

BOSSプロジェクトにより，銀河密度ゆらぎパワースペクトルでもBAO構造がクリアーに検出されている [11].

BAOのスケールは，宇宙晴れ上がり時のジーンズ長（$t \sim t_{\mathrm{eq}}$ でのハッブルホライズン長）に相当する共動スケールが $z \sim 0.1$ の時点でわれわれからどのような見込み角で観測されるかという情報をもたらす．宇宙晴れ上がり時のジーンズ長は宇宙の物質組成で完全に決まってしまうので，この情報は，現在に近い時期での宇宙膨張則および空間曲率に依存する．このため，図B.1に示したように，宇宙パラメーターを強く制限する．

B.4　CMB温度非等方性の観測

CMB観測は，近年最も進展し，宇宙論を精密科学へと変貌させるうえで大きな貢献をした分野である．まず，本書が執筆された1年間前の1989年に，CMBのエネルギースペクトルの精密測定（FIRAS実験）と温度非等方性の測定（DMR実験）の二つの目的で専用観測衛星COBEが打ち上げられ，1993年まで運用が行われた．FIRAS実験は，1990年に，CMBのエネルギースペクトルが振動数にして1GHz〜500GHzの帯域で非常によい精度でPlanck分布に従うことを示し，熱いビッグバン宇宙論をゆるぎないものにした．一方，DMR実験は，さまざまな角度スケールでのCMB温度の異方性を初めて同時に検出し，1992年には温度の角度相関関数を発表した．この観測実験により，宇宙晴れ上がり時でのCMBの温度ゆらぎが 5×10^{-5} の程度であることが明らかとなったが，この値は，それまでの地上や気球実験で得られていた上限に近いものであることは興味深い．いずれにしても，これらは歴史的成果であり，FIRAS実験を率いたマザー（J.C. Mather）とDMR実験を率いたスムート（G.F. Smoot）は，1992年度のノーベル賞を

受賞した.

COBE 以降，COBE が感度をもっていた数度スケールより小さい角度スケールの温度異方性をより精密に測定するさまざまな実験が行われた．最大のターゲットとなったのは，CMB 温度の非等方性の大きさを表すパワースペクトル $C(\theta)$（本文の式 (3.31) 参照）に現れる第 1 ドップラーピークである．上で述べたように，宇宙晴れ上がり時での光子ガスの温度ゆらぎはさまざまな音波ゆらぎの寄与の重ね合せとなっているが，ホライズンに入ってから振動を始めた各音波は，その周期の違いに応じて宇宙晴れ上がり時点で異なる振幅をもつ．このため，温度ゆらぎの相関を求めると，ちょうど宇宙晴れ上がり時に振幅が最大となる波長に対応する角度スケールにピークが現れることが示される．このピークはドップラーピークとよばれる．その中で最も大きな角度スケールをもつのは，ちょうど宇宙中性化時点でのジーンズ波長に相当する第 1 ドップラーピークで，上で述べた BAO を生み出すゆらぎである．すでに述べたようにジーンズ長は宇宙の物質組成のみで決るので，CMB 温度角度相関関数のピークの位置は，この宇宙晴れ上がり時点での既知の距離を現在から見込む角度の情報，したがって，宇宙パラメーターの情報を与える．あまり自明ではないが，このピーク位置は特に宇宙の空間曲率に対して敏感であることが示される．ただし，現在は角度相関関数 $C(\theta)$ の代わりに，そのルジャンドル関数による展開係数 C_ℓ が用いられる．

$$C(\theta) = \sum_{\ell=0}^{\infty} \frac{2\ell+1}{4\pi} C_\ell P_\ell(\cos(\theta)) \tag{B.6}$$

C_ℓ は，ℓ が大きいときフーリエ級数の係数に相当し，大まかには，角度スケール $\theta \sim \pi/\ell$ での温度非等方性の大きさを表す．

この第 1 ドップラーピークの位置を最初に明確にとらえたのは，気球を用いた BOOMERanG 実験であった（1998 年，

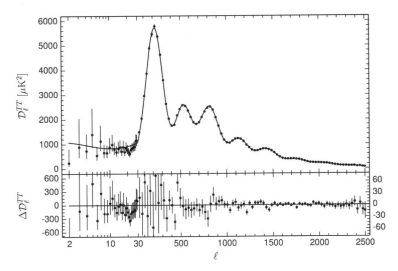

図 B.4 Planck 衛星観測で得られた CMB 温度パワースペクトル ($\mathcal{D}_\ell = \ell(\ell+1)C_\ell/(2\pi)$). 誤差棒のついた黒丸が観測値で, 曲線は平坦な ΛCDM モデルの三つのパラメーターと宇宙晴れ上がり以降の再電離による宇宙の透明度 τ, 原始曲率ゆらぎの振幅 A_s およびスペクトル指数 n_s の 6 個のパラメーターを最適に選んだときの理論予想である. 下段は, 観測値の理論値からのずれ. (出典 [13])

2003 年). 彼らは, 第 1 ドップラーピークが, ちょうど平坦な宇宙に対応する $\ell \simeq 200$ の位置にあることを発見した. その後, 専用衛星を用いた WMAP 実験が 2001 年から 10 年間にわたり行われ [12], 第 2, 第 3 ピークまでの検出に成功した. WMAP 実験は, さらに高精度の Planck 衛星観測実験 (2009 年〜2013 年) に引き継がれた [13]. これと平行して, ACT や SPT などさらに高感度の地上からの CMB 観測実験, さらに SPT-pol, POLARBEAR や BICEP/Keck など CMB 偏光を高精度で測定する地上観測実験も始まっている.

なお, CMB 温度非等方性の観測情報に関する本書の 3.1.3 項での記述は, 現在の標準的な値から大きくずれているが, 当時

の状況を伝えるためにあえて最新の情報に更新することはしなかった.これらの観測情報の最新の値については,Planck チームの論文 [14] や大域的構造のアノーマリーについての論文 [15] を参照していただきたい.

これらの精密 CMB 観測は二つの大きな成果をもたらした.その一つは,宇宙パラメーターの高い精度での決定である.上で述べたように,第 1 ドップラーピークの位置は,主に空間曲率についての情報をもたらすが,原子物質と CDM の割合など宇宙物質の組成は,異なるドップラーピーク間の高さの違いや間隔に影響を及ぼす.このため,パワースペクトルの精密な観測を BAO,SNIa,H_0 についての観測と組み合せることにより,標準的な宇宙パラメーターに加えて,原子物質に対する密度パラメーター Ω_b を小さい誤差で決定し,さらに 3 種類のニュートリノの質量和に対する地上実験よりも強い制限を与えることが可能となった [6]:

$$\Omega_M = 0.3089 \pm 0.0062, \quad \Omega_\Lambda = 0.6911 \pm 0.0062 \tag{B.7}$$

$$\Omega_b h^2 = 0.02230 \pm 0.00014 \tag{B.8}$$

$$\sum m_\nu < 0.194 \mathrm{eV} \tag{B.9}$$

さらに,電離率の変化が宇宙晴れ上がり時刻に影響することを用いると,宇宙初期での水素とヘリウムの組成比やダークマターの崩壊率についても強い制限を得られるようになりつつある.

もう一つの大きな成果は,インフレーション宇宙モデルの検証である.まず,上に述べたように,CMB 観測により現在の宇宙の空間曲率がよい精度でゼロであることが明らかとなったが,これはインフレーション宇宙モデルを支持するものとなっている.つぎに,CMB 温度非等方性パワースペクトルの精密観測は,宇宙初期のゆらぎのパワースペクトルを正確に決定す

ることを可能にした．現在，宇宙初期のゆらぎの大きさを表すために，バーディーンパラメーター

$$Z \equiv \Phi - \frac{cH}{k}V \tag{B.10}$$

を用いることが多い（本書の記法では，$Z = \tilde{\Phi}$）．この量の値が，超ホライズンスケールのゆらぎの成長モードに対してよい精度で一定となるためである．この Z のパワースペクトルを $P_Z(k)$ とするとき，原始ゆらぎのスペクトルは，通常，べき型の近似のもとで

$$\mathscr{P}_Z(k) \equiv k^3/(2\pi^2)P_Z(k) = A_s(k/k_0)^{n_s-1}$$
$$(k_0 = 0.002 \mathrm{Mpc}^{-1}) \tag{B.11}$$

と表される．Planck2015 で発表された最適値は，

$$A_s = 2.206^{+0.066}_{-0.073} \times 10^{-9}, \quad n_s = 0.9645 \pm 0.0049 \tag{B.12}$$

である [6]．$n_s = 1$ が厳密にスケール不変なゆらぎに対応するので，観測されたスペクトルはこれより少し「赤く」なっている．本書の式 (4.113) より，これは $|\dot{\phi}|$ が時間とともに増大することを意味し，インフレーションモデルの観点からは自然な結果である．いずれにしても，原始スペクトルがよい精度で近似的にスケール不変となったことは，インフレーション宇宙模型の正しさを強く示唆するものである．この成功を受けて，インフレーション時での時空計量の量子ゆらぎを起源とする原始重力波を CMB 偏光観測によりとらえることを目指すさまざまな実験が始まっている．これは，宇宙晴れ上がり時に重力波が存在すると，CMB 偏光の天球上の分布パターンに空間反転に対して符号を変えるモード（B モード）が生成されることに着目した観測実験である．ただし，現在のところ，有意な検出は成されておらず，原始重力波のパワースペクトル $\mathscr{P}_h$ とスカラー

曲率ゆらぎのパワースペクトル $\mathscr{P}_Z$ の比であるテンソル–スカラー比 r に対して,

$$r \equiv \mathscr{P}_h/\mathscr{P}_Z < 0.11 \text{ (確度 95\%)} \tag{B.13}$$

という上限のみが得られている [16].

参 考 書

[1] Hubble Site: http://hubblesite.org/
[2] Spitzer Site: http://www.spitzer.caltech.edu/
[3] JAXA Hipparcos site: http://spaceinfo.jaxa.jp/ja/hipparcos.html
[4] Freedman, W.L. et al: Astrophys. J. **758**, 24 (2012).
[5] Tammann, G.A. and Reindl, B.: Astron. Astrophys. **549**, 136 (2013).
[6] Planck 2015: arXiv:1502.01589.
[7] Riess, A. et al: Astron. J **116**, 1009 (1998).
[8] Perlmutter, S. et al: Astrophys. J. **517**, 565 (1999).
[9] Amanullah, R. et al: Astrophys. J. **716**, 712 (2010).
[10] Frenk, C. S. and White, S. D. M.: Ann. Phys. **524**, 507 (2012)
[11] SDSS Site: http://www.sdss.org/surveys/
[12] Komatsu, E., Bennett, C.L. (WMAP collaboration): PTEP 2014, 06B102 (2014).
[13] Planck Collaboration: arXiv:1502.01582.
[14] Planck Collaboration: Astron. Astrophys. **571**, A23 (2014).
[15] Atrio-Barandela, F. et al: arXiv:1411.4180.
[16] Planck Collaboration: arXiv:1502.02114.

索　引

あ　行

アインシュタイン定常解	30
温かいダークマター	170
新しいインフレーションモデル	216
熱いダークマター	170
1次相転移	115
一様等方な空間	7
インフレーション	212
ウィークボゾン	62
渦巻銀河	129
宇宙	
——のエントロピー	78
——の再加熱	212, 216
——の初期特異点	20
——の大構造	132
——の晴れ上がり	98
——の平坦性	218
——パラメーター	16
宇宙X線背景輻射	74
宇宙線	65
宇宙年齢	18, 23, 54
宇宙ひも	145
宇宙マイクロ波背景輻射	74
宇宙論的赤方偏移	34
HDM	171
SU(2) 2重項	197
SU(5) 理論	204
N-m 関係	53
N-z 関係	51
エネルギー方程式	14
M/L 比	71
m-z 関係	48
エントロピーの保存則	89
エントロピーゆらぎ	162, 166

か　行

化学平衡	91
核宇宙時計法	56
角径距離	40
GUT 相転移	202, 211
カテナリー宇宙	25

ガン-ピーターソンテスト	72		**さ 行**	
基本指標天体	45			
共動座標	11		ザックス-ウォルフェ効果	181
局所銀河群	131		サハの式	96
局所超銀河団	131		3次指標天体	45
曲率パラメーター	16		3ビーム法	143
曲率優勢	22		残留ニュートリノ	105
距離はしご	45		CfA サーベイ	132
銀河群	131		CDM	171
銀河団	131		CPT 定理	207
銀河の回転曲線	81		CP 不変性	209
空間の曲率	14		CP 変換	209
クォーク	63		ジーンズ質量	147
クォークハドロン転移	112		ジーンズ長	147
グルオン	62		ジーンズ不安定	147
Great Attractor	141		視差距離	39
Great Wall	133		自発的対称性の破れ	199
軽元素	125		周期-光度(-色)関係	43
ゲージ			重元素	67
——自由度	153		重力子	62
——場	197		重力不安定説	145
——不変摂動論	153		シルク減衰	173
——不変量	155		シルク長	174
——変換	153		水素の再結合	98
——粒子	63		スカラー型摂動	155, 158
——理論	194		スケール因子	12
減衰モード	164		スケール不変なゆらぎ	175
減速パラメーター	16		スタグスパンション	186
元素合成	100, 119		成長モード	164
光度-色関係	43		絶対等級	48
光度距離	41		セファイド法	43
光度密度	71		ゼルドヴィッチスペクトル	175
固有運動距離	41		双極型非等方性	139
固有長	39			

相対論的物質	17
測地的距離	38

た 行

ダークマター	80
対称性の回復	200
大統一理論	202
太陽系の元素組成	66
τ レプトン数	112
だ円銀河	129
タリー-フィッシャー法	43
断熱的ゆらぎ	162
中性子の寿命	122
超銀河団	131
超新星爆発	68
対消滅	100
対生成	100
冷たいダークマター	170
電子レプトン数	109
テンソル型摂動	155
電離平衡	96
等曲率ゆらぎ	169
統計的重み	90
等長変換	7
閉じた空間	10
ドジッター解	24
ドジッター時空	26
ドジッターモデル	24
トップダウンシナリオ	174

な 行

2次指標天体	45
2次相転移	202
2体相関関数	135
2ビーム法	143
ニュートリノ	63
熱平衡	86

は 行

Virgo infall	85
バイアスモデル	188
ハイパー電荷	197
爆発説	146
バッグモデル	113
ハッブル	
——定数	2, 16, 43
——の法則	2
——方程式	14
ハッブルホライズン半径	147
バリオン数/光子数比	124
バリオン数生成	206
バリオン的物質	65
バリオン反バリオン非対称性	208
バリオンゆらぎの追いつき	185
パンケーキシナリオ	174
反ドジッター解	27
反ドジッター時空	28
反ドジッターモデル	24
p/n比	107, 120
BDM	171
非相対論的物質	17
ヒッグスメカニズム	199
ビッグバン	20
非平衡化学反応	93
標準モデル	62, 196

開いた空間	11	ゆらぎのスペクトル	174
不規則銀河	130	陽子崩壊	205
輻射優勢	21		
物質優勢	22		

ら 行

フリードマンモデル	18		
分光視差法	43	ライマン α 雲	72
平坦な空間	9	λ パラメーター	16
ベクトル型摂動	155, 156	粒子数の凍結	94
ボイド	132	量子ゆらぎ	222
星の種族	46	臨界密度	16
ボトムアップシナリオ	187	ルメートルモデル	28
ホライズン	36	レプトン	63
——半径	37	レプトン数	109
——問題	212	連銀河	131
		ロバートソン-ウォーカー計量	14
		ロバートソン-ウォーカー時空	14

ま 行

わ 行

見かけの等級	48		
密度パラメーター	16		
μ レプトン数	111	わい銀河	130
無衝突減衰	184	ワインバーグ角	199
		ワインバーグ-サラム相転移	115, 202

や 行

	ワインバーグ-サラム理論	199
有効結合定数	203

［新装復刊］パリティ物理学コース 相対論的宇宙論

平成 27 年 5 月 30 日　発　行

著作者　　小　玉　英　雄

発行者　　池　田　和　博

発行所　　丸善出版株式会社

〒101-0051　東京都千代田区神田神保町二丁目17番
編集：電話(03)3512-3267／FAX(03)3512-3272
営業：電話(03)3512-3256／FAX(03)3512-3270
http://pub.maruzen.co.jp/

© Hideo Kodama, 2015

印刷・製本／藤原印刷株式会社

ISBN 978-4-621-08725-1 C 3342　　　　　　　　Printed in Japan

JCOPY　〈(社)出版者著作権管理機構 委託出版物〉

本書の無断複写は著作権法上での例外を除き禁じられています．複写される場合は，そのつど事前に，(社)出版者著作権管理機構(電話03-3513-6969, FAX 03-3513-6979, e-mail : info@jcopy.or.jp)の許諾を得てください．